电子技术与技能

主　编　吕爱华　张　劲

副主编　陶　慧　胡新风

　　　　张　霞　刘永双

北京理工大学出版社

BEIJING INSTITUTE OF TECHNOLOGY PRESS

目 录

项目一 认识半导体元器件 …………………………………………………………… (1)

项目描述 ………………………………………………………………………………… (1)

知识目标 ………………………………………………………………………………… (1)

能力目标 ………………………………………………………………………………… (1)

知识导图 ………………………………………………………………………………… (1)

任务一 半导体二极管及应用 ………………………………………………………… (2)

　　任务目标 …………………………………………………………………………… (2)

　　相关知识 …………………………………………………………………………… (2)

　　一、半导体的基本知识 …………………………………………………………… (2)

　　二、PN 结及其单向导电性 ……………………………………………………… (3)

　　三、半导体二极管的结构、符号和特性 ………………………………………… (5)

　　四、二极管在实际电路中的应用 ………………………………………………… (9)

　　五、特殊用途的二极管 …………………………………………………………… (11)

技能训练 半导体二极管的识别检测 ………………………………………………… (12)

任务二 半导体三极管及应用 ………………………………………………………… (13)

　　任务目标 …………………………………………………………………………… (13)

　　相关知识 …………………………………………………………………………… (14)

　　一、半导体三极管的结构 ………………………………………………………… (14)

　　二、三极管的电流放大作用 ……………………………………………………… (15)

　　三、三极管的特性曲线 …………………………………………………………… (16)

　　四、三极管的主要参数 …………………………………………………………… (18)

　　五、场效应管 ……………………………………………………………………… (19)

技能训练 半导体三极管的识别检测 ………………………………………………… (23)

自我评测 ………………………………………………………………………………… (24)

质量评价 ………………………………………………………………………………… (27)

课后阅读 ………………………………………………………………………………… (27)

项目二　基本放大电路的应用 ·· (28)

项目描述 ··· (28)

知识目标 ··· (28)

能力目标 ··· (28)

知识导图 ··· (28)

任务一　放大电路的组成与基本原理 ····························· (29)

　　任务目标 ··· (29)

　　相关知识 ··· (29)

　　一、共射极电压放大电路 ··································· (29)

　　二、分压式偏置放大电路 ··································· (36)

　　三、射极输出器 ··· (39)

　　四、三极管（三种组态）放大电路的比较 ·········· (41)

技能训练　共射单管放大电路静态工作点与放大功能测试 ·· (42)

任务二　功率放大器 ·· (44)

　　任务目标 ··· (44)

　　相关知识 ··· (44)

　　一、功率放大电路的技术指标及分类 ·················· (44)

　　二、双电源互补对称电路（OCL 电路） ············· (46)

　　三、单电源互补对称电路（OTL 电路） ············· (47)

　　四、集成功率放大器 ··· (50)

技能训练　OTL 低频功率放大器测试 ··························· (51)

自我评测 ··· (53)

质量评价 ··· (55)

课后阅读 ··· (56)

项目三　集成运算放大器及其应用 ·································· (57)

项目描述 ··· (57)

知识目标 ··· (57)

能力目标 ··· (57)

知识导图 ··· (58)

任务一　集成运算放大器 ·· (58)

　　任务目标 ··· (58)

　　相关知识 ··· (58)

　　一、集成运算放大器概述 ··································· (58)

　　二、集成运算放大器的组成 ································ (59)

　　三、集成运算放大器的主要参数 ·························· (60)

　　四、集成运算放大器的电压传输特性 ··················· (61)

　　五、集成运算放大器的基本运算电路 ··················· (62)

　　六、集成运算放大器的应用 ……………………………………………………… (67)

　技能训练　集成运算放大器的线性应用 ………………………………………… (71)

　任务二　负反馈放大器 …………………………………………………………… (72)

　　任务目标 …………………………………………………………………………… (72)

　　相关知识 …………………………………………………………………………… (73)

　　一、反馈的基本概念 ……………………………………………………………… (73)

　　二、反馈的类型和判断 …………………………………………………………… (74)

　　三、负反馈对放大电路性能的影响 ……………………………………………… (76)

　技能训练　负反馈放大电路的测试 ……………………………………………… (78)

　任务三　振荡电路 ………………………………………………………………… (80)

　　任务目标 …………………………………………………………………………… (80)

　　相关知识 …………………………………………………………………………… (80)

　　一、自激振荡的条件 ……………………………………………………………… (80)

　　二、振荡电路 ……………………………………………………………………… (81)

　　三、石英晶体振荡器 ……………………………………………………………… (84)

　技能训练　RC 正弦波振荡器的测试 …………………………………………… (86)

　自我评测 …………………………………………………………………………… (88)

　质量评价 …………………………………………………………………………… (90)

　课后阅读 …………………………………………………………………………… (91)

项目四　直流稳压电源 ……………………………………………………………… (92)

　项目描述 …………………………………………………………………………… (92)

　知识目标 …………………………………………………………………………… (92)

　能力目标 …………………………………………………………………………… (92)

　知识导图 …………………………………………………………………………… (92)

　任务一　整流电路 ………………………………………………………………… (93)

　　任务目标 …………………………………………………………………………… (93)

　　相关知识 …………………………………………………………………………… (93)

　　一、单相半波整流电路 …………………………………………………………… (93)

　　二、单相桥式全波整流电路 ……………………………………………………… (94)

　技能训练　整流电路输出电压的测量 …………………………………………… (97)

　任务二　滤波电路 ………………………………………………………………… (98)

　　任务目标 …………………………………………………………………………… (98)

　　相关知识 …………………………………………………………………………… (98)

　　一、电容滤波电路 ………………………………………………………………… (98)

　　二、电感滤波电路 ………………………………………………………………… (101)

　　三、复式滤波电路 ………………………………………………………………… (101)

　技能训练　电容参数对滤波效果的影响 ………………………………………… (102)

　任务三　稳压管与稳压电路 ……………………………………………………… (103)

任务目标 ………………………………………………………………… （103）

相关知识 ………………………………………………………………… （103）

一、稳压管 ……………………………………………………………… （104）

二、并联稳压电路 ……………………………………………………… （105）

技能训练　集成稳压电源 ……………………………………………… （108）

自我评测 ………………………………………………………………… （111）

质量评价 ………………………………………………………………… （113）

课后阅读 ………………………………………………………………… （114）

项目五　数字电路基础及应用 ……………………………………… （115）

项目描述 ………………………………………………………………… （115）

知识目标 ………………………………………………………………… （115）

能力目标 ………………………………………………………………… （115）

知识导图 ………………………………………………………………… （116）

任务一　数制与编码 …………………………………………………… （116）

任务目标 ………………………………………………………………… （116）

相关知识 ………………………………………………………………… （116）

一、数字电路概述 ……………………………………………………… （116）

二、数制和码制 ………………………………………………………… （117）

任务二　逻辑代数及其应用 …………………………………………… （121）

任务目标 ………………………………………………………………… （121）

相关知识 ………………………………………………………………… （121）

一、基本逻辑运算 ……………………………………………………… （121）

二、复合逻辑运算 ……………………………………………………… （123）

三、逻辑代数基础 ……………………………………………………… （126）

四、逻辑函数的化简 …………………………………………………… （129）

任务三　门电路及应用 ………………………………………………… （134）

任务目标 ………………………………………………………………… （134）

相关知识 ………………………………………………………………… （134）

一、二极管与门电路 …………………………………………………… （134）

二、二极管或门电路 …………………………………………………… （135）

三、三极管非门电路 …………………………………………………… （135）

四、TTL 与非门 ………………………………………………………… （137）

五、三态输出门电路 …………………………………………………… （140）

六、集电极开路门（OC 门） …………………………………………… （141）

七、MOS 门电路 ………………………………………………………… （142）

技能训练　逻辑门电路的测试 ………………………………………… （145）

自我评测 ………………………………………………………………… （149）

质量评价 ………………………………………………………………… （151）

　　课后阅读 ·· （151）

项目六　组合逻辑电路的应用 ·· （153）

　项目描述 ·· （153）

　知识目标 ·· （153）

　能力目标 ·· （153）

　知识导图 ·· （153）

　任务一　组合逻辑电路的分析和设计 ······································ （154）

　　任务目标 ·· （154）

　　相关知识 ·· （154）

　　一、概述 ·· （154）

　　二、组合逻辑电路的分析 ·· （154）

　　三、组合逻辑电路设计 ·· （155）

　技能训练　制作三人表决器 ·· （156）

　任务二　常用的组合逻辑电路及应用 ·· （158）

　　任务目标 ·· （158）

　　相关知识 ·· （158）

　　一、加法器 ·· （158）

　　二、编码器 ·· （160）

　　三、译码器与数码显示器 ·· （163）

　　四、数据选择器和数据分配器 ··· （168）

　技能训练　十进制编码、译码显示电路的安装测试 ······················ （170）

　自我评测 ·· （172）

　质量评价 ·· （174）

　课后阅读 ·· （174）

项目七　时序逻辑电路的应用 ·· （176）

　项目描述 ·· （176）

　知识目标 ·· （176）

　能力目标 ·· （176）

　知识导图 ·· （176）

　任务一　触发器及应用 ·· （177）

　　任务目标 ·· （177）

　　相关知识 ·· （177）

　　一、触发器电路的结构与工作原理 ··· （177）

　　二、触发器的逻辑功能 ·· （185）

　　三、时钟脉冲边沿触发器 ·· （188）

　　四、触发器逻辑功能的转换及应用 ··· （192）

　技能训练　触发器功能测试 ·· （195）

任务二　寄存器及应用 ………………………………………………………… (198)
　　任务目标 ……………………………………………………………………… (198)
　　相关知识 ……………………………………………………………………… (198)
　　一、寄存器的功能和分类 …………………………………………………… (198)
　　二、数码寄存器 ……………………………………………………………… (198)
　　三、移位寄存器 ……………………………………………………………… (200)
技能训练　移位寄存器电路 …………………………………………………… (203)
任务三　计数器及应用 ………………………………………………………… (205)
　　任务目标 ……………………………………………………………………… (205)
　　相关知识 ……………………………………………………………………… (205)
　　一、同步计数器 ……………………………………………………………… (206)
　　二、异步计数器 ……………………………………………………………… (212)
技能训练　计数、译码和显示电路 …………………………………………… (217)
自我评测 …………………………………………………………………………… (220)
质量评价 …………………………………………………………………………… (222)
课后阅读 …………………………………………………………………………… (222)

项目八　脉冲波形的变换与产生 …………………………………………… (225)
项目描述 …………………………………………………………………………… (225)
知识目标 …………………………………………………………………………… (225)
能力目标 …………………………………………………………………………… (225)
知识导图 …………………………………………………………………………… (225)
任务一　单稳态触发器及应用 ………………………………………………… (226)
　　任务目标 ……………………………………………………………………… (226)
　　相关知识 ……………………………………………………………………… (226)
　　一、脉冲的基本概念 ………………………………………………………… (226)
　　二、单稳态触发器 …………………………………………………………… (227)
任务二　施密特触发器及应用 ………………………………………………… (232)
　　任务目标 ……………………………………………………………………… (232)
　　相关知识 ……………………………………………………………………… (232)
　　一、CMOS 门组成的施密特触发器 ………………………………………… (233)
　　二、集成施密特触发器 ……………………………………………………… (234)
　　三、施密特触发器的应用 …………………………………………………… (234)
技能训练　集成单稳态触发器和集成施密特触发器 ………………………… (235)
任务三　多谐振荡器及应用 …………………………………………………… (235)
　　任务目标 ……………………………………………………………………… (235)
　　一、对称式多谐振荡器 ……………………………………………………… (235)
　　二、环形振荡器 ……………………………………………………………… (236)
　　三、石英晶体振荡器 ………………………………………………………… (238)

技能训练　利用集成逻辑门构成脉冲电路 ················· (239)

任务四　集成555定时器及应用 ······················· (239)

　　任务目标 ··································· (239)

　　相关知识 ··································· (239)

　　一、555定时器的结构及功能 ·················· (239)

　　二、555定时器的应用 ······················ (241)

技能训练　555集成定时器的应用 ··················· (244)

自我评测 ······································ (246)

质量评价 ······································ (248)

课后阅读 ······································ (248)

项目九　D/A和A/D转换器 ······················ (250)

项目描述 ······································ (250)

知识目标 ······································ (250)

能力目标 ······································ (250)

知识导图 ······································ (250)

任务一　D/A转换器 ····························· (251)

　　任务目标 ··································· (251)

　　相关知识 ··································· (251)

　　一、数/模转换器概述 ······················ (251)

　　二、D/A转换器的主要技术参数 ················ (253)

　　三、集成D/A转换器及其应用 ················· (254)

任务二　A/D转换器 ····························· (256)

　　任务目标 ··································· (256)

　　相关知识 ··································· (256)

　　一、模/数转换器概述 ······················ (256)

　　二、常见A/D转换器的分析 ··················· (257)

　　三、A/D转换器的主要技术参数 ················ (260)

　　四、集成A/D转换器及其应用 ················· (261)

技能训练　数/模转换与模/数转换集成电路的使用 ········· (262)

自我评测 ······································ (264)

质量评价 ······································ (266)

课后阅读 ······································ (266)

项目十　综合实训 ···························· (268)

项目描述 ······································ (268)

知识目标 ······································ (268)

技能目标 ······································ (268)

任务一　音频功率放大器的设计与制作 ··············· (268)

任务目标 ……………………………………………………………… (268)

一、音频功率放大器的设计 ……………………………………… (269)

二、音频功率放大器的制作 ……………………………………… (272)

三、音频功率放大器的调试 ……………………………………… (274)

四、音频功率放大器的检修 ……………………………………… (274)

任务二 自动报时数字钟 ……………………………………… (275)

　　任务目标 ……………………………………………………… (275)

一、任务和要求 …………………………………………………… (276)

二、原理框图 ……………………………………………………… (276)

三、设计原理及参考电路 ………………………………………… (276)

四、安装调试的步骤与方法 ……………………………………… (283)

五、讨论 …………………………………………………………… (285)

任务三 篮球比赛计时器 ……………………………………… (285)

　　任务目标 ……………………………………………………… (285)

一、任务和要求 …………………………………………………… (285)

二、原理框图 ……………………………………………………… (286)

三、设计原理及参考电路 ………………………………………… (286)

四、安装调试的步骤和方法 ……………………………………… (290)

五、讨论 …………………………………………………………… (290)

任务四 智力竞赛抢答器 ……………………………………… (291)

　　任务目标 ……………………………………………………… (291)

一、任务和要求 …………………………………………………… (291)

二、原理框图 ……………………………………………………… (291)

三、设计原理及参考电路 ………………………………………… (291)

四、安装调试的步骤与方法 ……………………………………… (295)

五、讨论 …………………………………………………………… (296)

参考文献 ……………………………………………………………… (297)

项目一

认识半导体元器件

📀 项目描述

半导体元器件具有体积小、质量轻、使用寿命长、输入功率小和转换效率高等优点，是电子电路的重要组成部分。认识与了解二极管、三极管和场效应管，知道它们的结构、特点、参数以及主要用途，为后面各项目的学习打下必要的基础。

📀 知识目标

（1）掌握本征半导体、P 型半导体与 N 型半导体的形成机理，掌握 PN 结的形成原理及其单向导电性。

（2）掌握半导体二极管的导电特性，了解二极管的结构、伏安特性和主要参数。

（3）掌握半导体三极管的基本工作原理，输入、输出特性曲线，以及三个工作区域的条件和特点。

（4）掌握场效应管的结构、符号、工作原理、特性和参数。

📀 能力目标

（1）会正确识别导体、半导体和绝缘体，了解半导体材料的导电能力。

（2）能够正确识别、检测半导体二极管，具备二极管的应用能力。

（3）会正确判断三极管的工作状态，能够正确识别、检测半导体三极管。

📀 知识导图

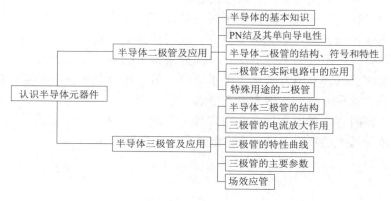

任务一　半导体二极管及应用

任务目标

（1）熟悉半导体基础知识，知道半导体的特点和分类。
（2）掌握 N 型、P 型半导体的形成与特点，理解 PN 结及其单向导电性。
（3）掌握半导体二极管的伏安特性和半导体二极管的主要参数。
（4）学会半导体二极管的识别、检测和使用方法。

相关知识

半导体的基本知识

一、半导体的基本知识

自然界中的物质，按其导电能力来衡量，可以分为导体、绝缘体和半导体三类。通常将很容易导电、电阻率小于 10^{-4} $\Omega \cdot cm$ 的物质称为导体，如金、银、铜、铝等金属材料；将电阻率很大的物质称为绝缘体，如塑料、橡胶、陶瓷等材料；将导电能力介于导体和绝缘体之间、电阻率在 10^{-4} ~10^{10} $\Omega \cdot cm$ 内的物质称为半导体。常用的半导体材料有硅、锗、硒、砷化镓及一些硫化物、氧化物等。

1. 半导体的特点

1）热敏性

温度升高，半导体的导电能力大大增强，即半导体具有负的温度系数。

2）光敏性

光照加强，半导体的导电能力增强。

3）掺杂性

在纯净的半导体中掺入微量的杂质，半导体的导电能力成百万倍地增强。

2. 半导体的导电方式

半导体材料在外界能量的作用下，激发产生两种载流子：自由电子和空穴，它们都具有导电能力。自由电子带负电荷，空穴带正电荷。

每当一个电子挣脱束缚成为自由电子时，就留下一个空位，称为空穴。中性的原子因失去一个电子而带正电，同时形成一个空穴，故可认为空穴是带正电。当半导体两端加上外电压时，半导体中将出现两部分电流：一部分是带负电的自由电子在外电场的作用下做定向运动形成电流，这种导电方式称为电子导电；另一部分是带正电的空穴沿着电场方向移动而形成电流，这种导电方式称为空穴导电。

在半导体中同时存在着电子导电和空穴导电，这是半导体导电方式的最大特点，也是它与金属在导电原理上的本质差别，自由电子和空穴都称为载流子。

3. 本征半导体和杂质半导体

1）本征半导体

完全纯净的、具有晶体结构的半导体称为本征半导体，常温下本征半导体的导电能力很差。如硅或锗都是四价元素，将硅和锗提纯（去掉无用杂质）并形成单晶体后，所有原子便基本上整齐排列。本征半导体中的自由电子和空穴总是成对出现，同时又不断复合。在一定温度下载流子的产生和复合达到动态平衡，于是半导体中的载流子（自由电子和空穴）便维持一定数目。

2）杂质半导体

在本征半导体中有控制、有选择地掺入微量的有用杂质（某种元素），这将使掺杂后半导体的导电性能大大增强，即制成具有特定导电性能的杂质半导体。

（1）N 型半导体。在实际应用中，如果在本征半导体（如硅、锗均为四价元素）中掺入微量的五价元素（如磷、砷），将使半导体中的自由电子数目大大增加，自由电子导电成为这种半导体的主要导电方式，故称它为电子半导体或 N 型半导体，如图 1－1（a）所示。在 N 型半导体中，自由电子是多数载流子，而空穴则是少数载流子。

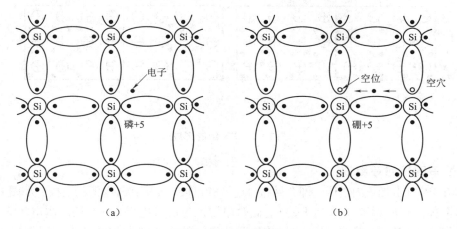

（a）　　　　　　　　　　　　（b）

图 1－1　杂质半导体

（a）N 型半导体；（b）P 型半导体

（2）P 型半导体。在本征半导体中掺入微量的三价元素（如硼、镓），这将使空穴的数目显著增加，自由电子则相对减少。这种以空穴导电作为主要导电方式的半导体称为空穴半导体或 P 型半导体，如图 1－1（b）所示。其中空穴是多数载流子，自由电子是少数载流子。

二、PN 结及其单向导电性

一块 P 型或 N 型半导体，虽具有较强的导电能力，但将它接入电路中，只起电阻作用，并不能直接用来制造半导体器件。通常是在一块晶片上，采取一定的掺杂工艺措施，在两边分别形成 P 型半导体和 N 型半导体，它们的交界面就形成 PN 结，此 PN 结是构成半导体器件的基础。

PN 结的形成及
单向导电性

1. PN 结的形成

图 1-2 所示为一块晶片，两边分别形成 P 型和 N 型半导体。图 1-2 中⊖代表得到一个电子的三价杂质（例如硼）离子，带负电；⊕代表失去一个电子的五价杂质（例如磷）离子，带正电。P 型区内有大量空穴（浓度高），而自由电子极少（浓度低）；N 型区内有大量自由电子（浓度高），而空穴极少（浓度低）。由于两侧载流子浓度上的差异，故引起交界面处两侧载流子的互相扩散。首先是交界面附近的载流子互相扩散（P 区的空穴扩散到 N 区，N 区的电子扩散到 P 区），扩散的结果是在交界面附近的 P 区薄层内留下一些带负电的三价离子，形成负空间电荷区；同样，N 区的自由电子要向 P 区扩散，在交界面附近的 N 区留下带正电的五价杂质离子，形成正空间电荷区。这样，在 P 型半导体和 N 型半导体交界面的两侧就形成了一个空间电荷区，这个空间电荷区就是 PN 结。PN 结所产生的电场称为内电场，它的方向是由 N 区指向 P 区。在内电场的作用下，P 区中的少子电子向 N 区漂移，N 区中的少子空穴向 P 区漂移，共同形成漂移电流，当多子的扩散电流和少子的漂移电流达到动态平衡时，PN 结对外不显电性。如图 1-2（b）所示。

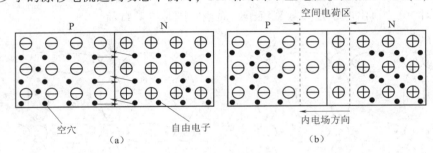

图 1-2　PN 结的形成

2. PN 结的单向导电性

如果在 PN 结上加正向电压，即 P 区接外电源的正极，N 区接外电源的负极，如图 1-3（a）所示，则常称为正向偏置（简称正偏）。此时电源产生的外电场与 PN 结的内电场方向相反，内电场被削弱，PN 结内部扩散运动与漂移运动之间的平衡状态被破坏，使阻挡层变薄，多数载流子的扩散运动增强，形成较大的从 P 区通过 PN 结流向 N 区的正向电流 I。此时 PN 结呈现的电阻很低，在一定范围内，外加电压越大，外电场越强，正向电流 I 也越大，PN 结处于正向导通状态。

如果给 PN 结外加反向电压，也称反向偏置（简称反偏），即 N 区接外电源正极，P 区接外电源负极，如图 1-3（b）所示，此时外电场与内电场方向相同，增强了内电场，使阻挡层变厚，导致多数载流子的扩散运动难以进行。但另一方面，内电场却加强了少数载流子的漂移运动，形成由 N 区经 PN 结流向 P 区的反向电流 I_R。由于常温下，少数载流子的数量很少，故反向电流也很小，近似等于零，此时 PN 结呈现的电阻很高，PN 结处于反向截止状态。反向电流由少子漂移运动形成，少子的数量随温度升高而增多，所以温度对反向电流的影响很大，这是半导体器件温度特性很差的根本原因。

综上所述，在 PN 结上加正向电压时，正向电流大，PN 结处于导通状态；在 PN 结上加反向电压时，反向电流很小，PN 结处于截止状态。PN 结具有单向导电性，这是 PN 结的基本特性。

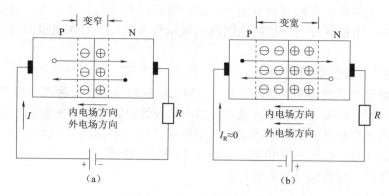

图 1 – 3　PN 结的单向导电性

（a）PN 结加正向电压；（b）PN 结加反向电压

三、半导体二极管的结构、符号和特性

半导体二极管

1. 半导体二极管的结构

半导体二极管又称晶体二极管。它是由管芯（主要是 PN 结），从 P 区和 N 区分别焊出的两根金属引线 [P 区引出端叫正极（或阳极），N 区引出端叫负极（或阴极）]，以及用塑料、玻璃或金属封装的外壳组成的，其外形结构和符号如图 1 – 4 所示。

二极管的文字符号为"VD"，图形符号如图 1 – 4（b）所示，在箭头的一边代表正极，竖线一边代表负极，箭头所指方向是 PN 结正向电流方向，它表示二极管具有单向导电性。

二极管的外形如图 1 – 4（c）所示。从二极管使用的封装材料来看，小电流的二极管常用玻璃或塑料壳封装；电流较大的二极管，工作时 PN 结温度较高，常用金属外壳封装，外壳就是一个电极并制成螺栓形，以便与散热器连接成一体。随着新材料新工艺的应用，二极管采用环氧树脂、硅酮塑料或微晶玻璃封装也比较常见。

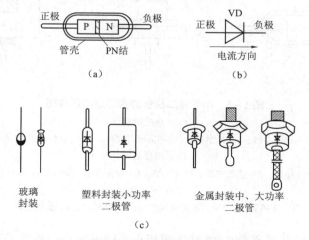

图 1 – 4　半导体二极管外形、结构和符号图

（a）结构；（b）图形符号；（c）几种二极管外形图

二极管外壳上一般印有符号表示极性，正、负极的引线与符号一致。有的外壳一端印有色圈表示负极，有的在外壳一端制成圆角来表示负极，也有的在正极端打印标记或用红点来表示正极。

2. 半导体二极管的型号

半导体二极管的类型很多、特性不一，为便于区别和选用，每种二极管都有一个型号。按照国家标准 GB/T 4589.1—2006 的规定，国产二极管的型号由五个部分组成，见表 1-1。需要注意，第四部分数字表示某系列二极管的序号，序号不同的二极管其特性不同；第五部分字母表示规格号，系列序号相同、规格号不同的二极管，特性差不多，只是某个或几个参数不同。某些二极管型号没有第五部分。

表 1-1　半导体二极管的型号

第一部分		第二部分		第三部分				第四部分	第五部分
用数字表示器件的电极数目		用汉语拼音字母表示器件的材料和极性		用汉语拼音字母表示器件的类型				用数字表示器件的序号	用汉语拼音字母表示规格号
符号	意义	符号	意义	符号	意义	符号	意义		
2	二极管	A B C D E	N 型锗材料 P 型锗材料 N 型硅材料 P 型硅材料 化合物	P Z W K L	普通管 整流管 稳压管 开关管 整流堆	C U N BT	参量管 光电器件 阻尼管 特殊器件		

3. 半导体二极管的分类

（1）根据不同的制造工艺，二极管的内部结构大致分为点接触型、面接触型和平面型三种，以适应不同用途的需要，如图 1-5 所示。

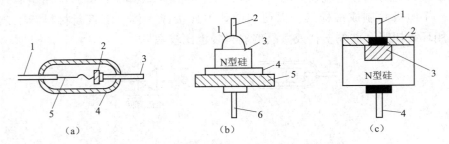

图 1-5　半导体二极管的内部结构示意图

（a）点接触型

1—正极引线；2—N 型锗片；3—负极引线；4—外壳；5—金属触丝

（b）面接触型

1—铝合金小球；2—正极引线；3—PN 结；4—金锑合金；5—底座；6—负极引线

（c）平面型

1—正极引线；2—二氧化硅保护层；3—P 型硅；4—负极引线

①点接触型二极管的特点是：PN 结的面积小，结电容小，适用于高频工作，但只能通过较小的电流。

②面接触型二极管的特点是：PN结的面积大，结电容也大，只能在较低频率下工作，允许通过的电流较大。

③平面型二极管用特殊工艺制成，它的特点是：PN结面积较小时，结电容小，适用于在数字电路工作；PN结面积较大时，可以通过很大的电流。

（2）依据制作材料分类，二极管主要有锗二极管和硅二极管两大类。锗二极管内部多为点接触型，允许的工作温度较低，只能在100 ℃以下工作；硅二极管内部多为面接触型或平面型，允许的工作温度较高，有的可达150～200 ℃。

（3）依据用途分类，电工设备中较常用的二极管有以下四类：

①普通二极管。如2AP等系列，用于信号检测、取样、小电流整流等。

②整流二极管。如2CZ、2DZ等系列，广泛用于各种电源设备中做不同功率的整流。

③开关二极管。如2AK、2CK等系列，用于数字电路和控制电路。

④稳压二极管。如2CW、2DW等系列，用于各种稳压电源和晶闸管电路中。

4. 二极管的伏安特性

二极管的伏安特性是指加在二极管两端的电压U和在此电压作用下通过二极管的电流I之间的关系曲线。

按照图1-6的实验电路来测量，在不同的外加电压下，每改变一次R_p的阻值就可测得一组电压和电流数据，在以电压为横坐标、电流为纵坐标的直角坐标系中描绘出来，就得到二极管的伏安特性曲线，即$I = f(u)$，如图1-7所示。

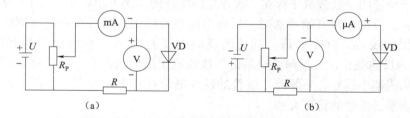

图1-6　测量半导体二极管伏安特性的实验电路

（a）正向特性；（b）反向特性

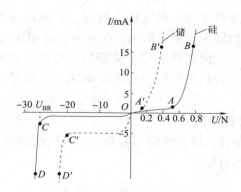

图1-7　二极管伏安特性曲线图

图1-7中的曲线分别表示硅二极管和锗二极管的伏安特性曲线，图中坐标的右上方是

二极管正偏时，电压和电流的关系曲线，简称正向特性；坐标左下方是二极管反偏时电压和电流的关系曲线，简称反向特性。

由图 1-7 可知，二极管的伏安特性有以下特点：

（1）当二极管两端电压 U 为零时，通过二极管的电流 I 也为零。

（2）正向特性。

①不导通区（也叫死区）。当二极管承受正向电压 U 时，开始的一段，由于外加电压较小，还不足以克服内电场对多数载流子扩散运动的阻力，正向电流很小，近似为零，二极管呈现的电阻较大，曲线 OA（或 OA'）段比较平坦，我们把这一段称作不导通区或者死区，A（或 A'）点的电压叫死区电压。在常温下，硅二极管死区电压约为 0.5 V，锗二极管约为 0.2 V（随二极管材料和温度的不同而不同）。

②导通区。当正向电压 U 上升到大于死区电压时，PN 结内电场几乎被抵消，二极管呈现的电阻很小，正向电流 I 增长很快，二极管正向导通。导通后，正向电压微小的增大会引起正向电流急剧增大，曲线 AB（或 $A'B'$）段特性曲线陡直，电压与电流的关系近似于线性，我们把 AB（或 $A'B'$）段称作导通区。导通后二极管两端的正向电压称为正向压降（或管压降），也近似认为是导通电压，一般硅二极管约为 0.7 V，锗二极管约为 0.3 V。由图 1-7 可见，这个电压比较稳定，几乎不随流过的电流大小而变化。

（3）反向特性。

①反向截止区。当二极管承受反向电压 U 时，加强了 PN 结内电场，使二极管呈现很大电阻。由于少量的少数载流子存在，故在反向电压的作用下很容易通过 PN 结，形成很小的反向电流 I_R。反向电压开始增加时，反向电流略有增加，随后在一定范围内便不随反向电压增大，如曲线 OC（OC'）段。此处的反向电流 I_R 通常也称为反向饱和电流 I_S，OC（OC'）段称为反向截止区。反向电流是由少数载流子形成的，它会随温度升高而增大，实际应用中，此值越小越好。一般硅二极管的反向电流在几十微安以下，锗二极管的则达几百微安，大功率二极管的将更大些。

②反向击穿区。当反向电压增大到超过某一个值时（图中 C 点或 C' 点），反向电流急剧加大，这种现象叫反向击穿。C（或 C'）点对应的电压就叫反向击穿电压 U_{BR}，曲线 CD（$C'D'$）段称为反向击穿区。不同的二极管，反向击穿电压不一样。

产生反向击穿的原因是当外加反向电压太高时，在强电场作用下，空穴和电子数量大大增加，使反向电流急剧增大。必须指出，在反向电流和反向电压的乘积不超过 PN 结容许的耗散功率这一前提下，此击穿过程是可逆的，即反向击穿电压降低后，二极管可恢复到原来状态，否则会因过热而烧毁。在实际电路中，需要串联一个限流电阻来保护 PN 结。

5. 半导体二极管的特性参数

二极管的参数是用于描述二极管性能和安全运行范围的指标，可以作为选择和使用二极管的依据。二极管主要参数如下：

1）最大整流电流 I_{FM}

最大整流电流是指二极管长期使用时所允许通过的最大正向平均电流值，用 I_{FM} 表示，常称额定工作电流。其大小取决于 PN 结的面积、材料和散热情况，使用时不应超过此值，否则由于电流过大会导致 PN 结过热而损坏二极管。

2）最高反向工作电压 U_{RM}

它是保证二极管不被击穿而给出的最高反向电压，一般是反向击穿电压 U_{BR} 的一半或三分之二。工作时若管子所加反向电压值超过了 U_{RM}，管子就有可能被击穿而失去单向导电性。

3）最高反向电流 I_{RM}

它是指在二极管上加上最高反向电压时的反向电流。反向电流大，说明二极管单向导电性差，且受温度影响大。硅管反向电流较小，一般在几个微安以下。

4）最高工作频率 f_{M}

它主要由 PN 结的结电容大小决定。信号频率超过此值时，结电容的容抗变得很小，使二极管反偏的等效阻抗变得很小，反向电流很大，于是二极管的单向导电性变坏。

四、二极管在实际电路中的应用

二极管的应用

1. 整流应用

利用二极管的单向导电性可以把大小和方向都变化的正弦交流电变为单向脉动的直流电，如图 1-8 所示。根据这个原理，还可以构成整流效果更好的单相全波、单相桥式等整流电路。

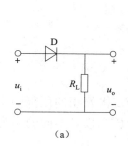 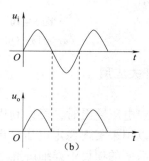

（a） （b）

图 1-8 二极管的整流应用
（a）二极管整流电路；（b）输入与输出波形

2. 钳位应用

利用二极管单向导电性在电路中可以钳位的作用。

例 1-1 在图 1-9 所示的电路中，已知输入端 A 的电位 $U_{\mathrm{A}} = 3$ V，B 的电位 $U_{\mathrm{B}} = 0$ V，电阻 R 接 -12 V 电源，求输出端 F 的电位 U_{F}。

解：因为 $U_{\mathrm{A}} > U_{\mathrm{B}}$，所以二极管 D_1 优先导通，设二极管为理想元件，则输出端 F 的电位为 $U_{\mathrm{F}} = U_{\mathrm{A}} = 3$ V。当 D_1 导通后，D_2 上加的是反向电压，因而 D_2 截止。在这里，二极管 D_1 起钳位作用，把 F 端的电位钳位在 3 V；D_2 起隔离作用，把输入端和输出端 F 隔离开来。

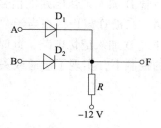

图 1-9 例 1-1 图

3. 限幅应用

利用二极管的单向导电性，将输入电压限定在要求的范围之内，叫作限幅。

例 1 – 2 在如图 1 – 10（a）所求的电路中，已如输入电压 $u_i = 10 \sin \omega t$ V，电源电动势 $E = 5$ V，二极管为理想元件，试画出输出电压 u_o 的波形。

解： 根据二极管的单向导电特性可知，当到 $u_i \leq 5$ V 时，二极管 D 截止，相当于开路，因电阻 R 中无电流流过，故输出电压与输入电压相等，即 $u_i = u_o$；当 $u_i > 5$ V 时，二极管 D 导通，相当于短路，故输出电压等于电源电动势，即 $u_o = E = 5$ V。所以，在输出电压 u_o 的波形中，5 V 以上的波形均被削去，输出电压被限制在 5 V 以内，波形如图 1 – 10（b）所示。在这里，二极管起限幅作用。

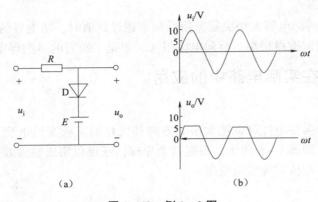

图 1 – 10　例 1 – 2 图
（a）电路；（b）输入与输出波形

4. 稳压应用和开关应用

1）稳压应用

当需要不高的稳定电压输出时，可以利用几个二极管正向压降的串联来实现。还有一种稳压二极管，其可以用来实现稳定电压输出。稳压二极管不同的系列用以实现不同的稳定电压输出，这将在后面的项目中详细讲解。

2）开关应用

在数字电路中经常将半导体二极管作为开关元件使用，因为二极管具有单向导电性，故相当于一个受外加偏置电压控制的无触点开关。

图 1 – 11 所示为监测发电机组工作的某种仪表的部分电路。其中 u_s 是需要定期通过二极管 D 加入记忆电路的信号，u_i 为控制信号，当控制信号 $u_i = 10$ V 时，D 的负极电位被抬高，二极管截止，相当于"开关断开"，不能通过 D；当 $u_i = 0$ V 时，D 正偏导通，u_s 可以通过 D 加入记忆电路，此时二极管相当于"开关闭合"情况。这样，二极管 D 就在信号 u_i 的控制下，实现了接通或关断 u_s 信号的作用。

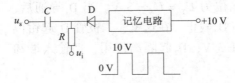

图 1 – 11　二极管的开关应用

五、特殊用途的二极管

1. 发光二极管

发光二极管是一种能将电能转换成光能的半导体器件，有时简写为 LED。当给发光二极管加上正向偏压，且有一定的电流流过时，二极管就会发光，这是由于 PN 结的电子与空穴直接复合放出能量的结果。

发光二极管的种类很多，外形以及符号如图 1-12 所示。按发光的颜色可分为红色、绿色、蓝色、黄色发光二极管，还有三色变色发光二极管和人的肉眼看不见的红外线二极管；按外形可分为圆形、方形等发光二极管。

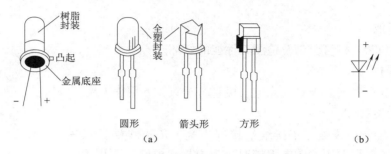

图 1-12　发光二极管的外形和电路符号

（a）外形；（b）电路符号

发光二极管可以用直流、交流、脉冲电源点亮，常用来作为显示器件，工作电流一般为几毫安至几十毫安，正向电压多为 1.5~2.5 V。

2. 光电二极管

光电（敏）二极管是一种能将光能转换成电能的半导体器件。在 PN 结受到光线照射时，可以激发产生电子—空穴对，从而提高了少数载流子的浓度。当外加反向电压时，少数载流子增多，少数载流子漂移电流强度显著增大。所以，当外界光发生强弱变化时，二极管的反向电流大小也随之变化，即无光照射时反向电流很小，这一电流称为暗电流；当有光照射时，反向电流大，称为光电流（亮电流）。光电（敏）二极管常作为光电控制器件或用来进行光的测量（光电检测），其外形、电路符号如图 1-13 所示。

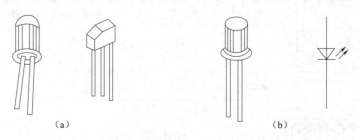

图 1-13　光电二极管外形、电路符号

（a）外形；（b）电路符号

3. 变容二极管

图1-14 变容二极管电路符号

变容二极管是利用 PN 结反偏时结电容大小随外加电压而变化的特性制成的。反偏电压增大时电容减小，反之电容增大。变容二极管的电路符号如图 1-14 所示。变容二极管的电容量一般较小，其最大值为几十到几百皮法，最大电容与最小电容之比约为 5∶1。它主要用于高频电路中作自动调谐、调频、调相等，例如在电视接收机的调谐回路中作可变电容等。

技能训练　半导体二极管的识别检测

1. 实训目的

用万用表判断二极管引脚及检测其性能的好坏。

2. 实训器材

普通二极管、发光二极管、光电二极管若干只，万用表 1 块。

3. 实训相关知识

万用表有两个接线端，正接线端接红表笔，负接线端接黑表笔。必须注意，使用万用表的电阻挡时，表内接入电池，万用表的红表笔接表内电池负极，输出负电压；黑表笔接电池正极，输出正电压，如图 1-15 所示。测试前要选好挡位，两表笔短接后调零位。对于耐压较低、电流较小的二极管，用"R×1 k"挡；若流过二极管的电流太大，则用"R×10 k"挡。若表内电池电压太高，则可能会使二极管损坏。在测量中，常选用万用表的"R×100"或"R×1 k"挡，具体方法和说明如表 1-2 和表 1-3 所示。

图1-15　万用表内部电源极性示意图

表1-2　半导体二极管的简易测试方法

测试项目	测试方法	正常数据		极性判断
		硅管	锗管	
正向电阻	测硅管时　测锗管时　红表笔　黑表笔	表针指示在中间偏右一点	表针偏右靠近满度，而又不到满度	万用表黑表笔连接的一端为二极管的正极（或阳极）
		（几百欧~几千欧）		
反向电阻	测硅管时　测锗管时　红表笔　黑表笔	表针一般不动	表针会动一点	万用表黑表笔连接的一端为二极管的负极（或阴极）
		（大于几百千欧）		

表 1-3　半导体二极管质量简易判断

正向电阻	反向电阻	管子好坏
较小	较大	好
0	0	短路损坏
∞	∞	开路损坏
正、反向电阻比较接近		管子质量不佳

4. 实训内容及步骤

1）万用表量程设置

将万用表电阻量程拨至"R×1 k"挡，进行调零校准。

2）器件检测

用万用表检测普通二极管、发光二极管的正向和反向电阻，将检测数据填入表 1-4 中，并判断其好坏及引脚的极性。

表 1-4　二极管检测记录

检测项目　二极管类型	测量极间电阻		画二极管的外形图，标出引脚极性
普通二极管	正向电阻	反向电阻	
发光二极管			
光电二极管　无光照			
有光照			

3）光电二极管测量

（1）用黑纸或黑布遮住光电二极管的光信号接收窗口，然后用万用表"R×1 k"挡测量光电二极管的正、反向电阻值，并将测量数据填入表 1-4 中。

（2）去掉黑纸或黑布，使光电二极管的光信号接收窗口对准光源，然后用万用表"R×1 k"挡测量光电二极管正、反向电阻值，并将测量数据填入 1-4 中。

5. 实训问题与思考

（1）检测二极管时，为什么不能用手同时捏住二极管的两个引脚？

（2）光电二极管在有光照和无光照两种情况下，正、反向电阻的阻值有何不同？

任务二　半导体三极管及应用

🎯 任务目标

（1）掌握半导体三极管的基本工作原理和特性曲线。

（2）掌握半导体三极管的主要参数，学会三极管的识别、检测和使用方法。

（3）知道场效应半导体三极管的结构、符号、放大特性和主要参数。

（4）熟悉场效应半导体三极管的安全使用常识。

相关知识

一、半导体三极管的结构

半导体三极管是电子电路中最重要的器件，也称为晶体三极管。它的主要功能是实现电信号放大和无触点开关作用。三极管的三个极为基极、集电极和发射极，分别用字母 b、c、e 表示。三极管种类非常多，按照结构工艺分类，有 PNP 和 NPN 型；按照制造材料分类，有锗管和硅管；按照工作频率分类，有低频管和高频管；一般低频管用于处理频率在 3 MHz 以下的电路中，高频管的工作频率可以达到几百兆赫兹。按照允许耗散的功率大小分类，有小功率管和大功率管，一般小功率管的额定功耗在 1 W 以下，而大功率管的额定功耗可达几十瓦以上。常见的半导体三极管外形如图 1 – 16 所示。

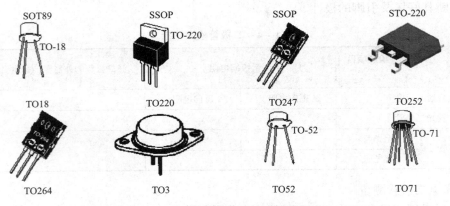

图 1 – 16　常见的半导体三极管外形

半导体二极管内部只有一个 PN 结，若在半导体二极管 P 型半导体的旁边再加上一块 N 型半导体 [见图 1 – 17（a）]，则构成的器件内部有两个 PN 结，且 N 型半导体和 P 型半导体交错排列形成三个区，分别称为发射区、基区和集电区，从三个区引出的引脚分别称为发射极、基极和集电极，用符号 e、b、c 来表示，处在发射区和基区交界处的 PN 结称为发射结，处在基区和集电区交界处的 PN 结称为集电结。具有这种结构特性的器件称为三极管。

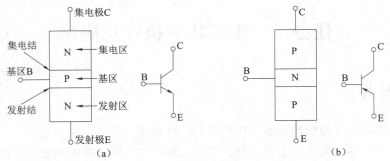

图 1 – 17　三极管的结构示意图及图形符号

（a）NPN 型；（b）PNP 型

因图 1 – 17（a）所示三极管的三个区分别由 NPN 型半导体材料组成，所以这种结构的三极管称为 NPN 型三极管，图 1 – 17（a）右边所示为 NPN 型三极管的符号，符号中箭头的指向表示发射结处在正向偏置时电流的流向。同理，也可以组成 PNP 型三极管，图 1 – 17（b）分别为 PNP 型三极管的内部结构和符号。

二、三极管的电流放大作用

1. 三极管内部 PN 结的结构

由图 1 – 17 可见，三极管具有电流放大作用，其 PN 结内部结构具有特殊性：

（1）为了便于发射结发射电子，发射区半导体的掺杂浓度远高于基区半导体的掺杂浓度，且发射结的面积较小。

（2）发射区和集电区虽为同一性质的掺杂半导体，但发射区的掺杂浓度要高于集电区的掺杂浓度，且集电结的面积要比发射结的面积大，便于收集电子。

（3）连接发射结和集电结的两个 PN 结的基区非常薄，且掺杂浓度也很低。

上述结构特点是三极管具有电流放大作用的内因。要使三极管具有电流的放大作用，除了三极管的内因外，还要有外部条件，即三极管的发射结为正向偏置，集电结为反向偏置。

2. 共发射极电路三极管内部载流子的运动情况

共发射极电路三极管内部载流子运动情况如图 1 – 18 所示。图 1 – 18 中载流子的运动规律可分为以下几个过程。

1）发射区向基区发射电子的过程

发射结处于正向偏置，使发射区的多数载流子（自由电子）不断地通过发射结扩散到基区，即向基区发射电子。与此同时，基区的空穴也会扩散到发射区，由于两者掺杂浓度上的悬殊，故形成发射极电流 I_E 的载流子主要是电子，电流的方向与电子流的方向相反。发射区所发射的电子由电源 V_{CC} 的负极来补充。

2）电子在基区中的扩散与复合的过程

扩散到基区的电子，将有一小部分与基区的空穴复合，同时基极电源 V_{BB} 不断地向基区提供空穴，形成基极电流 I_B。由于基区掺杂的溶度很低，且很薄，在基区与空穴复合的电子很少，所以基极电流 I_B 也很小。

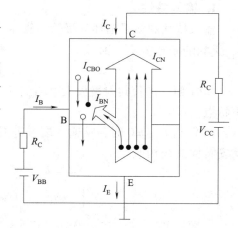

图 1 – 18 共发射极电路三极管内部载流子运动情况

扩散到基区的电子除了被基区复合掉的一小部分外，大量的电子在惯性的作用下继续向集电结扩散。

3）集电结收集电子的过程

反向偏置的集电结有利于少子的漂移运动，因集电结的面积很大，故延伸进基区的空间电荷区使基区的厚度进一步变薄，使发射极扩散来的电子更容易漂移到集电区，集电极收集到的电子由集电极电源 V_{CC} 吸收，形成集电极电流 I_C。

3. 三极管的电流分配关系和电流放大系数

根据上面的分析并结合节点电流定律可得，三极管三个电极的电流 I_E、I_B、I_C 之间的关系为

$$I_E = I_B + I_C \qquad (1-1)$$

三极管的特殊结构使 $I_C >> I_B$，令

$$\overline{\beta} = \frac{I_C}{I_B} \qquad (1-2)$$

式中 $\overline{\beta}$——三极管的直流电流放大倍数。

$\overline{\beta}$ 是描述三极管基极电流对集电极电流控制能力大小的物理量，$\overline{\beta}$ 大的管子，基极电流对集电极电流控制的能力就大。$\overline{\beta}$ 是由晶体管的结构来决定的，一个管子做成以后，该管子的 $\overline{\beta}$ 就确定了。

三、三极管的特性曲线

三极管的特性曲线是描述三极管各个电极之间电压与电流关系的曲线，它们是三极管内部载流子运动规律在管子外部的表现。三极管的特性曲线反映了管子的技术性能，是分析放大电路技术指标的重要依据。三极管共射极放大电路是指以发射极作为输入回路和输出回路的公共部分，NPN 型三极管的共射极放大电路如图 1-19 所示。放大电路的特性曲线有输入特性曲线和输出特性曲线，下面以 NPN 型三极管为例，来讨论三极管共射放大电路的特性曲线。

1. 输入特性

输入特性曲线是描述三极管在管压降 U_{CE} 保持不变的前提下，基极电流 I_B 和发射结压降 U_{BE} 之间的函数关系，即

$$I_B = f(U_{BE}) \mid U_{CE} = 常数 \qquad (1-3)$$

NPN 型三极管共射极放大电路的输入特性曲线如图 1-20 所示，其输入特性曲线有以下特点：

（1）当 $U_{CE} = 0$ 时，从输入端看进去相当于两个二极管并联，输入特性曲线与二极管的伏安特性曲线相似。

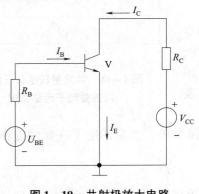

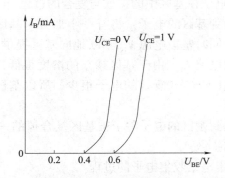

图 1-19　共射极放大电路　　　　　图 1-20　输入特性曲线

（2）当 $U_{CE} > 0$ 时，随着 U_{CE} 的增大，特性曲线向右移动，当 $U_{CE} > U_{BE}$ 时，发射结正偏，集电结反偏，此时集电结电场对发射区注入的电子的吸引力增大，使基区内与空穴复

合的电子减少，这样在相同的 U_{BE} 下，I_B 的电流减小了，当 U_{CE} 增大到一定值后，由于反偏电压足以将注入基区的所有电子收集到集电区，此时即使 U_{CE} 再增大，I_B 基本上减少的很少。也就是说，当 U_{CE} 超过 1 V 后的输入特性曲线基本上是重合的。

2. 输出特性曲线

输出特性曲线是描述三极管在输入电流 I_B 保持不变的前提下，集电极电流 I_C 和管压降 U_{CE} 之间的函数关系，即

$$I_C = f(U_{CE}) \mid I_B = 常数 \tag{1-4}$$

三极管的输出特性曲线如图 1-21 所示。当 I_B 改变时，I_C 和 U_{CE} 的关系是一组平行的曲线族，并有截止、饱和、放大三个工作区。

1）截止区

$I_B = 0$ 特性曲线以下的区域称为截止区。此时晶体管的集电结处于反偏状态，发射结电压 U_{BE} 小于 0，也是处于反偏的状态。由于 $I_B = 0$，在反向饱和电流可以忽略的前提下，$I_C = \beta I_B$ 也等于 0，晶体管无电流放大作用。处在截止状态下的三极管，发射极和集电结都是反偏，即在电路中犹如一个断开的开关。

实际的情况是：处在截止状态下的三极管集电极有很小的电流 I_{CEO}，该电流称为三极管的穿透电流，它是在基极开路时测得的集电极—发射极间的电流，不受 I_B 的控制，但受温度的影响。

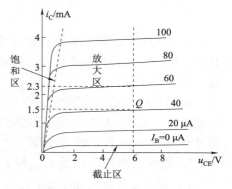

图 1-21　输出特性曲线

2）饱和区

在图 1-19 所示的共射极三极管放大电路中，集电极接有电阻 R_C，如果电源电压 V_{CC} 一定，则当集电极电流 I_C 增大时，$U_{CE} = V_{CC} - I_C R_C$ 将下降，对于硅管，当 U_{CE} 降低到小于 0.7 V 时，集电结也进入正向偏置的状态，集电极吸引电子的能力将下降，此时 I_B 再增大，I_C 几乎就不再增大了，三极管失去了电流放大作用，这种状态称为饱和状态。规定 $U_{CE} = U_{BE}$ 时的状态为临界饱和态，图 1-21 中的虚线为临界饱和线。饱和时集电极和发射极两端的电压称为饱和管压降，用 U_{CES} 表示，I_{CS}、I_{BS} 分别表示饱和时集电极电流和发射极电流。当管子两端的电压 $U_{CE} < U_{CES}$ 时，三极管将进入深度饱和状态，在深度饱和状态下，$I_C = \beta I_B$ 的关系不成立，三极管的发射结和集电结都处于正向偏置状态，犹如一个闭合的开关。三极管截止和饱和的状态与开关断、通的特性很相似，数字电路中的各种开关电路就是利用三极管的这种特性来实现的。

3）放大区

三极管输出特性曲线饱和区和截止区之间的部分就是放大区。工作于放大区的三极管具有电流的放大作用，此时三极管的发射结正偏，集电结反偏。由放大区的特性曲线可知，特性曲线非常平坦，当 I_B 等量变化时，I_C 几乎也按一定比例等距离平行变化。由于 I_C 只受 I_B 控制，几乎与 U_{CE} 的大小无关，故说明处在放大状态下的三极管相当于一个输出电流受 I_B 控制的受控电流源。

对于 NPN 型三极管处于放大区时，$U_{BE} > 0$，$U_{BC} < 0$，即 $U_C > U_B > U_E$，而对于 PNP 型

三极管则是 $U_{BE} < 0$，$U_{BC} > 0$，$U_C < U_B < U_E$。PNP 型三极管的特性曲线与 NPN 型三极管的特性曲线关于原点对称。

四、三极管的主要参数

1. 共射电流放大系数 $\bar{\beta}$ 和 β

在共射极放大电路中，若交流输入信号为零，则管子各极间的电压和电流都是直流量，此时的集电极电流 I_C 和基极电流 I_B 的比就是 $\bar{\beta}$，$\bar{\beta}$ 称为共射直流电流放大系数。当共射极放大电路有交流信号输入时，因交流信号的作用，必然会引起 I_B 的变化，相应的也会引起 I_C 的变化，两电流变化量的比称为共射交流电流放大系数 β，即

$$\beta = \frac{\Delta I_C}{\Delta I_B} \qquad (1-5)$$

上述两个电流放大系数 $\bar{\beta}$ 和 β 的含义虽然不同，但工作在输出特性曲线放大区平坦部分的三极管，两者的差异极小，可做近似相等处理，故在今后应用时，通常不加区分，直接互相替代使用。

由于制造工艺的分散性，同一型号三极管的 β 值差异较大。常用的小功率三极管，β 值一般为 $20 \sim 100$。β 过小，管子的电流放大作用小；β 过大，管子工作的稳定性差。一般选用 β 在 $40 \sim 80$ 的管子较为合适。

2. 极间反向饱和电流 I_{CBO} 和 I_{CEO}

1）集电结反向饱和电流 I_{CBO}

I_{CBO} 是指集电结加反向电压时测得的集电极电流。常温下，硅管的 I_{CBO} 在 NA（10^{-9}）的量级，通常可忽略。

2）集电极—发射极反向电流 I_{CEO}

I_{CEO} 是指基极开路时，集电极与发射极之间的反向电流，即穿透电流，穿透电流的大小受温度的影响较大，穿透电流小的管子热稳定性好。

3. 极限参数

1）集电极最大允许电流 I_{CM}

晶体管的集电极电流 I_C 在相当大的范围内，其 β 值基本保持不变，但当 I_C 的数值大到一定程度时，电流放大系数 β 值将下降。使 β 明显减小的 I_C 即为 I_{CM}。为了使三极管在放大电路中能正常工作，I_C 不应超过 I_{CM}。

2）集电极最大允许功耗 P_{CM}

晶体管工作时，集电极电流在集电结上将产生热量，产生热量所消耗的功率就是集电极的功耗 P_{CM}，即

$$P_{CM} = I_C U_{CE} \qquad (1-6)$$

功耗与三极管的结温有关，结温又与环境温度、管子是否有散热器等条件相关。根据式（1-6）可在输出特性曲线上作出三极管的允许功耗线，如图 1-22 所示。功耗线的左下方

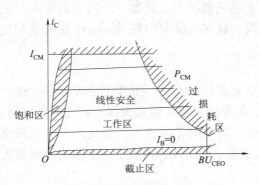

图 1-22　三极管的极限参数图

为安全工作区，右上方为过损耗区。

3）反向击穿电压

（1）反向击穿电压 $U_{(BR)CEO}$：$U_{(BR)CEO}$ 是指基极开路时，加在集电极与发射极之间的最大允许电压。

（2）反向击穿电压 $U_{(BR)CBO}$：$U_{(BR)CBO}$ 是指发射极开路时，加在集电极和基极之间的最大允许电压。

在使用中如果管子两端的电压大于反向击穿电压，反向电流将急剧增大，导致管子将被击穿，管子击穿将造成三极管永久性的损坏。通常情况下，三极管的反向电压应在反向击穿电压的 1/2 范围之内。

4. 温度对三极管参数的影响

几乎所有的三极管参数都与温度有关，因此不容忽视。温度对以下的三个参数影响最大。

1）对 β 的影响

三极管的 β 随温度的升高将增大，温度每上升 1 ℃，β 值增大 0.5%~1%，其结果是在相同的基极电流 I_B 下，集电极电流 I_C 随温度上升而增大。

2）对反向饱和电流 I_{CEO} 的影响

I_{CEO} 是由少数载流子漂移运动形成的，它与环境温度关系很大，I_{CEO} 随温度上升会急剧增加。温度上升 10 ℃，I_{CEO} 将增加一倍。由于硅管的 I_{CEO} 很小，所以温度对硅管 I_{CEO} 的影响不大。

3）对发射结电压 U_{BE} 的影响

与二极管的正向特性一样，温度上升 1 ℃，U_{BE} 将下降 2~2.5 mV。

综上所述，随着温度的上升，β 值将增大，I_C 也将增大，U_{CE} 将下降，这对三极管放大作用不利，使用中应采取相应的措施克服温度的影响。

五、场效应管

场效应管

场效应管（Field Effect Transistor，FET）是一种新型的半导体器件，它是利用电场来控制半导体中的多数载流子运动，又称为单极型半导体三极管。它除了兼有一般半导体三极管体积小、寿命长等特点外，还具有输入阻抗高、噪声低、热稳定性好、抗辐射能力强、功耗小、工作电源电压范围宽等优点，在开关、阻抗匹配、微波放大、大规模集成等领域得到广泛的应用，常用作交流放大器、有源滤波器、电压控制器、源极跟随器等。根据结构不同，场效应管可分成两大类：结型场效应管（JFET）和绝缘栅型场效应管（MOSFET），其中绝缘栅型场效应管由于制造工艺简单，便于实现集成化，因此应用更为广泛。

1. 结型场效应管

1）结型场效应管的结构、符号和分类

图 1-23（a）所示为结型场效应管结构图。图中，在同一块 N 型半导体上制作两个高掺杂的 P 区，并将它们连接在一起，所引出的电极称为栅极 G（对应三极管的 B 极）；N 型半导体两端分别引出两个电极，一个称为漏极 D（对应三极管的 C 极），一个称为源极 S（对应三极管的 E 极）。P 区与 N 区交界面形成 PN 结即空间电荷区，漏极与源极间的非空

间电荷区称为导电沟道。

结型场效应管可分为 N 沟道结型场效应管和 P 沟道结型场效应管，其符号分别如图 1-23（b）和图 1-23（c）所示，其中电路符号中栅极的箭头方向可理解为两个 PN 结的正向导电方向。图 1-23（d）所示为 N 沟道结型场效应管结构示意图。

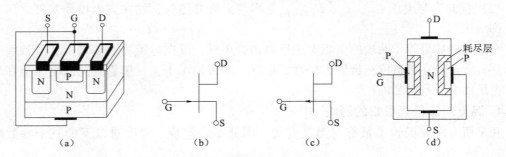

图 1-23 结型场效应管的结构、符号

（a）结构；（b）N 沟道管；（c）沟道管；（d）N 沟道场效应管结构示意图

2）结型场效应管的特性曲线（以 N 沟通结型场效应管为例）

场效应管的特性曲线有两种：一种叫转移特性曲线，另一种叫输出特性曲线。场效应管的输入电流（栅极电流）几乎为 0，所以讨论场效应管的输入特性曲线无意义。

（1）转移特性曲线。

转移特性曲线是指当 u_{DS} 为某一定值时，栅源之间的电压 u_{GS} 与漏极电流 i_D 之间的关系的曲线。

N 沟道结型场效应管的转移特性曲线如图 1-24（a）所示，它具有以下特点：

①曲线在纵坐标的左侧，说明栅源之间加的是负电压，即 $u_{GS} \leqslant 0$，这是 N 沟道管正常工作的必要条件，曲线是非线性的。

②u_{GS} 由 0 向负方向变化时，$i_D = 0$，此时的栅源电压 $u_{GS(off)}$（负值）称为夹断电压。图中 $u_{GS} = 0$ 时的漏极电流称为漏极饱和电流 I_{DSS}。

③随着 u_{DS} 的增加，曲线向左上方平移，形状基本不变，但当 u_{DS} 大于某一值后曲线基本重合。

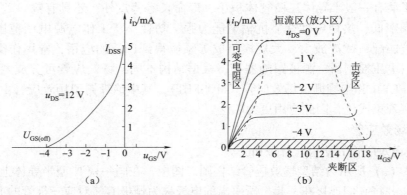

图 1-24 结型场效应管的特性曲线

（a）转移特性曲线；（b）输出特性曲线

（2）输出特性曲线。

输出特性曲线是指当 u_{GS} 为常数时，i_D 与 u_{DS} 之间关系的曲线。

N 沟道结型场效应管的输出特性曲线如图 1 – 24（b）所示，它具有以下特点：

①每条曲线都是由上升段、平直段和再次上升段组成。

②参考量 u_{GS} 改变时，曲线形状基本不变，但随着 u_{GS} 绝对值的增加曲线下移。

③与三极管类似，输出特性曲线也为一簇曲线，也同样有三个区域：

a. 可变电阻区（相当于三极管的饱和区）：在该区域中，可以通过改变 u_{GS} 的大小（电压控制）来改变漏源电阻，此时 i_D 随 u_{DS} 作线性变化，不同的 u_{GS} 则体现出不同的斜率。

b. 恒流区（相当于三极管的放大区）：i_D 近似为电压 u_{GS} 控制的电流源。

c. 夹断区（相当于三极管的截止区）：当 $u_{GS} < U_{GS(off)}$ 时，导电沟道被夹断，$i_D \approx 0$。

另外，当 u_{GS} 增大到击穿电压时，管子将被击穿，如不加限制，则将损坏管子。

2. 绝缘栅型场效应管（MOS 管）

结型场效应管的输入电阻虽可达 $10^7\ \Omega$，但此电阻实质上是 PN 结的反向电阻，由于 PN 结反向偏置时总会有反向电流存在，这就限制了输入电阻的进一步提高。绝缘栅型场效应管的栅、漏、源极完全绝缘，所以输入电阻可以达 $10^9\ \Omega$。MOS 场效应管可分为：增强型（有 N 沟道、P 沟道之分）及耗尽型（有 N 沟道、P 沟道之分）。凡栅源电压 u_{GS} 为零时，漏极电流 i_D 也为零的管子均属于增强型管；凡 u_{GS} 为零时，i_D 不为零的管子均属于耗尽型管。下面以 N 沟道增强型（MOSFET）场效应管为例来说明其结构和工作原理。

1）N 沟道增强型（MOSFET）场效应管的结构

N 沟道增强型（MOSFET）的结构示意图和符号如图 1 – 25 所示，它在一块低掺杂的 P 型硅片上生成一层 SiO_2 薄膜绝缘层，然后用光刻工艺扩散两个高掺杂的 N 型区，并引出两个电极，分别是漏极 D 和源极 S。在源极和漏极之间的绝缘层上镀一层金属铝作为栅极 G。P 型硅片为衬底，用字母 B 表示。

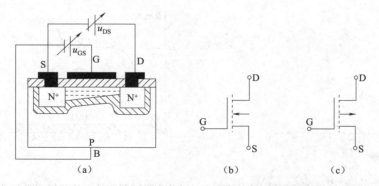

图 1 –25 N 沟道增强型（MOSFET）场效应管的结构示意图和符号

（a）N 沟通结构示意图；（b）N 沟道符号；（c）P 沟道符号

2）工作原理

当 $u_{GS} = 0\ V$ 时，漏源之间相当于两个背向的二极管，不存在导电沟道，在 D、S 之间加上电压不会在 D、S 极间形成电流。当栅源极加有电压，$0 < u_{GS} < u_{GS(th)}$（$u_{GS(th)}$ 称为开启电压）时，通过栅极和衬底间的电场作用，将靠近栅极下方的 P 型半导体中的空穴向下方

排斥，出现了一薄层负离子的耗尽层。耗尽层中的少子将向表层运动，但数量有限，不足以形成导电沟道，将漏极和源极沟通，所以仍然不足以形成漏极电流，如图 1 – 26（a）所示。

进一步增加 u_{GS}，当 $u_{GS} > u_{GS(th)}$ 时，由于此时的栅极电压已经比较大，故在靠近栅极下方的 P 型半导体表层中聚集较多的自由电子，可以形成导电沟道，将漏极和源极沟通。如果此时加有漏源电压，就可以形成漏极电流 i_D。在栅极下方形成导电沟道中的自由电子，因与 P 型半导体的载流子空穴极性相反，故称为反型层，如图 1 – 26（b）所示。随着 u_{GS} 的继续增加，i_D 将不断增加。当 $u_{GS} = 0$ 时，$i_D = 0$，只有当 $u_{GS} > u_{GS(th)}$ 后才会出现漏极电流，这种 MOS 管称为增强型 MOS 管。

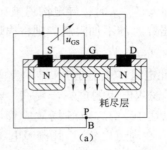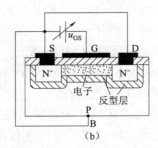

图 1 – 26 u_{GS} 的控制作用

3）特性曲线

N 沟道增强型场效应管转移特性曲线如图 1 – 27（a）所示，当 $u_{GS} < u_{GS(th)}$ 时，导电沟道没有形成，$i_D = 0$；当 $u_{GS} \geqslant u_{GS(th)}$ 时开始形成导电沟道，i_D 随 u_{GS} 增大而增大。

N 沟道增强型场效应管输出特性曲线如图 1 – 27（b）所示，它分成三个区：可变电阻区、恒流区和夹断区，其含义与结型场效应管相同。

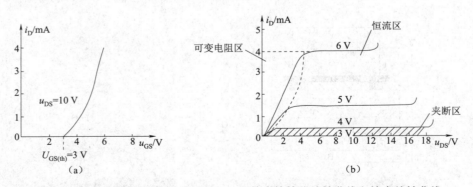

图 1 – 27 N 沟道增强型（MOSFET）场效应管转移特性曲线和输出特性曲线
（a）转移特性曲线；（b）输出特性曲线

3. 场效应管和三极管的比较

（1）三极管是两种载流子（多数载流子和少数载流子）都参与导电，而场效应管是一种载流子（多数载流子）参与导电，N 沟道是电子，P 沟道是空穴。所以场效应管稳定性好，若使用条件恶劣，则宜采用场效应管。

（2）三极管的集电极电流受基极电流的控制，若工作在放大区，则可视为电流控制的电流源。场效应管的漏极电流受栅源电压的控制，是电压控制元件，若工作在放大区，则可视为电压控制的电流源。

（3）三极管的输入电阻低，而场效应管的输入电阻可达 $10^6 \sim 10^{15}$ Ω。

（4）三极管制造工艺较复杂，场效应管制造工艺较简单、成本低，适用于大规模和超大规模集成电路中。

（5）场效应管产生的电噪声比三极管小，所以在低噪声放大器的前级常选用场效应管。

（6）三极管分 NPN 型、PNP 型两种，有硅管和锗管之分。场效应管分结型和绝缘栅型两大类，每类又可分为 N 沟道管和 P 沟道管两种，都是由硅片制成。

技能训练　半导体三极管的识别检测

1. 实训目的

用万用表判断三极管引脚和检测性能的好坏。

2. 实训器材

NPN、PNP 型三极管若干只，万用表 1 块。

3. 实训相关知识

1）判断三极管基极

对于 NPN 型三极管，用黑表笔接某一个电极，红表笔分别接另外两个电极，若测量结果阻值都较小，交换表笔后测量结果阻值都较大，则可断定第一次测量中黑表笔所接电极为基极；如果测量结果阻值一大一小，相差很大，则第一次测量中黑表笔接的不是基极，应更换其他电极重测。

2）判断三极管发射极 e 和集电极 c

三极管基极确定后，通过交换表笔两次测量 e、c 极间的电阻，如果两次测量的结果应不相等，则其中测得电阻值较小的一次为红表笔接的是 e 极，黑表笔接的是 c 极。

对于 PNP 型三极管，方法与 NPN 管类似，只是红、黑表笔的作用相反。

在测量 e、c 极间电阻时要注意，由于三极管的 $U_{(BR)CEO}$ 很小，故很容易将发射结击穿。

3）判断三极管极类型

如果已知某个三极管的基极，则可以用红表笔接基极，黑表笔分别碰另外两个极，如果测得的电阻都大，则该三极管是 NPN 型三极管；如果测得的电阻都较小，则该三极管是 PNP 型三极管。

4）判别三极管好坏

根据三极管内的单向导电性，可以分别测量 b、e 极间和 b、e 极间 PN 结的正、反向电阻。如果正、反向电阻相差较大，则说明三极管基本是好的。如果正、反向电阻都很大，则说明管子内部 PN 结损坏；如果正、反向电阻都很小或为零，则说明管子内部 PN 结损坏或击穿。

4. 实训内容及步骤

（1）用万用表测量三极管的 3 个未知引脚 1、2、3（如图 1-28 所示）之间的电阻值，记录在表 1 - 5 中，判断三极管的基极，并用黄色的塑料套管套在基极引脚。测量时注意，不能用手同时捏住三极管的 2 个引脚。

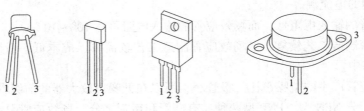

图 1 - 28　三极管引脚编号

表 1 - 5　三极管测量记录

检测项目	测量极间电阻				引脚判断			管型判断
	红表笔接 2 脚		黑表笔接 2 脚		e	b	c	
三极管型号	黑表笔接 1 脚	黑表笔接 3 脚	红表笔接 1 脚	红表笔接 3 脚				

（2）用万用表判断三极管的发射极、集电极，并用红色的塑料套管套在发射极引脚上。

（3）用万用表估测三极管的放大倍数。

5. 实训问题与思考

（1）试说明判断三极管引脚的方法，并分析其道理。

（2）指针式万用表与数字式万用表检测三极管的主要差异是什么？

🌀 自我评测

一、填空题

1. PN 结具有_____性，_____偏置时导通，_____偏置时截止。

2. 半导体二极管 2AP7 是_____半导体材料制成的，2CZ56 是_____半导体材料制成的。

3. 晶体三极管通过改变_____来控制_____。

4. 对半导体三极管，测得发射结反偏、集电结反偏，此时该三极管处于_____状态。

5. 三极管按其内部结构分为_____和_____两种类型。

6. 三极管工作在截止状态，即_____、_____和_____状态，_____状态具有放大作用。

7. _____是一种电流控制器件，_____是一种电压控制器件。

8. MOS 管分为_____和_____两种。

二、选择题

1. 如果用万用表测得二极管的正、反向电阻都很大，则二极管（　　　）。

A. 特性良好　　　　B. 已被击穿　　　　C. 内部开路　　　　D. 功能正常

2. 半导体二极管阳极电位为 $-9\ V$，阴极电位为 $-5\ V$，则该管处于（　　　）。

A. 零偏　　　　B. 反偏　　　　C. 正偏　　　　D. 不确定

3. 二极管两端加上正向偏压时，（　　　）。

A. 立即导通　　　　　　　　　　B. 超过击穿电压就导通

C. 超过 0.2 V 就导通　　　　　　D. 超过死区电压就导通

4. 关于 2AP 型二极管，以下说法正确的是（　　　）。

A. 点接触型，适用于小信号检波　　　B. 面接触型，适用于整流

C. 面接触型，适用于小信号检波　　　D. 点接触型，适用于整流

5. 某三极管的发射极电流 $I_E = 3.2\ mA$，基极电流 $I_B = 40\ \mu A$，则集电极电流 I_C 为（　　　）。

A. 3.2 mA　　　　B. 3.16 mA　　　　C. 2.80 mA　　　　D. 3.28 mA

6. 温度升高时，P 型半导体中的（　　　）将明显增多。

A. 电子　　　　B. 空穴　　　　C. 电子和空穴　　　　D. 不确定

7. NPN 型三极管工作在放大状态时，各极电位关系为（　　　）。

A. $U_C > U_B > U_E$　　　B. $U_C < U_B < U_E$　　　C. $U_C > U_E > U_B$　　　D. $U_E > U_C > U_E$

8. 稳压管的稳压区是指其工作在（　　　）的区域。

A. 正向导通　　　　B. 反向截止　　　　C. 反向击穿　　　　D. 正向击穿

三、判断题

1. 当二极管两端正向偏置电压大于死区电压时，二极管才能导通。（　　　）

2. 半导体二极管的反向电流 I_S 与温度有关，温度升高，I_S 增大。（　　　）

3. 半导体二极管反向击穿后立即烧毁。（　　　）

4. 用万用表欧姆挡测 2AP9 时用 "R×10" 挡。（　　　）

5. 滤波电路中的滤波电容越大，滤波效果越好。（　　　）

6. 发光二极管在使用时必须反偏。（　　　）

7. 常用的半导体材料是硅和锗。（　　　）

8. 半导体具有光敏性、热敏特性和掺杂特性。（　　　）

四、综合题

1. 什么是半导体？半导体最主要的特性是什么？

2. 杂质半导体有哪几种？在杂质半导体中，多数载流子和少数载流子的浓度由什么决定？与温度有无关系？

3. 发光二极管工作时是加正向电压还是反向电压？为什么？它的正向导通电压一般为多少？

4. 场效应管和三极管相比有何特点？

5. 试说明图 1-29 所示电路输出电压 U_o 的大小和极性，设二极管为理想二极管（导通正向电阻为零，截止反向电阻为无穷大）。

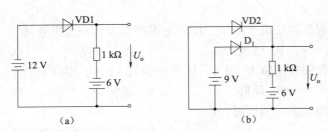

图 1-29 习题四-5 图

6. 在图 1-30 所示的各电路图中，$E = 5$ V，$u_i = 10 \sin \omega t$ V，二极管为理想二极管，试分别画出输出电压 u_o 的波型。

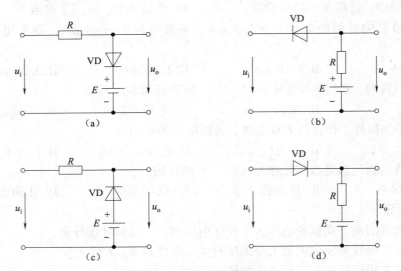

图 1-30 习题四-6 图

7. 如图 1-31 所示，在晶体管放大电路中测得三个晶体管各个电极的电位如图所示。试判断各晶体管的类型，并区分 e、b、c 三个电极。

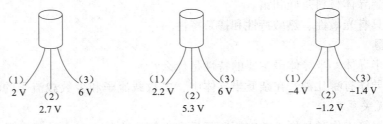

图 1-31 习题四-7 图

8. 如图 1-32 所示，用万用表直流电压挡测得电路中晶体管各电极的对地电位，试判断这些晶体管分别处于哪种工作状态（饱和、截止、放大、倒置或已损坏）。

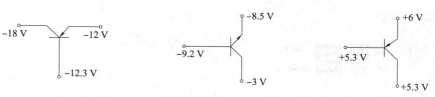

图 1-32　习题四-8 图

质量评价

项目一　质量评价标准

评价项目	评价指标	评价标准	评价结果			
			优	良	合格	差
半导体二极管	理论知识	二极管知识掌握情况				
	技能水平	1. 二极管外观识别				
		2. 万用表使用情况，测量二极管的正反向电阻				
		3. 正确判别二极管质量好坏				
半导体三极管	理论知识	三极管和场效应管知识掌握情况				
	技能水平	1. 三极管外观识别				
		2. 万用表使用情况，判断三极管基极 b、发射极 e 和集电极 c				
		3. 正确判别三极管质量好坏				
总评	评判	优	良	合格	差	总评得分
		85~100	75~84	60~74	≤59	

课后阅读

　　林兰英（1918 年 2 月 7 日—2003 年 3 月 4 日），女，福建莆田人，半导体材料科学家，中国科学院学部委员，中国科学院半导体研究所研究员、博士生导师。林兰英主要从事半导体材料制备及物理的研究，在锗单晶、硅单晶、砷化镓单晶和高纯锑化铟单晶的制备及性质等研究方面获得成果，其中砷化镓气相和液相外延单晶的纯度及电子迁移率方面的研究均达到国际先进水平。

　　林兰英率先组织和领导了中国生长硅单晶、锑化铟、砷化镓和磷化镓单晶的研究，并首先获得了上述半导体单晶，为在中国率先研究半导体集成电路和光电子器件的单位提供了多种半导体单晶材料，并向全国推广上述单晶生长技术和相应的材料测试技术，为中国微电子学和光电子学的开创奠定了基础。参与组织领导 4 千位、16 千位大规模集成电路 MOS 随机存储器的研制，1980 年、1982 年两次获得中国科学院科技进步一等奖。她指导的高纯砷化镓液相外延和气相外延材料研究达到国际先进水平，其中高纯砷化镓气相外延研究至今仍然保持着采用卤化系统的国际最高水平。1987 年首次于世界上在微重力条件下从熔体中生长砷化镓单晶并获得成功。以后又相继四次在中国返回式卫星上生长砷化镓单晶，以及在空间晶体生长、材料物理研究及器件应用等方面取得诸多科研成果。利用空间生长的半绝缘砷化镓制造的微波低噪声场效应晶体管和模拟开关集成电路的特性及优质品率得到提高。

项目二

基本放大电路的应用

🌀 项目描述

　　用来对电信号进行放大的电路称为放大电路，由三极管组成的放大电路的作用是将微弱的电信号（电压、电流）放大成较强的电信号。用来放大电信号的电子线路装置，是电子设备中使用很广的一种电路，其具有不同的形式，但基本工作原理都是相同的。

🌀 知识目标

　　（1）掌握放大电路的功能、组成及主要性能指标；掌握放大电路性能指标的估算，掌握共发射极放大电路的组成及各元件的作用。

　　（2）掌握多级放大电路的特点和性能分析；掌握多级放大电路的耦合方式及特点。

　　（3）了解功率放大电路的特点和主要要求；掌握功率放大电路的分类；掌握互补对称功率放大电路的组成和性能分析。

🌀 能力目标

　　（1）会用图解法和简化微变等效电路法来分析放大电路。

　　（2）具有识别和应用共发射极放大电路的能力；具有多级放大电路的识图能力和分析能力；具有分析和应用功率放大电路的能力。

🌀 知识导图

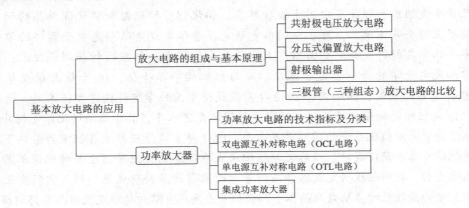

任务一　放大电路的组成与基本原理

🎯 任务目标

（1）掌握共射极放大电路的分析与计算。

（2）知道射极跟随器的组成和特点，能识读共集电极放大电路的电路图。

（3）了解小信号放大器的性能指标。

🎯 相关知识

在电子技术应用过程中，往往需要对微弱的小信号进行放大处理，以便有效地进行观测和控制。而三极管构成的放大电路是实现这一功能的重要电路，如收音机和电视机，从天线接收到的声音和图像信号很微弱，只有通过放大电路放大后，才能推动扬声器和显示器工作。

共发射极基本
放大电路

一、共射极电压放大电路

1. 电路组成及各元件的作用

如图 2 – 1 所示电路是以 NPN 型三极管为核心的单级电压放大器，输入端接输入信号 u_i，该信号经电容 C_1 耦合加至三极管的基—射极，又从集—射极经电容 C_2 输出到负载 R_L，其输出电压为 u_o。此电路以三极管的射极为公共端，故称共射极放大器。该公共端就是电路中各点电位的参考点，也称接地点，在图中以 "⊥" 符号表示。

1）电路中各元件的作用

在图 2 – 1 所示电路中，三极管为放大器的核心，起电流放大作用，它将微小的基极电流变化量转换成较大的集电极电流变化量，反映了三极管的电流控制作用。直流电源 E_c、E_b 使三极管的发射结正偏、集电结反偏，确保三极管工作在放大状态。放大器实现信号放大的能量是由 E_c 通过三极管转换而来的，绝非三极管本身产生的。集电极电阻 R_c 的作用是将集电极电流的变化量变换成集电极电压的变化量，以实现电压放大。基极偏置电阻 R_b 供给三极管合适的基极偏置电流 I_b，从而确定三极管的直流工作状态。在 E_c 确定后，当 R_b 的值选定以后，I_b 也就固定了，所以称这种共射极放大器为固定偏置放大器。耦合电容 C_1 和 C_2 的作用是隔直流、通交流，使电路的静态工作点不受输入端信号源和输出端负载的影响；对交流信号呈现的容抗很小，可近似认为短路，以便有效地传递交流信号。

在实际应用中，一般采用单电源供电。而为了使电路图简化，习惯上对电源 E_c 不再画电池符号，只标出其极性（ "＋" 或 "－" ）及电压值 V_{CC}，如图 2 – 2 所示。

若用 PNP 型三极管构成放大器，则只需将电源极性反接、耦合电容的极性对调即可。

2）电路中电压、电流的符号及正方向的规定

放大器在无信号输入时，三极管各电极的电压、电流都是直流，用大写字母表示，下标亦以大写字母表示。当放大器输入交流信号时，其电压、电流都是在直流成分的基础上

叠加了一个交流成分，用小写字母代表电量性质，而下标采用大写字母形式。纯交流信号瞬时值均用小写字母表示，而交流信号有效值是用大写字母代表电量性质，小写字母作为下标。电流的正方向用箭头所指的方向表示，电压的极性用"＋""－"表示。

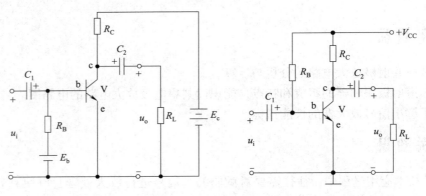

图 2 – 1　NPN 单级电压放大器　　图 2 – 2　单电源供电电路

2. 共射极放大器的静态分析

当放大器无输入信号（$u_i = 0$）时，电路中的电压、电流都不变（直流），称为静止状态，简称静态。此时放大器中的电压、电流都是直流分量。只允许直流电流通过的路径称为直流通路。直流通路是计算静态工作点的依据。画放大器直流通路的方法是将电容器看成开路，因此图 2 – 2 所示放大器的直流通路如图 2 – 3 所示。放大器在静态时三极管的电压和电流称为静态工作点。静态分析主要是求 I_C、I_B、U_{CE} 的值。要分析放

基本放大电路
的静态分析

大电路的静态工作点，可以采用估算法和图解法实现。

1）估算法求静态工作点

根据图 2 – 3 所示的直流通路，依据基尔霍夫电压定律可得静态基极电流为

$$I_B = \frac{V_{CC} - U_{BE}}{R_B} \approx \frac{V_{CC}}{R_B} \qquad (2 - 1)$$

由于 U_{BE} 比 V_{CC} 小得多，故可以忽略不计，根据集电极电流与基极电流的关系可得：

$$I_C = \bar{\beta} I_B + I_{CEO} \approx \beta I_B \qquad (2 - 2)$$

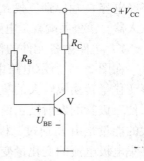

静态时集电极电压为

$$U_{CE} = V_{CC} - I_C R_C \qquad (2 - 3)$$

图 2 – 3　直流通路

例 2 – 1　如图 2 – 2 所示电路，已知 $V_{CC} = 12$ V，$R_B = 300$ kΩ，$R_C = 2$ kΩ，$\beta = 80$，求该放大电路的静态工作点。

解：根据图 2 – 3 的直流通路可得：

$$I_{BQ} \approx \frac{V_{CC}}{R_B} = \frac{12}{300} = 0.04 \text{（mA）}$$

$$I_{CQ} = \beta I_{BQ} = 80 \times 0.04 = 3.2 \text{（mA）}$$

$$U_{CEQ} = V_{CC} - I_C R_C = 12 - 3.2 \times 2 = 5.6 \text{ (V)}$$

2）图解法求静态工作点

图解法就是利用三极管的特性曲线，用作图的方法分析放大电路电压、电流之间关系的一种分析方法。其原则是：将直流分量和交流分量分开，先作直流负载线，定出工作点，然后作出交流负载线，绘出各极电压、电流波形，以确定交流分量。图解法的一般步骤如下：

（1）用估算法求出基极电流 I_{BQ}。

（2）根据 I_{BQ} 在输出特性曲线中找到对应的曲线。

（3）作直流负载线。根据集电极电流 I_C 与集、射级间电压 U_{CE} 的关系式 $U_{CE} = U_{CC} - I_C R_C$，可画出一条直线，该直线在纵轴上的截距为 V_{CC}/R_C，在横轴上的截距为 V_{CC}，其斜率为 $-1/R_C$，只与集电极负载电阻 R_C 有关，称为直流负载线。

（4）求静态工作点 Q，并确定 U_{CEQ}、I_{CQ} 的值。晶体管的 I_{CQ} 和 U_{CEQ} 既要满足 $I_B = 40$ μA 的输出特性曲线，又要满足直流负载线，因而晶体管必然工作在它们的交点 Q，该点就是静态工作点。由静态工作点 Q 便可在坐标上查得静态值 I_{CQ} 和 U_{CEQ}，如图 2-4 所示。

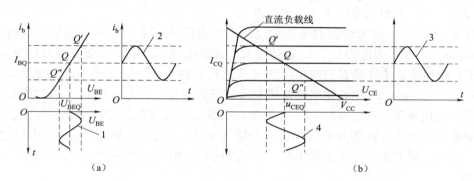

图 2-4 图解法求静态工作点 Q

（a）输入回路；（b）输出回路

例 2-2 如图 2-2 所示电路，已知 $R_C = 6$ kΩ，$V_{CC} = 20$，$R_B = 500$ kΩ，三极管的输出特性曲线如图 2-5 所示。试用作图法求其静态工作点。

解：（1）估算基极偏置电流 I_B。

$$I_B \approx \frac{V_{CC}}{R_B} = \frac{20}{500} = 0.04 \text{ (mA)}$$

（2）作直流负载线。

根据

$$U_{CE} = V_{CC} - I_C R_C$$

假定 $U_{CE} = 0$，得 $I_{CQ} = V_{CC}/R_C = 3.3$ mA，找出 M 点。

假定 $I_C = 0$，得 $U_{CEQ} = V_{CC} = 20$ V，找出 N 点。

连接 M、N 所得的直线 MN 即为直流负载线。

（3）确定静态工作点 Q。由图 2-5 中找出

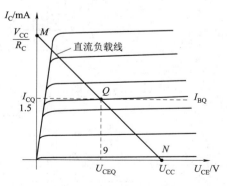

图 2-5 直流负载线与静态工作点的求法

$I_B = 0.04$ mA 的输出特性曲线，它与直流负载线 MN 的交点即为静态工作点 Q，根据 Q 点的坐标得：

$$I_{CQ} = 1.5 \text{ mA}, \quad U_{CEQ} = 9 \text{ V}$$

3. 共射极放大器的动态分析

基本放大电路的动态分析

放大电路加入交流信号后，在原有静态的基础上叠加了交流分量。在前面分析了没有交流信号输入时电路的静止状态，为了分析方便，只考虑交流的情况。如果三极管的输入端加入一个微小的输入电压 Δu_i，则加在三极管基极和发射极之间的电压会产生 Δu_{BE} 的变化，从而引起基极电流的变化 Δi_B，由于 $\Delta i_C = \beta \Delta i_B$，故引起集电极电流的变化，而集电极电流的变化将引起输出电压的变化（根据输出电压 $\Delta u_{CE} = -\Delta i_C R_C$）。由于输出电压比输入电压大得多，故而实现了放大的作用。

1）图解法的动态分析

当放大电路有输入信号，即 $u_i \neq 0$ 时的工作状态称为动态。那么在此时就需要知道经过放大电路后信号被放大了多少，以及放大电路对前面的信号源有什么影响、对后面的负载有什么要求，对这些量的分析称为动态分析。

如图 2 – 6 所示，放大电路的动态情况是在静态的基础上，在输入端加交流电压信号 $u_i = U_m \sin \omega t$，由于耦合电容 C_1、C_2 容量较大，其容抗很小，所以对交流信号可视为短路。u_i 相当于直接加到晶体管的发射极上，因此发射极实际电压为静态值 U_{BE} 叠加上交流电压 u_i，即 $u_{BE} = U_{BE} + u_i$；u_{BE} 的变化引起基极电流相应的变化，即 $i_B = I_B + i_b$；i_B 的变化引起集电极电流相应的变化，即 $i_C = I_C + i_c$；i_C 的变化引起集电极电压相应的变化，即 $u_{CE} = V_{CC} - i_C R_C$。根据上面变化过程的分析可知，即当输入 u_i 增大时，u_{BE} 增大，i_B 和 i_C 也随之增大，u_{CE} 减小，即 u_{CE} 的变化与 i_C 的变化相反，所以经过耦合电容 C_2 传送到输出端的输出电压 u_o 与 u_i 反相。

如图 2 – 7 所示电路，已知 $R_C = 6$ kΩ，$V_{CC} = 20$ V，$R_B = 500$ kΩ，利用图解法可求出其静态工作点：

$$I_B = 40 \text{ }\mu\text{A}, \quad I_C = 1.5 \text{ mA}, \quad U_{CE} = 9 \text{ V}$$

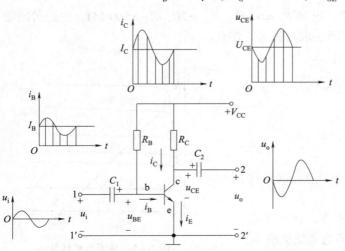

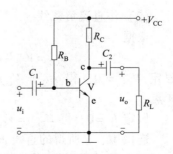

图 2 – 6 正弦信号输入时放大电路的工作情况　　图 2 – 7 共发射极基本放大电路

由于电容 C_1、C_2 对交流可视为短路，由此可画出图 2-7 的交流通路，如图 2-8 所示。直流负载线反映静态时电流 I_{CE} 和电压 U_{CE} 的关系，由于 C_2 对于直流相当于开路，负载电阻 R_L 上无直流电压和电流分量，故直流负载线的斜率为 $\tan \alpha = -1/R_C$；而对于交流信号，C_2 可视为短路，负载电阻 R_L 与 R_C 并联，$R'_L = R_L \parallel R_C$，故交流负载线的斜率为 $\tan \alpha' = -1/R'_L$。因为 $R'_L < R_L$，所以交流负载线比直流负载线要陡一些。当输入信号为零时，放大电路仍应工作在静态工作点 Q，所以交流负载线也要经过 Q 点。由此可知，交流负载线是一条经过 Q 点、斜率为 $-1/R_L$ 的直线。如图 2-9 所示。

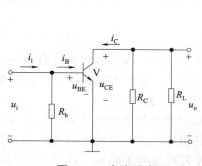

图 2-8 交流通路

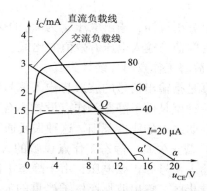

图 2-9 图解求输出电路交、直流负载线

  根据上面对电路动态情况所作分析，下面介绍动态图解分析过程，如图 2-10 所示。

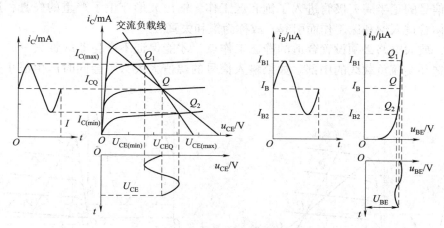

图 2-10 动态图解分析过程

  （1）在输出特性曲线上作交流负载线。

  （2）在输出特性曲线的左边和下面分别作 i_C、u_{CE} 对应时间 t 的坐标系。

  （3）在输入特性曲线的左边和下面分别作 i_B、u_{BE} 对应时间 t 的坐标系。

  （4）在输入特性曲线上找出工作点 Q，并由该点向 $u_{BE} \sim t$ 坐标系作垂线，以此垂线为基点在 $u_{BE} \sim t$ 坐标系上画出输入信号的波形图。

  （5）由输入信号的两峰点向输入特性曲线作垂线分别交 Q_1、Q_2 点。

  （6）由 Q、Q_1、Q_2 三点向 $i_B \sim t$ 坐标系作垂线，分别交纵坐标于 I_B、I_{B1}、I_{B2}。以 I_{B1}、

I_{B2} 为最大值和最小值，根据 u_i 的周期画出 i_B 的波形图。

（7）在输出特性曲线上找到 I_B、I_{B1}、I_{B2} 所对应的曲线与交流负载线的交点 Q、Q_1、Q_2。

（8）由 Q、Q_1、Q_2 向 $i_C \sim t$、$u_{CE} \sim t$ 坐标系分别作垂线，分别交电流轴和电压轴的交点为 I_{CQ}、$I_{C(max)}$、$I_{C(min)}$、U_{CEQ}、$U_{CE(min)}$、$U_{CE(max)}$。

（9）由图计算电压放大倍数 A_u。

$$A_u = \frac{U_{CE(max)} - U_{CE(min)}}{U_{BE(max)} - U_{BE(min)}} = \frac{U_o}{U_i} \tag{2-4}$$

由上分析可知，输出电压 u_o 为 u_{CE} 的交流分量，其相位与 u_i 相反，电压放大倍数为输出电压的有效值与输入电压有效值的比值。

2）静态工作点与非线性失真

失真是指输出信号的波形与输入信号的波形不一致。引起失真的原因有多种，其中最基本的一种就是由于静态工作点设置不合适或信号太大，使放大电路的工作范围超出了晶体管特性曲线上的线性范围。这种失真通常称为非线性失真。

（1）截止失真。静态工作点设置的太高或太低都会产生非线性失真。如图 2-11（a）所示，输入信号为正弦电压，由于静态工作点 Q_1 的位置太低，在输入信号的负半周，三极管进入截止区，输出波形产生了严重的失真，这种失真是由于晶体管的截止而引起的，故称为截止失真。

（2）饱和失真。如图 2-11（b）所示，静态工作点 Q_2 设置的太高，这种情况下，在输入正弦信号的正半周三极管进入了饱和区工作，输出波形产生了严重的失真，这种失真是由于晶体管进入饱和区工作而引起，故称为饱和失真。

因此，放大电路必须设置合适的静态工作点，才能保证不产生非线性失真，一般静态工作点应选在交流负载线的中部。如果输入信号的幅值太大，则会同时产生截止失真和饱和失真。

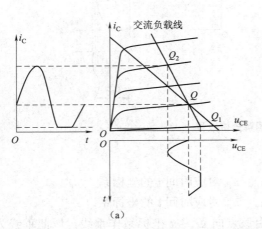
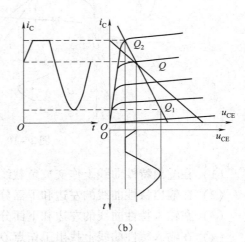

图 2-11 静态工作点与非线性失真

（a）截止失真；（b）饱和失真

4. 微变等效电路法

在输入信号较小的情况下，三极管工作在放大状态，此时输入特性曲线和输出特性曲线在相应的线性区，三极管可近似为一个线性器件，可以建立三极管的线性电路模型，然后采用线性电路的分析方法分析放大电路的性能指标。这种分析方法得出的结果与实际测量结果基本一致，称该分析方法为微变等效电路法。

1）h 参数等效电路

对于三极管的输出特性，在静态工作点 Q 点附近的微小范围内，特性曲线基本上是水平的，Δi_B 仅受 Δi_C 变化的影响，而与 u_{CE} 的变化无关，所以三极管的集电极和发射极之间可以等效为有基极电流控制的受控电流源，其电流的大小为 $\Delta i_C = \beta \Delta i_B$。对于如图 2 – 12 的三极管电路，其微变等效电路如图 2 – 13 所示。

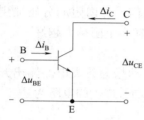

图 2 – 12　三极管通路

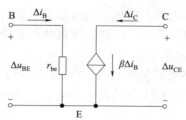

图 2 – 13　三极管的微变等效电路

2）三极管的输入电阻 r_{be}

对交流信号而言，三极管的发射结可等效成一个电阻 r_{be}，称为三极管的输入电阻，可以通过经验公式估算：

$$r_{be} = 300 + （1+\beta） \frac{26（mV）}{I_E（mA）}（\Omega） \tag{2-5}$$

由式（2 – 5）可知 r_{be} 与 β 和 I_E 有关，r_{be} 随着 β 的增加而增加，随着 I_E 的增大而减小。一般 r_{be} 的值为几百到几千欧姆。

3）电压放大倍数 A_u

对于图 2 – 7 所示的共发射极基本放大电路，其交流通路如图 2 – 14 所示，根据该交流通路分析可得：

$$I_C = \beta \cdot I_B \tag{2-6}$$

$$U_i = I_B r_{be} \tag{2-7}$$

$$U_o = -I_C R'_L = -\beta I_B R'_L \quad （其中 R'_L = R_L // R_C） \tag{2-8}$$

放大电路的电压放大倍数为

$$A_u = \frac{U_o}{U_i} = \frac{-\beta I_B R'_L}{I_B r_{be}} = -\beta \frac{R'_L}{r_{be}} \tag{2-9}$$

式（2 – 9）中负号说明输出电压与输入电压反相。

4）输入电阻 R_i

放大器的输入端总是与信号源相关联的，相对于信号源而言放大器是一个负载，可以用一个电阻来等效代替，此电阻即为放大电路的输入电阻 r_i。由微变等效电路图 2 – 15 可知：

$$R_i = \frac{U_i}{I_i} = R_B // r_{be} \approx r_{be} \tag{2-10}$$

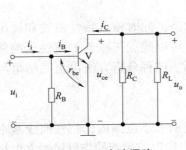

图 2 - 14　交流通路　　　　　图 2 - 15　微变等效电路

　　输入电阻的大小会影响放大电路的接收能力，放大电路的输入电阻越小，将从信号源中获取更多的电流，增加了信号源的负担；其次，经过信号源内阻的分压加到放大电路输入端的电压也会变小。所以，通常我们希望放大电路的输入电阻越大越好。

　　5）输出电阻 R_o

　　放大电路对于负载来说相当于信号源，其电源的电动势为放大电路输出开路时的端电压，其内阻即为放大电路的输出电阻。从三极管的输出端看进去的电阻为

$$R_o \approx R_C \tag{2-11}$$

　　R_C 一般为几千欧姆，所以共发射极放大电路的输出电阻较高。如果放大电路的输出电阻较高，负载获取的电压就会变小，即放大电路的带负载能力较差。一般我们希望放大电路的输出电阻越小越好。

　　例 2 - 3　如图 2 - 7 所示电路，已知 $V_{CC} = 12V$，$R_C = 4\ k\Omega$，$R_B = 400\ k\Omega$，$R_L = 4\ k\Omega$，三极管的 $\beta = 40$。

　　（1）计算电路的静态工作点。

　　（2）计算电路的电压放大倍数 A_u、输入电阻 r_i 和输出电阻 r_o。

　　解：（1）电路静态工作点的计算。

$$I_B = \frac{V_{CC} - U_{BE}}{R_B} \approx \frac{V_{CC}}{R_B} = \frac{12}{400}\ mA = 30\ \mu A$$

$$I_C = \beta I_B = 40 \times 30\ \mu A = 1.2\ mA$$

$$U_{CE} = V_{CC} - I_C R_C = 12 - 1.2 \times 4 = 7.2\ （V）$$

　　（2）电压放大倍数 A_u、输入电阻 r_i、输出电阻 r_o 的计算。

$$r_{be} = 300 + （1+\beta）\frac{26\ （mV）}{I_E\ （mA）} = 300 + （1+40）\frac{26}{1.23} = 1\ 167\ \Omega \approx 1.2\ k\Omega$$

$$A_u = -\beta \frac{R_L // R_C}{r_{be}} = -40 \times \frac{4//4}{1.2} \approx -67$$

$$R_i = R_B // r_{be} \approx r_{be} = 1.2\ k\Omega$$

$$R_o \approx R_C = 4\ k\Omega$$

二、分压式偏置放大电路

1. 分压式偏置电路工作原理

　　如图 2 - 16（a）所示放大电路，利用 R_{B1} 与 R_{B2} 的分压作用、R_E 的电流

分压式偏置
放大电路

负反馈作用来消除温度对静态工作点的影响，故称为分压式电流负反馈偏置电路。该电路的直流通路如图 2 – 16（b）所示。

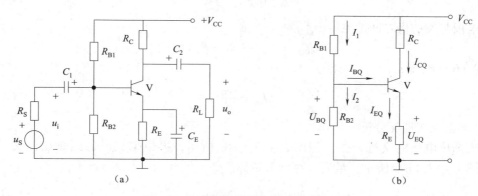

图 2 – 16 分压式偏置电路及直流通路

（a）分压式偏置电路；（b）直流通路

从直流通路中可知

$$I_1 = \frac{U_B}{R_{B2}} + \frac{U_B - U_{BE}}{(1+\beta)\ R_E}$$

如果合用选择 R_{B1} 和 R_E，可使 $R_{B2} \ll (1+\beta)R_E$，即有 $I_2 \gg I_B$，上式可近似表示为

$$I_1 \approx I_2 = \frac{U_B}{R_{B2}}$$

则

$$U_B \approx \frac{V_{CC}}{R_{B1} + R_{B2}} R_{B2}$$

上式说明，在满足 $R_{B2} \ll (1+\beta)R_E$ 的条件下，U_B 的大小基本上由 R_{B1} 与 R_{B2} 的分压来决定，与环境温度无关。这样，当温度升高引起集电极静态工作点电流 I_{CQ} 增大时，由于 $I_{EQ} = I_{CQ} + I_{BQ} \approx I_{CQ}$，$R_E$ 上的电压降 $U_E = R_E I_E$ 也增大，使 $U_{BE} = U_B - U_E$ 减小，I_{BQ} 减小，I_{CQ} 随之减小，从而克服了温度升高使得静态工作点上移的缺点。

上述稳定静态工作点的过程是一个自动调节的过程。为了使静态工作点的 I_{CQ} 不受温度变化的影响，只要 I_E 不受温度影响即可。由分析可知，当 $U_B \gg U_{BE}$ 时，由于 U_B 与温度无关，故不受温度影响。

2. 分压式偏置电路的分析计算

在图 2 – 16 中，由于 C_E 对交流信号的旁路作用，u_i 与 u_o 的公共端是三极管的发射极，故该电路为共发射极放大电路。

1）静态工作情况分析

根据图 2 – 16（b）所示直流通路，计算静态工作。

（1）基极电位 U_B。

$$U_B \approx \frac{V_{CC}}{R_{B1} + R_{B2}} R_{B2} \qquad\qquad (2-12)$$

（2）集电极电流和集电极与发射极之间的电压 U_{CEQ}。

集电极电流 I_{CQ} 为

$$I_{CQ} \approx I_E = \frac{U_B - U_{BE}}{R_E} \tag{2-13}$$

集电极与发射极之间的电压 U_{CEQ} 为

$$U_{CEQ} = V_{CC} - (R_C + R_E)I_{CQ}$$

（3）基极电流 I_{BQ}。

$$I_{BQ} = \frac{I_{CQ}}{\beta} \tag{2-14}$$

2）动态工作情况分析

首先画出电路的交流通路，如图 2-17（a）所示，再根据交流通路画出微变等效电路，如图 2-17（b）所示，最后计算动态指标。

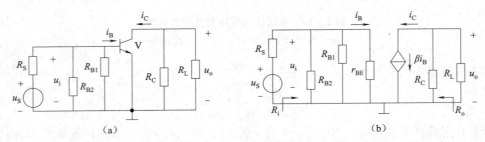

图 2-17　分压式偏置电路的交流通路及微变等效电路
（a）交流通路；（b）微变等效电路

（1）电压放大倍数 A_u。

$$A_u = \frac{u_o}{u_i} = -\frac{\beta i_B \cdot R_C /\!/ R_L}{i_B \cdot r_{BE}} = -\frac{\beta R_L'}{r_{BE}} \tag{2-15}$$

式中　$R_L' = R_C /\!/ R_L$，若输出端不带负载，则 $R_L' = R_C$。

（2）输入电阻 R_i。

由图 2-17（b）所示微变等效电路可知，放大电路的输入电阻 R_i 是晶体管的输入电阻 r_{be} 与偏置电阻 R_{B1}、R_{B2} 的并联电阻。

$$r_{BE} = 300 + (1 + \beta)\frac{26\ (\text{mV})}{I_E\ (\text{mA})}\ (\Omega) \tag{2-16}$$

$$R_i = R_{B1} /\!/ R_{B2} /\!/ r_{BE}$$

通常情况下，$R_{B1} \gg r_{BE}$，$R_{B2} \gg r_{BE}$，所以

$$R_i \approx r_{BE} \tag{2-17}$$

（3）输出电阻 R_o。

$$R_o \approx R_C \tag{2-18}$$

源电压放大倍数 A_{uS} 是放大电路对信号源 u_S 的电压放大倍数，即 u_o 与 u_S 的比值，其计算公式为

$$A_{uS} = \frac{u_o}{u_S} = \frac{u_o}{u_i} \cdot \frac{R_i}{R_S + R_i} = A_u \frac{R_i}{R_S + R_i} \tag{2-19}$$

例2-4　在如图2-16所示的分压式偏置放大电路中，$V_{CC}=12$ V，$R_{B1}=20$ kΩ，$R_{B2}=10$ kΩ，$R_C=2$ kΩ，$R_E=2$ kΩ，$R_L=3$ kΩ，$\beta=50$，$U_{BE}=0.6$ V。

试求：

（1）静态值I_B、I_C和U_{CE}。

（2）电压放大倍数A_u、输入电阻R_i和输出电阻R_o。

解：（1）用估算法计算静态值。基极电位的静态值为

$$U_B \approx \frac{V_{CC}}{R_{B1}+R_{B2}}R_{B2} = \frac{12}{20+10}\times10 = 4 \text{（V）}$$

集电极电流的静态值为

$$I_{CQ} \approx I_E = \frac{U_B-U_{BE}}{R_E} = \frac{4-0.6}{2} = 1.7 \text{（mA）}$$

基极电流的静态值为

$$I_{BQ} = \frac{I_{CQ}}{\beta} = \frac{1.7}{50}\text{ mA} = 34 \text{ μA}$$

集电极与发射极之间的电压静态值为

$$U_{CEQ} = V_{CC}-(R_C+R_E)I_{CQ} = 12-(2+2)\times1.7 = 5.2 \text{（V）}$$

2）晶体管的输入电阻

$$r_{BE} = 300+(1+\beta)\frac{26}{I_E} = 300+(1+50)\times\frac{26}{1.7} = 1.08 \text{（kΩ）}$$

电压放大倍数为

$$A_u = -\frac{\beta R_L'}{r_{BE}} = -\frac{\beta(R_C/\!/R_L)}{r_{BE}} = -\frac{50\times\frac{2\times3}{2+3}}{1.08} = -55.6$$

输入电阻为

$$R_i = R_{B1}/\!/R_{B2}/\!/r_{BE} = 20/\!/10/\!/1.08 = 0.93 \text{（kΩ）}$$

输出电阻为

$$R_o \approx R_C = 2 \text{ kΩ}$$

三、射极输出器

1. 射极输出器的组成

共集电极
放大电路

射极输出器电路又称为电压跟随器，放大电路的信号从发射极输出，其电路如图2-18（a）所示，射极输出器采用的是共集方式连接，即集电极是输入输出信号的公共端，基极输入信号，发射极输出信号。

2. 射极输出器的特点

（1）电压放大系数小于1，但约等于1，即电压跟随。

（2）输入电阻较高。

（3）输出电阻较低。

射极输出器的输入高阻抗、输出低阻抗的特性，使它在电路中可以起到阻抗匹配的作用，对前后级电路起到"隔离"作用，从而使后一级的放大电路能够更好的工作。射极输

出器也可作为中间级，以"隔离"前后级之间的影响，此时称为缓冲级。

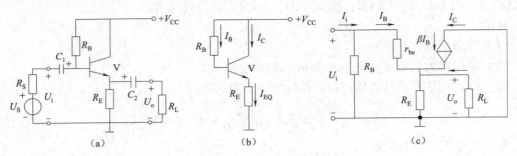

图 2 – 18　射极输出器电路

（a）电路图；（b）直流通路；（c）微变等效电路

3. 射极输出器的分析

1）静态分析

由图 2 – 18（b）的直流通路可计算出电路的静态工作点：

$$I_{BQ} = \frac{V_{CC} - U_{BE}}{R_B + (1 + \beta) R_E} \tag{2-20}$$

$$I_{EQ} = (1 + \beta) I_{BQ} \tag{2-21}$$

$$U_{CEQ} = V_{CC} - I_{EQ} R_E \tag{2-22}$$

当 $V_{CC} \gg U_{BE}$ 时，则

$$I_{BQ} = \frac{V_{CC}}{R_B + (1 + \beta) R_E}$$

2）动态分析

根据图 2 – 18（c）所示的微变等效电路可计算出射极输出器的交流电压放大倍数、输入电阻、输出电阻等动态数据。

（1）电压放大倍数。

$$\dot{U}_o = (1 + \beta) \dot{I}_B (R_E /\!/ R_L)$$

$$\dot{U}_i = \dot{I}_B r_{be} + \dot{U}_o = \dot{I}_B r_{be} + (1 + \beta) \dot{I}_B (R_E /\!/ R_L)$$

$$A_u = \frac{\dot{U}_o}{\dot{U}_i} = \frac{(1 + \beta)(R_E /\!/ R_L)}{r_{be} + (1 + \beta)(R_E /\!/ R_L)} = \frac{(1 + \beta) R_L'}{r_{be} + (1 + \beta) R_L'} < 1 \tag{2-23}$$

由式 2 – 23 可知射极输出器的电压放大倍数小于 1，但接近于 1，而且输出电压与输入电压同相位，因而又称为射极跟随器。

（2）输入电阻。

$$R_i = \frac{\dot{U}_i}{\dot{I}_i} = R_B /\!/ [r_{BE} + (1 + \beta)(R_E /\!/ R_L)] \tag{2-24}$$

当不考虑 R_B 时

$$R_i = r_{be} + (1 + \beta) R_L' \tag{2-25}$$

式中　$R_E' = R_E /\!/ R_L$。

由式 2 – 25 可知，射极输出器的输入电阻是三极管输入电阻与（1 + β）R_E' 之和，因而

输入电阻很大。

（3）输出电阻。

$$R_{\text{o}} = \frac{\dot{U}_{\text{o}}'}{\dot{I}_{\text{o}}'} = R_{\text{E}} // \frac{r_{\text{be}} + (R_{\text{B}} // R_{\text{S}})}{1 + \beta} \qquad (2-26)$$

因为 $R_{\text{E}} \gg \dfrac{r_{\text{be}} + (R_{\text{B}} // R_{\text{S}})}{1 + \beta}$，所以输出电阻可近似为

$$R_{\text{o}} = \frac{r_{\text{be}} + R_{\text{S}}'}{1 + \beta} \qquad (2-27)$$

式中

$$R_{\text{S}}' = R_{\text{B}} // R_{\text{S}}$$

由式（2-27）可知，射极输出器的输出电阻为 $(r_{\text{be}} + R_{\text{S}}')/(1 + \beta)$，因而输出电阻很小，具有较强的带负载能力。

4. 射极输出器的应用

1）作为多级放大电路的输入级

由于射极输出器的输入电阻很高，当作为多级放大电路的输入级时，可以提高整个放大电路的输入电阻，因为输入电流很小，故减轻了信号源的负担，在测量仪器中应用，可提高测量的精度。

2）作为多级放大电路的输出级

因为射极输出器的输出电阻很小，故可作为多级放大电路的输出级，使多级放大电路的带负载能力得到很大提高。

3）作为多级放大电路的缓冲级

由于射极输出器输入电阻很高、输出电阻很低的特点，可用作阻抗变换，因而常把射极输出器接在多级放大器的中间，作多级放大器的缓冲级。

四、三极管（三种组态）放大电路的比较

三极管放大电路共有三种组态，即共集电极放大电路、共发射极放大电路、共基极放大电路，其性能比较如表 2-1 所示。

表 2-1 三极管三种组态放大电路性能比较

项目	共发射极放大电路	共集电极放大电路	共基极放大电路
电路结构			

项目	共发射极放大电路	共集电极放大电路	共基极放大电路
静态工作点	$U_B \approx \dfrac{U_{CC}}{R_{B1} + R_{B2}} R_{B2}$ $I_{CQ} \approx I_{EQ} = \dfrac{U_B - U_{BE}}{R_E}$ $U_{CEQ} \approx U_{CC} - (R_C + R_E) I_{CQ}$ $I_{BQ} = \dfrac{I_{CQ}}{\beta}$ （与共基极相同）	$I_{BQ} = \dfrac{U_{CC} - U_{BE}}{R_B + (1 + \beta) R_E}$ $I_{CQ} = \beta I_{BQ}$ $U_{CEQ} = U_{CC} - R_E (1 + \beta) I_{BQ}$	$U_B \approx \dfrac{U_{CC}}{R_{B1} + R_{B2}} R_{B2}$ $I_{CQ} \approx I_{EQ} = \dfrac{U_B - U_{BE}}{R_E}$ $U_{CEQ} \approx U_{CC} - (R_C + R_E) I_{CQ}$ $I_{BQ} = \dfrac{I_{CQ}}{\beta}$ （与共基极相同）
A_u	$A_u = \dfrac{u_o}{u_i} = -\beta \dfrac{R'_L}{r_{be}}$ （大）	$A_u = \dfrac{u_o}{u_i} = \dfrac{(1 + \beta) R'_L}{r_{be} + (1 + \beta) R'_L}$ （小）	$A_u = \dfrac{u_o}{u_i} = \beta \dfrac{R'_L}{r_{be}}$ （大）
r_i	$r_i = R_{B1} /\!/ R_{B2} /\!/ r_{be}$ （中）	$r_i = R_B /\!/ [r_{be} + (1 + \beta) R'_L]$ （大）	$r_i = \dfrac{u_i}{i_i} = R_S /\!/ \dfrac{r_{be}}{1 + \beta}$ （小）
r_o	$u_o = R_C$ （大）	$i_o = R_E /\!/ \dfrac{r_{be}}{1 + \beta}$ （小）	$u_o = R_C$ （大）
相位	输出与输入相位相反	输出与输入相位相同	输出与输入相位相同

技能训练　共射单管放大电路静态工作点与放大功能测试

1. 实训目的

（1）掌握共射单管放大电路的工作原理。

（2）进一步熟悉常用仪器仪表的使用，了解实验电路的故障排除方法。

2. 实训器材

实训线路板 1 块，万用表 1 块，示波器 1 台，低频信号发生器 1 台，毫伏表 1 块，三极管和导线若干，电工工具 1 套。

3. 实训内容及步骤

1）连接电路

根据图 2－19 所示，连接好电路图。

2）静态工作点的调整

（1）工作点的静态调整。在三极管集电极与电阻 R_C 之间串入电流表（可用万用表直流电流挡），接入 12 V 电源，调节电位器

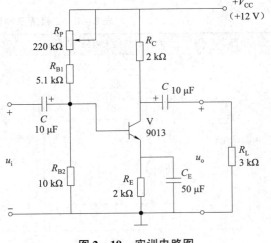

图 2－19　实训电路图

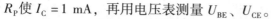

R_P 使 $I_C = 1$ mA，再用电压表测量 U_{BE}、U_{CE}。

（2）工作点的动态调整。在负载 R_L 未接入时，用示波器观察输出电压 u_o 的波形。在放大电路输入端利用低频信号发生器输入 1 kHz 低频信号，从 $U_i = 10$ mV（有效值）开始逐渐增加输入信号幅度，从示波器上观察放大电路输出信号波形直到开始出现失真为止。再一次仔细微调电位器 R_P，使输出不失真波形的幅度最大，测量静态工作点 I_C、U_{CE}。将波形图和测量数据记录在表 2-2 中。

表 2-2 静态工作点对输出波形的影响

测量项目 ＼ 工作点设置	工作点合适	工作点偏低	工作点偏高
I_C			
U_{CE}			
R_P			
输出电压波形	u_o 〇 t	u_o 〇 t	u_o 〇 t

3）观察静态工作点

（1）观察未失真波形。在负载 R_L 接入时，放大电路输入端利用低频信号发生器输入 30 mV/1 kHz 低频信号，同时用示波器观察输出电压 u_o 的波形。

（2）观察截止失真波形。将电位器 R_P 调大，使输出电压波形顶部出现约 1/3 切割失真，画出波形图，测量此时的静态工作点 I_C、U_{CE} 及 R_P 阻值，记录在表 2-2 中。

（3）观察饱和失真波形。将电位器 R_P 调小，使输出电压波形底部出现约 1/3 切割失真，画出波形图，测量此时的静态工作点 I_C、U_{CE} 及 R_P 阻值，记录在表 2-2 中。

4）放大倍数的测量

（1）不接负载。不接入负载电阻 R_L，放大电路输入 10 mV/1 kHz 低频信号，用毫伏表测量输入电压 u_i 和输出电压 u_o 的数值，计算放大电路的电压放大倍数 A_u，将测量结果记在表 2-3 中。

表 2-3 放大倍数的测量

测量条件 ＼ 测量数据	输入电压 u_i	输出电压 u_o	电压放大倍数 A_u
R_L 未接			
R_L 接入			

（2）接入负载。接入负载电阻 $R_L = 3$ kΩ，放大电路输入 10 mV/1 kHz 低频信号，用毫伏表测量输入电压 u_i 和输出电压 u_o 的数值，计算放大电路的电压放大倍数 A_u，将测量结果记录在表 2-3 中。

5. 实训问题与思考

（1）增大输入信号幅度时会使输出波形出现失真，请分析原因，说明如何消除这种失真。

（2）为什么接入负载后，放大电路的放大倍数会减小？

（3）断开射极旁路电容 C_E，对放大电路的放大倍数有何影响？试分析原因。

任务二　功率放大器

功率放大器

任务目标

（1）了解功率放大电路的基本要求和分类。

（2）能识读 OTL、OCL 功率放大器的电路图，掌握其电路的结构和特点。

（3）掌握复合管的连接方法及典型功放集成电路 4100 系列的引脚功能。

相关知识

在电子的整机电路中，经过电压放大电路进行信号放大以后，往往要送到负载，去驱动一定的装置，如收音机中扬声器的音圈、电动机控制绕组、电视机的扫描偏转线圈、发射机的发射天线等。这类主要用于向负载提供功率的放大电路常称为功率放大电路。功率放大电路是一种以输出较大功率为目的的放大电路，它一般直接驱动负载，具有较强的带负载能力。

一、功率放大电路的技术指标及分类

1. 功率放大电路的技术指标

功率放大电路不但要实现电压的足够放大，还要实现电流的足够放大，从而实现足够的功率输出。功率放大电路工作在大信号放大和动态范围的状态下，因而有着特殊的要求。

1）有足够大的输出功率

为了获得足够大的输出功率，要求功率放大电路三极管（简称功放管）的电压和电流都允许有足够大的输出幅度，但又不超过管子的极限参数 $U_{(BR)CEO}$、I_{CM}、P_{CM}。

2）效率要高

放大电路的效率是指负载获得的功率 P_o 与电源提供的功率 P_{DC} 之比，用 η 表示，即

$$\eta = \frac{P_o}{P_{DC}} \tag{2-28}$$

功率放大电路输出的信号功率是由直流电源转换过来的，在输出同样的信号功率时，效率越高的功率放大器，直流电源消耗的功率就越低。

3）非线性失真要小

由于功放管处于大信号工作状态，u_{CE} 和 i_C 的变化幅度较大，有可能超越三极管特性曲线的线性范围，所以容易失真。要求功率放大器的非线性失真尽量小，特别是高保真的音

响及扩音设备对这方面有较严格的要求。

4）功放管散热要好

功率放大器有一部分电能以热的形式消耗在功放管上，使功放管温度升高。为了使功放电路既能输出较大的功率，又不损坏功放管，一般功放管的集电极具有金属散热外壳，如图 2 – 20 所示。通常需要给功放管安装散热片及采取过载保护措施。

2. 功率放大器的分类

1）按静态工作点设置分类

低频功率放大器按其静态工作点设置的不同，可分为甲类、乙类、甲乙类三种工作状态。

图 2 – 20 功放管外形图

（1）甲类功率放大器。

功放管的静态工作点选择在三极管放大区的中间区域，在工作过程中，功放管始终处于导通状态。若输入电压 u_i 为正弦信号，则集电极电流 i_C 的波形如图 2 – 21（a）所示，波形无失真。由于设置的静态电流大，故放大器的效率较低，最高只能达到 50%。

（2）乙类功率放大器。

静态工作点设置在功放管的截止边缘，即 $I_{CQ} = 0$。在工作过程中，三极管仅在输入信号的正半周导通，负半周时功放管截止。若输入电压为正弦信号，则集电极电流的波形如图 2 – 21（b）所示，只有半波输出。由于几乎无静态电流，故功率损耗减到最少，使效率大大提高。由于乙类功率放大器采用两个三极管组合起来交替工作，故可以放大输出完整的全波信号。

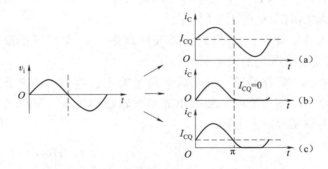

图 2 – 21 功率放大器的工作状态分类

（a）甲类；（b）乙类；（c）甲乙类

（3）甲乙类功率放大器。

功放管的静态工作点介于甲类和乙类之间，三极管有不大的静态电流，正弦信号输入时的集电极电流波形如图 2 – 21（c）所示，它的波形失真情况和效率介于上述两类之间，是实用的功率放大器经常采用的工作方式。

2）按耦合方式分类

根据功率放大电路的耦合方式可分为阻容耦合、变压器耦合和直接耦合三种功率放大电路。

（1）阻容耦合功率放大电路。主要用于甲类的末级放大电路，通常向负载提供的功率不是很大。

（2）变压器耦合功率放大电路。通过变压器耦合可起到阻抗匹配的作用，使负载获得最大功率。但由于变压器体积大、笨重、频率特性差，且不便于集成化，故这种耦合方式的功率放大器已逐渐被淘汰。

（3）直接耦合功率放大电路。包括双电源互补对称电路、单电源互补对称电路、集成功率放大电路，直接耦合功率放大电路是目前电子产品末级放大电路中较广泛应用的电路。

二、双电源互补对称电路（OCL 电路）

双电源互补对称电路属于无输出电容功率放大器，习惯称为 OCL（Output Capacitorless）电路。

双电源互补对称电路

1. 电路基本结构

OCL 电路的基本结构如图 2 – 22 所示，图中 V_1 为 NPN 型三极管，V_2 为 PNP 型三极管；由 $+V_{CC}$、V_1 和 R_L 组成 NPN 型三极管射极输出电路；由 $-V_{CC}$、V_2 和 R_L 组成 NPN 型三极管射极输出电路；V_1 与 V_2 基极连接在一起为作为信号输入端，两个三极管的发射极也连接在一起作为信号的输出端，直接与负载相连接；三极管 V_1、V_2 为乙类工作状态，两个三极管轮流工作。

2. 工作原理

静态时，由于 OCL 电路的结构对称，所以输出端的 A 点电位为零，没有直流电流通过 R_L，因此，输出端不接直流电容。

当输入信号 u_i 为正半周时，V_2 发射结反偏而截止，V_1 发射结正偏而导通，产生电流 i_{C1} 流经负载 R_L 形成输出电压 u_o 的正半周。

当输入信号 u_i 为负半周时，V_1 发射结反偏而截止，V_2 发射结正偏而导通，产生电流 i_{C2} 流经负载 R_L 形成输出电压 u_o 的负半周。

综上所述，V_1 与 V_2 交替导通，分别放大信号的正、负半周，由于工作特性对称，互补了对方的工作局限，故使之能向负数提供完整的输出信号 u_o，如图 2 – 22 所示，这种电路通常又称为互补对称功率放大电路。

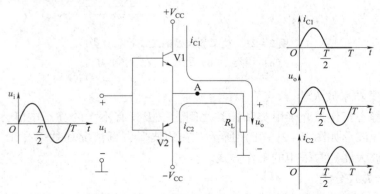

图 2 – 22　OCL 电路的基本结构和工作原理

3. 输出功率和效率

在 OCL 电路中，负载 R_L 上输出的电压和电流的最大值为

$$U_{om} = V_{CC} - U_{CES} \approx V_{CC}, \quad I_{om} = \frac{U_{om}}{R_L} \approx \frac{V_{CC}}{R_L}$$

则最大输出功率为

$$P_{om} = \frac{U_{om}}{\sqrt{2}} \cdot \frac{I_{om}}{\sqrt{2}} = \frac{V_{CC}}{\sqrt{2}} \cdot \frac{V_{CC}}{\sqrt{2}R_L}$$

即

$$P_{om} = \frac{V_{CC}^2}{2R_L} \tag{2-29}$$

若电源消耗的功率用 P_{DC} 表示，则可以证明 OCL 电路的理想效率为

$$\eta = \frac{P_{om}}{P_{DC}} = 78.5\% \tag{2-30}$$

4. 交越失真及其消除方法

前面讨论的 OCL 电路的工作原理是在理想状态下，不考虑三极管死区电压的影响，实际上这种电路并不能使输出波形很好地反映输入信号的变化。由于没有直流偏置，故在输入电压 u_i 低于死区电压（硅管 0.5 V，锗管 0.2 V）时，V_1 和 V_2 都截止，输出电流 i_o 基本为零，即在正、负半周的交替处出现一段死区，如图 2-23 所示，这种现象称为交越失真。如果音响功率放大器出现交越失真，则会使声音质量下降；如果是电视机场扫描功放电路出现交越失真，则在电视屏的中间会出现一条较亮的水平线。

消除交越失真的 OCL 电路如图 2-24 所示，即在两个功放管基极间串入二极管 VD_4 和 VD_5，利用二极管的压降为三极管 V_2、V_3 的发射结提供正向偏置电压，使管子处于微导通状态，即工作于甲乙类状态，此时负载 R_L 上的输出信号波形就不会出现交越失真。

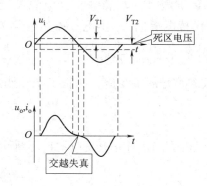

图 2-23 交越失真波形

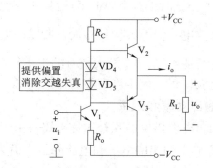

图 2-24 能消除交越失真的 OCL 电路

三、单电源互补对称电路（OTL 电路）

OCL 电路具有线路简单、频响特性好、效率高等特点，但必须使用正、负两组电源供电，给使用干电池供电的便携式设备带来不便，同时对电路静态工作点的稳定度也提出了较高的要求。因此，目前用得更为广泛的是单电源供电的互补对称式功率放大电路，该电路输出管采用共

单电源互补
对称电路

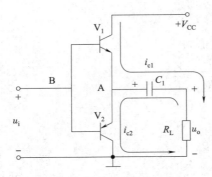

图 2 - 25 OTL 基本电路

集电极接法，输出电阻较小，能与低阻抗负载较好匹配，无须变压器进行阻抗匹配，所以该电路又称为 OTL（Output Transformerless）电路，表示该功放电路没有使用输出变压器。

1. OTL 基本电路

图 2 - 25 所示为 OTL 功率放大电路的基本电路，V_1 与 V_2 是一对导电类型不同、特性对称的配对管。从电路连接方式上看两管均接成射极输出电路，工作于乙类状态。其与 OCL 电路的不同之处有两点：第一，由双电源供电改为单电源供电；第二，输出端与负载 R_L 的连接由直接耦合改为电容耦合。

2. 工作原理

1）静态时

由于两个三极管参数一致，所以电路中的输入端（B 点）及输出端（A 点）电压均为电源电压的 1/2，此时 V_1 与 V_2 的发射结电压 $U_{BE} = U_B - U_A = 0$，两个三极管都截止，耦合电容 C_1 端电压为 $\frac{1}{2}V_{CC}$。

2）输入交流信号 u_i 为正半周时

由于三极管基极电位升高，使 NPN 管 V_1 导通，PNP 管 V_2 截止，电源 V_{CC} 通过 V_1 向耦合电容 C_1 充电，并在负载 R_L 上输出正半周波形。

3）输入交流信号 u_i 为负半周时

由于三极管基极电位下降，V_1 截止，V_2 导通，耦合电容 C_1 放电向 V_2 提供电源，并在负载 R_L 上输出负半周波形。必须注意的是，在 u_i 负半周时，V_1 截止，使电源 V_{CC} 无法继续向 V_2 供电，此时耦合电容 C_1 利用其所充的电能代替电源向 V_2 供电。虽然电容 C_1 有时充电、有时放电，但因容量足够大，所以两端电压基本上维持 $\frac{1}{2}V_{CC}$。

综上所述可知，V_1 放大信号的正半周、V_2 放大信号的负半周，两管工作性能对称，即在负载上获得正、负半周完整的输出波形。

3. 输出功率和效率

采用单电源供电的互补对称电路，由于每个三极管的工作电压是 $1/2V_{CC}$，所以 OTL 电路的负载 R_L 上输出的电压和电流的最大值为

$$U_{om} = \frac{1}{2}V_{CC} - U_{CES} \approx \frac{1}{2}V_{CC}, \quad I_{om} = \frac{U_{om}}{R_L} \approx \frac{V_{CC}}{2R_L}$$

则最大输出功率为

$$P_{om} = \frac{U_{om}}{\sqrt{2}} \cdot \frac{I_{om}}{\sqrt{2}} = \frac{V_{CC}}{2\sqrt{2}} \cdot \frac{V_{CC}}{2\sqrt{2}R_L}$$

即

$$P_{om} = \frac{V_{CC}^2}{2R_L} \tag{2-31}$$

OTL 电路的理想效率与 OCL 电路相同，$\eta = 78.5\%$。

4. 采用复合管的 OTL 电路

在 OTL 电路中，要使输出信号的正负半周对称，则要求 NPN 与 PNP 两个互补管的特性基本一致。一般小功率异型管容易配对，但选配大功率异型管就很困难，一般采用复合管来解决该问题。

把两个或两个以上的三极管的电极适当地连接起来，等效为一个三极管使用，即为复合管，它有四种连接方式，如图 2–26（a）和图 2–26（b）所示电路由两只同类型三极管构成复合管，图 2–26（c）和图 2–26（d）所示电路则由不同类型的两只三极管构成复合管。

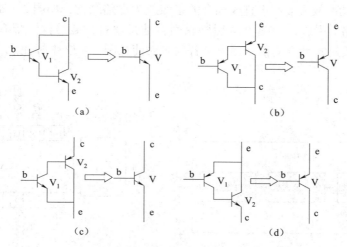

（a）　　　　　　　　　　　　（b）

（c）　　　　　　　　　　　　（d）

图 2–26　四种常见复合管形式

连接成复合管的原则有两点：

（1）必须保证两只三极管各极电流都能顺着各个三极管的正常工作方向流动；

（2）前面三极管的 c、e 极只能与后面三极管的 c、b 极连接，而不能与后面三极管的 b、e 极连接，否则前面三极管的 U_{CE} 电压会受到后面三极管 U_{BE} 的钳制，无法使两个三极管有合适的工作电压。

复合管有三个主要特点：

（1）复合管的电流放大倍数 β 近似为 V_1 与 V_2 管的 β 值之积，即 $\beta = \beta_1 \beta_2$；

（2）复合管是 NPN 型还是 PNP 型决定于前一只三极管的类型；

（3）前一只三极管的基极作为复合管的基极，依据前一只三极管的发射极与集电极来确定复合管的发射极与集电极。

使用复合管的 OTL 功率放大电路如图 2–27 所示。

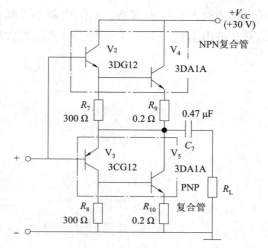

图 2–27　复合管的 OTL 功率放大电路

四、集成功率放大器

随着微电子技术的发展，集成功率放大器的应用已日益广泛，现以 4100 系列集成功率放大器为例，分析其功能结构及典型应用电路。

LA4100 是日本三洋公司生产的 OTL 集成功率放大器，我国生产的同一类型的产品有 DA100（北京）、TB4100（天津）、SF4100（上海）等，在使用中可以互换。该集成功率放大器广泛用于收录机等电子设备中，电源电压 V_{CC} 推荐使用 +6 V，带负载（扬声器）为 4 Ω，输出功率大于 1 W。

LA4100 集成功率放大器属于直接耦合的多级放大电路结构，如图 2 − 28 所示。图 2 − 29 所示为该集成电路的引脚排列图，14 引脚双列直插式塑料封装结构，带有散热片，引脚是从散热片一侧起按逆时针方向依次编号，各引脚功能见图 2 − 29 中标注。

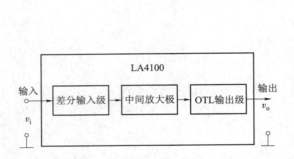

图 2 − 28　LA4100 集成功率放大器框图

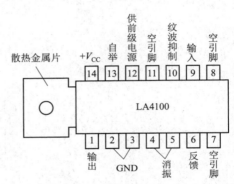

图 2 − 29　所示为该集成电路的引脚排列图

图 2 − 30 所示为用 LA4100 集成功率放大器组成的互补对称式功率放大器的原理电路图，输入信号由 C_1 耦合到 9 引脚，经集成电路内部的放大，由 1 引脚输出的信号经耦合电容 C_5 送至扬声器负载；C_3、C_4 用于抑制高频寄生振荡，称为消振电容；C_2、R_1 与内部电路元件构成交流负反馈网络，R_1 阻值调小可降低反馈的深度，提高放大倍数；C_8、C_9、C_{10} 为退耦滤波电容；C_6 为自举电容，可消除放大波形上部的平顶失真。

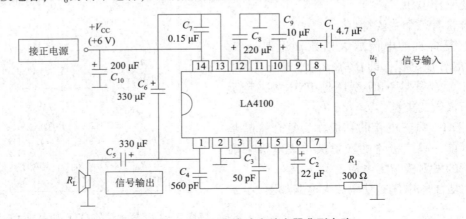

图 2 − 30　LA4100 集成功率放大器典型电路

技能训练　OTL 低频功率放大器测试

1. 实训目的

（1）熟悉 OTL 功率放大器的工作原理。

（2）学习 OTL 功率放大器基本性能指标的测试方法。

2. 实训器材

实训电路板 1 块，万用表 1 块，示波器 1 台，低频信号发生器 1 台，毫伏表 1 块，三极管和导线若干，电工工具 1 套。

3. 实训内容及步骤

1）静态工作点的调试

按图 2-31 所示连接实验电路，将输入信号旋钮旋至零（$u_i = 0$），电源进线中串入直流毫安表，电位器 R_{W2} 置最小值，R_{W1} 置中间值。接通 +5 V 电源，观察毫安表指示，同时用手触摸输出级管子，若电流过大，或管子升温显著，应立即断开电源检查原因（如 R_{W2} 开路，电路自激，或输出管性能不好等）。如无异常现象，可开始调试。

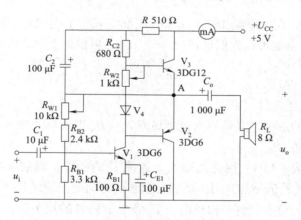

图 2-31　实训电路图

（1）调节输出端中点电位 U_A。

调节电位器 R_{W1}，用直流电压表测量 A 点电位，使 $U_A = 0.5U_{CC}$。

（2）调整输出级静态电流及测试各级静态工作点。

调节 R_{W2}，使 V2、V3 的 $I_{C2} = I_{C3} = 5 \sim 10$ mA。从减小交越失真角度而言，应适当加大输出级静态电流，但该电流过大会使效率降低，所以一般以 5~10 mA 为宜。由于毫安表是串联在电源进线中，因此测得的是整个放大器的电流，但一般由于 V_1 的集电极电流 I_{C1} 较小，故可以把测得的总电流近似当作末级的静态电流。如要准确地达到末级静态电流，则可从总电流中减去 I_{C1} 之值。

调整输出级静态电流的另一种方法是动态调试法。先使 $R_{W2} = 0$，在输入端接入 $f = 1$ kHz 的正弦信号 U_i，逐渐加大输入信号的幅值，此时输出波形应出现较严重的交越失真（注意，没有饱和和截止失真），然后缓慢增大 R_{W2}，当交越失真刚好消失时，停止调节

R_{W2}，恢复 $U_i = 0$，此时直流毫安表的读数即为输出级静态电流。一般读数应为 5 ~ 10 mA，如果该值过大，则要检查电路。输出级电流调好后，测量各级静态工作点，记入表 2 - 4 中。

表 2 - 4　各级静态工作点

	V_1	V_2	V_3
U_B（V）			
U_C（V）			
U_E（V）			

2）最大输出功率 P_{om} 和效率 η 的测试

（1）测量 P_{om}。

输入端接入 $f = 1$ kHz 的正弦信号，输出端用示波器观察输出电压 u_o 波形，逐渐增大 u_i，在使输出电压达到最大不失真输出时，用交流毫伏表测出负载 R_L 上的电压 U_{om}，则

$$P_{om} = \frac{U_{om}^2}{R_L}$$

（2）测量 η。

当输出电压为最大不失真输出时，读出直流毫安表中的电流值，此电流即为直流电源供给的平均电流 I_{DC}，由此可以近似求得 $P_E = U_{CC} I_{DC}$，再根据上面测得的 P_{om}，则可求出

$$\eta = \frac{P_{om}}{P_E}$$

（3）输入灵敏度测试。

根据输入灵敏度的定义，只要测出输出功率 $P_o = P_{om}$ 时的输入电压值 U_i 即可。

（4）频率响应的测试。

使输入信号频率为 1 kHz，用交流毫伏表监测 U_i 的幅度；增加和减小输入信号的频率（频率改变时应维持 U_i 数值不变），用示波器监测 U_o 的幅度，记录每次对应的信号频率及输出电压，计算电压放大倍数，直至输出电压 U_o 降至中频时的 0.7 倍，此时所对应的频率即为上限截止频率 f_H 和下限截止频率 f_L，将测量结果记入表 2 - 5 中。

表 2 - 5　测量结果

项目	U_i						f_H		f_L	
f/Hz										
U_o/V										
A_u										

在测试时，为了保证电路的安全，应在较低电压下进行，通常取输入信号为输入灵敏度的 50%。在整个测量过程中，应保持其为恒定值，且输出波形不得失真。

5. 实训问题与思考

（1）在实训中是如何消除交越失真的？

（2）在实训中若电流过大，或管子升温显著，应采取什么措施？

自我评测

一、填空题

1. 共发射极基本放大电路兼有_____和_____作用。

2. 画放大器的直流通路时，将_____视为开路，画直流通路是为了便于计算_____；画交流通路是为了便于计算_____、_____和_____三个交流性能指标。

3. _____是放大电路静态工作点不稳定的主要原因，最常用的稳定静态工作点的放大电路是_____。

4. 放大器的静态是指_____时的工作状态，分析静态工作点的方法有两种：一种是_____法；另一种是_____法。

5. 对于一个晶体管放大器来说，一般希望其输入电阻要大些，可以_____；输出电阻小些，可以_____。

6. 在共集电极放大器中，三极管的_____极作为输入端，_____极作为输出端，_____极作为公共端。

7. 射极输出器的特性归纳为：电压放大倍数_____，输出电压与输入电压_____；输入阻抗_____，输出阻抗_____，而且有一定的_____放大能力和_____放大能力。

8. 甲类、乙类和甲乙类放大电路中，_____电路导通角最大，_____电路效率最高，_____电路交越失真最大，而为了消除交越失真而又有较高的效率一般采用_____电路。

二、选择题

1. 放大器的电压放大倍数 $A_u = -50$，其中负号代表（　　）。

A. 放大倍数小于0　　B. 衰减　　C. 同相放大　　D. 反相放大

2. 对三极管放大作用的实质，下列说法正确的是（　　）。

A. 三极管可以把小能量放大成大能量　　B. 三极管可以把小电流放大成大电流

C. 三极管可以把小电压放大成大电压　　D. 三极管可以用较小的电流控制较大的电流

3. 若某电路的电压增益为 -20 dB，则该电路是（　　）。

A. 同相放大器　　　　B. 衰减器　　　　C. 跟随器　　　　D. 反相放大器

4. 某固定偏置共发射极放大电路直流负载线和交流负载线的斜率分别为 k_1、k_2，如果增大 R_L，则（　　）。

A. k_1 减小，R_2 不变　　　　　　B. k_1 不变，k_2 减小

C. k_1、k_2 不变　　　　　　　　D. k_1、k_2 减小

5. 在分压式偏置放大电路中，三极管的电流放大系数 $\beta = 40$，电压放大倍数 $A_u = -50$，若调换成 $\beta = 80$ 的同类三极管，则其电压放大倍数近似等于（　　）。

A. -100　　　　　B. -25　　　　　C. -50　　　　　D. -70

6. 在维持 I_E 不变的条件下，有人选用 β 值较大的晶体管，这样做的目的是（　　）。

A. 减轻信号源负担　　　　　　B. 提高放大器本身的电压放大倍数

C. 增大放大器的输出电阻　　　D. 增强放大器带负载的能力

7. 在共射极放大电路中，R_C 的作用是（　　　）。

A. 建立合适的静态工作点

B. 降低加在三极管集电极上的电压

C. 调节 I_{CQ}

D. 防止输出信号交流对地短路，把放大的电流转换成电压

8. 微变等效电路法适用于（　　　）。

A. 放大电路的动态分析　　　　　　　　B. 放大电路的静态分析

C. 放大电路的静态和动态分析　　　　　D. 以上都不对

三、判断题

1. 对放大电路进行静态分析的主要任务是确定静态工作点 Q。　　　　　（　　）

2. 固定偏置放大电路中，晶体管的 $\beta = 50$，若将该管调换为 $\beta = 80$ 的另外一个晶体管，则该电路中晶体管集电极电流 I_C 将减少。　　　　　　　　　　　　（　　）

3. 为了提高交流放大电路的输入电阻，应选用射极输出器电路作为输入级。　（　　）

4. 在单级射极输出器放大电路中，输入电压信号和输出电压信号的相位是同相。（　　）

5. 在 OTL 电路中，要使输出信号的正负半周对称，则要求 NPN 与 PNP 两个互补管的特性基本一致。　　　　　　　　　　　　　　　　　　　　　　　　　　　　　（　　）

6. 低频功率放大器按其静态工作点设置的不同，可分为甲类、乙类、甲乙类三种工作状态。　　　　　　　　　　　　　　　　　　　　　　　　　　　　　　　　　（　　）

7. 在 OCL 功率放大电路中，若正、负电源电压绝对值增大，则输出功率增大。（　　）

8. OTL、OCT 功率放大电路都是单电源供电。　　　　　　　　　　　　　（　　）

四、综合题

1. 什么叫非线性失真？非线性失真和线性失真的区别是什么？

2. 什么叫饱和失真？什么叫截止失真？如何消除这两种失真？

3. 射极输出器有哪些主要特点与用途？

4. 功率放大电路的主要任务是什么？对功率放大电路有什么要求？

5. 如图 2 - 32（a）所示电路，已知 $V_{CC} = 12$ V，$R_C = 3$ kΩ，$R_B = 280$ kΩ，$U_{BE} = 0.7$ V，三极管的电流放大倍数为 $\beta = 50$，其输出特性曲线如图 2 - 32（b）所示。

（1）用图解法求电路的静态工作点；

（2）用近似估算法求电路的静态工作点。

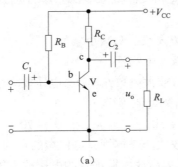
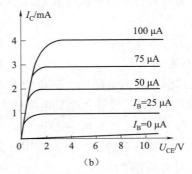

（a）　　　　　　　　　　　　　　　　（b）

图 2 - 32　习题四 - 5 图

6. 如图 2 – 33 所示电路，已知 $V_{CC}=12$ V，$R_C=3$ kΩ，$U_{BE}=0.7$ V，三极管的电流放大倍数为 $\beta=40$，$U_{CE}=4$ V，试估算 R_B 的大小，若使 $I_C=2$ mA，R_B 又等于多少？

7. 如图 2 – 34 所示电路，已知，$V_{CC}=12$ V，$\beta=50$，$R_{B1}=20$ kΩ，$R_{B2}=10$ kΩ，$R_C=3$ kΩ，$R_E=2$ kΩ，$R_L=2$kΩ，试用近似估算法求电路的静态工作点，画出微变等效电路，并求电路的电压放大倍数 A_u、输入电阻 r_i、输出电阻 r_o。

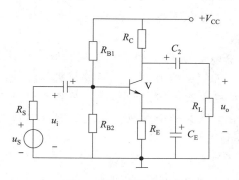

图 2 – 33　习题四 – 6 图

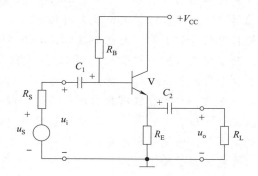

图 2 – 34　习题四 – 7 图

8. 共发射极输出放大电路如图 2 – 34 所示。图中 $\beta=50$，$R_B=200$ kΩ，$R_E=R_L=2$ kΩ，$R_S=100$ Ω，$V_{CC}=12$ V，$U_{BE}=0.7$ V。

试求：

（1）画出微变等效电路；

（2）电压放大倍数倍数；

（3）输入电阻和输出电阻。

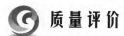 质量评价

项目二　质量评价标准

评价项目	评价指标	评价标准	评价结果			
			优	良	合格	差
放大电路	理论知识	放大电路知识掌握情况				
	技能水平	1. 三极管放大电路静态工作点的测试方法				
		2. 示波器以及低频信号发生器操作掌握情况				
		3. 能安装、调试三极管放大电路				
功率放大器	理论知识	功率放大器知识掌握情况				
	技能水平	1. 能熟练使用万用表、示波器以及低频信号发生器				
		2. 会判断并检修音频功放电路的简单故障				
		3. 会安装与调试音频功率放大电路				
总评	评判	优	良	合格	差	总评得分
		85~100	75~84	60~74	≤59	

课后阅读

德·福雷斯特（1873—1961），美国发明家，毕业于耶鲁大学，被人们誉为真空三极管之父。福雷斯特的真空三极管建立在前人发明的真空二极管的技术基础之上。1904年，英国伦敦大学的弗莱明发明了真空二极管（Vacuum Diode Tube）。真空二极管只能单向导电，可以对交流电流进行整流，或者对信号进行检波，但是它不能对信号进行放大。如果没有能够放大信号的器件，则电子技术就无法继续发展。

为了提高真空二极管检波灵敏度，福雷斯特在玻璃管内添加了一种栅栏式的金属网，形成电子管的第三个极。他惊讶地看到，这个"栅极"就像百叶窗，能控制阴极与屏极之间的电子流，只要栅极有微弱电流通过，即可在屏极上获得较大的电流，而且波形与栅极电流完全一致。也就是说，在弗莱明的真空二极管中增加一个电极，就成了能够起放大作用的新器件，他把这个新器件命名为三极管（Triode）。

真空三极管除了可以处于"放大"状态外，还可分别处于"饱和"与"截止"状态。"饱和"即从阴极（或者叫发射极，Emitter）到屏极（Envelope）的电流完全导通，相当于开关开启；"截止"即从阴极到屏极没有电流流过，相当于开关关闭。两种状态可以通过调整栅极上的电压进行控制。因此真空三极管可以充当开关器件，其速度要比继电器快成千上万倍。

在福雷斯特真空三极管研究成功之后，经过改进还制成了真空四极管（Tetrode）和真空五极管（Pentode）等，它们和真空二极管和真空三极管一起统称为电子管。

真空三极管为计算机的诞生铺平了道路，在世界上第一台电子计算机 ENIAC 里面，电子管是其最基本的元件了。电子管庞大的身躯和巨大的耗电量是两个致命的缺陷，所以会被小巧玲珑的半导体器件所取代。但在模拟电路中，电子管的高保真放大特性仍然让晶体管和集成电路相形见绌。直到今天，以电子管为核心器件的胆机仍是音响发烧友所追逐的目标。

项目三

集成运算放大器及其应用

项目描述

集成运算放大器广泛应用于自动测试、自动控制、计算技术、信息处理以及通信工程等各个电子技术领域。它是一种通用性很强的电子器件，用其作为电路核心器件，可以构成多种线性应用电路，实现信号产生、采集、处理、测量等方面的功能。学习集成运放和负反馈的基础知识，为今后解决工程设备中电子电路的技术问题打下坚实的基础。

知识目标

（1）掌握集成运算放大器的组成和特点；知道集成运算放大器的主要参数；掌握集成运算放大器的基本分析方法。

（2）掌握集成运算放大器工作在线性区及非线性区的特点；学会分析其线性和非线性应用电路；掌握集成运算放大器的基本应用。

（3）知道反馈放大电路的组成；理解集成运算放大器中负反馈的概念。

（4）知道正弦波振荡电路的振荡条件及电路组成；了解正弦波振荡器的应用；掌握LC、RC振荡电路的类型、特点及振荡频率。

能力目标

（1）熟悉集成运算放大器的特征；熟悉理想集成运算放大器在线性状态的特点。

（2）能识别并正确使用常见集成电路；会分析简单线性运算电路。

（3）会用反馈概念判断反馈类型；会分析负反馈对放大电路性能的影响。

（4）会对振荡电路进行分析；能识别并正确使用振荡电路。

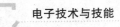

知识导图

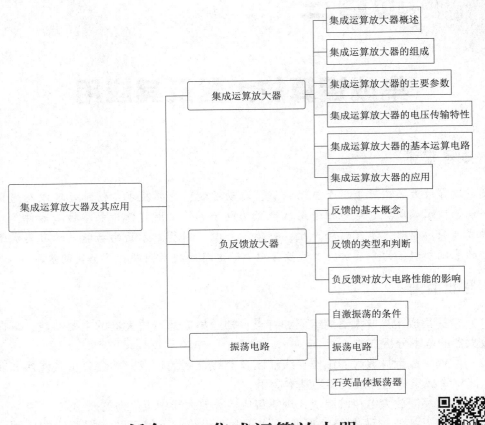

任务一　集成运算放大器

集成运算放大器

任务目标

（1）掌握集成运算放大器的组成和特点。

（2）掌握集成运算放大器的基本分析方法。

（3）掌握集成运算放大器工作在线性区及非线性区的特点；学会分析其线性和非线性应用电路。

相关知识

一、集成运算放大器概述

集成电路是利用半导体制造工艺把整个电路的各个元件以及相互之间的连接线同时制造在一块半导体芯片上，组成一个不可分割的整体。集成电路与分立元件电路比较，体积小、重量轻、功耗低，由于减少了焊点，故工作可靠性高，价格也比较便宜。

1. 特点

集成运算放大器的一些特点与其制造工艺是紧密相关的，主要有以下几点：

（1）由于在集成电路工艺中还难以制造电感及容量稍微大一点的电容，因此集成运算放大器各级之间都采用直接耦合，以方便集成化。其中必须使用电容的地方也采用外接的形式。

（2）集成运算放大器的输入级都采用差动放大电路，其需要一对性能相近的差动管，只有采用同一工艺过程在同一硅片上制作一对差动管，才能满足抑制温度漂移的要求。

（3）通过集成电路工艺制作电阻，其阻值范围具有局限性，因此大电阻多采用晶体管恒流源替代。

（4）在集成电路中，制作晶体管工艺简单，因此二极管、稳压管等均把晶体管的发射极、基极、集电极适当组配使用。

2. 分类

根据各种不同的分类标准，集成电路具有很多的类型。就集成度而言，可分为四种：在一块芯片上，包含的管子和元器件在 100 个以下的称为小规模集成电路；在 100 ～ 1 000 个之间的称为中规模集成电路；在 1 000 ～ 100 000 个之间的称为大规模集成电路；在 100 000 个以上的称为超大规模集成电路。

3. 外形

集成电路按外形不同，通常可分为以下三种：

（1）圆壳式，如图 3 - 1（a）所示。

（2）双列直插式，如图 3 - 1（b）所示。

（3）扁平式，如图 3 - 1（c）所示。

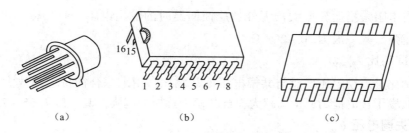

（a）　　　　　　　　　（b）　　　　　　　　　（c）

图 3 - 1　集成电路的外形

（a）圆壳式；（b）双列直插式；（c）扁平式

目前国产集成电路运算放大器已有多种型号，封装外形主要采用圆壳式和双列直插式两种。

二、集成运算放大器的组成

集成运算放大器的内部包括四个部分：输入级、输出级、中间级和偏置电路，如图 3 - 2 所示。

1. 输入级

输入级是集成运算放大器质量保证的关

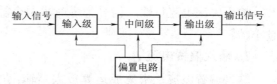

图 3 - 2　集成运算放大电路组成框图

键，为了减少零点漂移和抑制共模干扰信号，要求输入级温漂小，共模抑制比高，有极高的输入阻抗，一般采用恒流源的差动放大电路。

2. 中间级

运算放大器的放大倍数主要是由中间级提供的，因此，要求中间级有较高的电压放大倍数，一般放大倍数可达几千倍以上。

3. 输出级

输出级应具有较大的电压输出幅度、较高的输出功率与较低的输出电阻等特点，大多采用复合管作输出级。

4. 偏置电路

偏置电路为各级放大电路提供合适的偏置电流，使之具有合适的静态工作点，其也可作为放大管的有源负载。

三、集成运算放大器的主要参数

1. 开环电压放大倍数 A_{uo}

开环电压放大倍数是指运算放大器在无外加反馈情况下的空载电压放大倍数（差模输入），它是决定运算精度的重要因素，值越大越好。其值 A_{uo} 一般为 $10^4 \sim 10^7$，即 $80 \sim 140$ dB（$20\lg |A_{uo}|$）。

2. 差模输入电阻 r_{id}

差模输入电阻是指运算放大器在差模输入时的开环输入电阻，一般在几十千欧～几十兆欧范围。r_i 越大，性能越好。

3. 开环输出电阻 r_{od}

开环输出电阻是指运算放大器无外加反馈回路时的输出电阻，开环输出电阻 r_o 越小，带负载能力越强。其一般为 $20 \sim 200$ Ω。

4. 共模抑制比 K_{CMR}

共模抑制比是差模电压增益与共模电压增益之比，用来综合衡量运算放大器的放大和抗零漂、抗共模干扰的能力，K_{CMR} 越大，抗共模干扰能力越强。其一般为 $65 \sim 75$ dB。

5. 输入失调电压 U_{io}

实际运算放大器，当输入电压 $u_+ = u_- = 0$ 时，输出电压 $u_o \neq 0$，将其折合到输入端就是输入失调电压。它在数值上等于输出电压为零时两输入端之间应施加的直流补偿电压。U_{io} 的大小反映了差放输入级的不对称程度，显然其值越小越好，一般为几个毫伏，高质量的在 1 mV 以下。

6. 输入失调电流 I_{io}

输入失调电流是输入信号为零时，两个输入端静态电流之差。I_{io} 一般为纳安级，其值越小越好。

7. 输入偏置电流 I_{iB}

输入偏置电流是指集成运算放大器输出电压为零时，两个输入端偏置电流的平均值。I_{iB} 越小越好，一般为 10 nA ~ 10 μA。

8. 最大输出电压 U_{OPP}

最大输出电压是指运放在空载情况下，最大不失真输出电压的峰—峰值。

四、集成运算放大器的电压传输特性

集成运算放大
器传输特性

1. 集成运算放大器的理想条件

在分析集成运算放大器时，为了使问题分析简化，通常把它看成是一个理想元件。理想运算放大器的图形符号如图 3 – 3（a）所示，它有两个输入端（一个反相输入端和一个同相输入端，分别用 " – " 和 " + " 表示）和一个输出端。其理想条件为：

（1）开环电压放大倍数 $A_{\text{uo}} = \infty$。

（2）开环差模输入电阻值 $r_{\text{id}} = \infty$。

（3）开环输出电阻值 $r_{\text{od}} = \infty$。

（4）共模抑制比 $K_{\text{CMR}} = \infty$。

2. 集成运算放大器工作在线性区和非线性区的特点

集成运算放大器可以工作在线性区，也可以工作在非线性区。如图 3 – 3（b）所示为其电压传输特性曲线。图 3 – 3（b）中曲线上升部分代表线性区，其斜率与开环放大倍数 A_{uo} 相等。理想运算放大器的传输特性曲线与 Y 轴重合。在图 3 – 3（b）中，与 X 轴平行的左、右两段代表非线性区，与 X 轴的间距等于最大输出电压 $\pm U_{\text{OPP}}$。

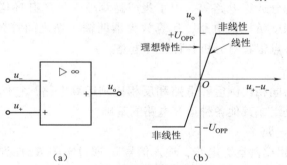

图 3 – 3　集成运放的传输特性

（a）理想运放图形符号；（b）运算放大器的传输特性

1）集成运算放大器工作在线性区

当理想运算放大器在电路中引入负反馈时，其一般工作在线性区，由图 3 – 3 所示的电压传输特性曲线可知，输出电压与输入电压满足线性放大关系：

$$u_{\text{o}} = A_{\text{ou}}(u_{+} - u_{-}) \tag{3 – 1}$$

对于理想运算放大器而言，$A_{\text{uo}} = \infty$，故上式可变为

$$u_{+} - u_{-} \approx 0$$

即

$$u_{+} \approx u_{-} \tag{3 – 2}$$

式（3 – 2）说明运算放大器同相输入端与反相输入端之间相当于短路，由于不是真正的短路，故称此为 "虚短"。

由于理想运算放大器的差模输入电阻 $r_{id} = \infty$，所以在其两输入端均没有电流流入运算放大器，即

$$i_+ = i_- \approx 0 \qquad\qquad (3-3)$$

式（3-3）说明同相输入端和反相输入端相当于断路。由于不是真正的断路，故称为"虚断"。

2）集成运算放大器工作在非线性区

运算放大器工作在非线性区时，一般均为开环或电路引入了正反馈，从而使运算放大器工作于饱和区，显然式（3-1）不能成立，此时输出电压 u_o 要么为 $+U_{OPP}$，要么为 $-U_{OPP}$，由图 3-3 所示的传输特性曲线可知：

$$\left.\begin{array}{l} \text{当 } u_+ > u_- \text{时，} u_o = +U_{OPP} \\ \text{当 } u_+ < u_- \text{时，} u_o = -U_{OPP} \end{array}\right\} \qquad (3-4)$$

此时，虽然 $u_+ \neq u_-$，由于理想运算放大器 $r_{id} = \infty$，故输入电流仍为零，即

$$i_+ = i_- \approx 0$$

综上所述，运算放大器工作在不同的区域，其呈现的特点各不相同。因此，在分析运算放大器应用时，应首先判断其工作区域，然后才能进一步分析或计算具体电路。

五、集成运算放大器的基本运算电路

将集成运算放大器接入适当的反馈电路即可构成各种运算电路，主要有比例运算电路、加减法运算电路和微积分运算电路等。由于集成运算放大器的开环增益很高，所以它构成的基本运算电路均为深度负反馈电路，运算放大器两输入端之间符合"虚短"和"虚断"的特点。根据这两个特点很容易分析各种运算电路。

1. 比例运算电路

比例运算电路包括同相比例运算电路和反相比例运算电路，它们是最基本的运算电路，也是组成其他各种运算电路的基础。

反相与同相
比例运算电路

1）反相比例运算电路

图 3-4 所示为反相比例运算电路，输入信号 u_i 通过电阻 R_1 加到集成运算放大器的反相输入端，而输出信号通过电阻 R_f 送回到反相输入端，R_f 为反馈电阻，构成深度电压并联负反馈。同相输入端通过电阻 R_2 接地，R_2 称为直流平衡电阻，其作用是使集成运算放大器两输入端的对地直流电阻相等，从而避免运算放大器输入偏置电流在两输入端之间产生附加的差模输入电压，故要求 $R_2 = R_1 \mathbin{/\mkern-5mu/} R_f$。

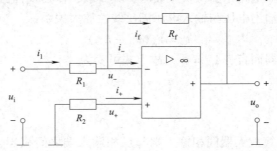

图 3-4　反相比例运算电路

根据"虚短"和"虚断"的概念可知，从同相输入端流入运算放大器的电流 $i_+ = 0$，R_2 没有压降，因此 $u_+ = 0$。在理想状态下 $u_+ = u_-$，所以

$$u_- = 0 \tag{3-5}$$

虽然反相输入端的电位等于零电位，但实际上反相输入端没有接"地"，这种现象称为"虚地"。"虚地"是反相运算放大电路的一个重要特点。

由于从反相输入端流入运放的电流 $i_- = i_+ = 0$，所以 $i_1 = i_f$，可得出

$$i_1 = \frac{u_i - u_-}{R_1} = \frac{u_i}{R_1}$$

$$i_f = \frac{u_- - u_o}{R_f} = -\frac{u_o}{R_f}$$

$$\frac{u_i}{R_1} = -\frac{u_o}{R_f}$$

故

$$u_o = -\frac{R_f}{R_1} u_i \tag{3-6}$$

闭环电压放大倍数为

$$A_{uf} = \frac{u_o}{u_i} = -\frac{R_f}{R_1} \tag{3-7}$$

式中，负号代表输出电压与输入电压反相，因此称为反相比例运算电路。

反相比例运算电路的主要工作特点：

（1）它是深度电压并联负反馈电路，可作为反相放大器，调节 R_f 和 R_1 比值即可调节放大倍数 A_{uf}，A_{uf} 值可大于 1 也可小于 1。

（2）输入电阻等于 R_1，较小。

（3）$u_+ = u_- = 0$，所以运放共模输入信号 $u_C = 0$，对集成运放的 K_{CMR} 的要求较低，这也是反相运算电路的特点。

例 3 - 1 电路如图 3 - 4 所示，已知 $R_1 = 2 \text{ k}\Omega$，求 R_2 的阻值。

解： 由 $u_o = -\dfrac{R_f}{R_1} u_i$，得

$$R_f = -\frac{u_o}{u_i} R_1 = -2 \times \frac{-6}{2} = 6 \text{ (k}\Omega\text{)}$$

$$R_2 = R_1 /\!/ R_f = 2 /\!/ 6 = 1.5 \text{ (k}\Omega\text{)}$$

2）同相比例运算电路

图 3 - 5 所示为同相比例运算电路，输入信号 u_i 通过电阻 R_2 加到集成运算放大电路的同相输入端，输出信号通过反馈电阻 R_f 送回到反相输入端，构成深度电压串联负反馈，反相端则通过电阻 R_1 接地。R_2 同样是直流平衡电阻，应满足 $R_2 = R_1 /\!/ R_f$ 的条件。

由 $u_- = u_+$ 及 $i_+ = i_- = 0$，可得 $u_+ = u_i$，$i_1 = i_f$。

$$i_1 = -\frac{u_-}{R_1} = -\frac{u_+}{R_1}$$

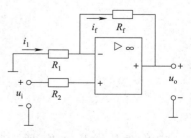

图 3 - 5 同相比例运算电路

$$i_f = \frac{u_- - u_o}{R_f} = \frac{u_+ - u_o}{R_f}$$

即

$$u_o = \left(1 + \frac{R_f}{R_1}\right)u_i \tag{3-8}$$

则闭环电压放大倍数

$$A_{uf} = \frac{u_o}{u_i} = 1 + \frac{R_f}{R_1} \tag{3-9}$$

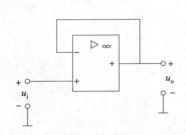

图 3-6 电压跟随器

由式（3-8）中可知，输出电压与输入电压的大小成正比且同相，故称为同相比例运算电路。一般 A_{uf} 值恒大于 1，但当 $R_f = 0$ 或 $R_1 = \infty$ 时，$A_{uf} = 1$，这种电路主要用于电压跟随器，如图 3-6 所示。

同相比例运算电路主要工作特点：

（1）它是深度电压串联负反馈电路，可作为同相放大器，调节 R_f 和 R_1 比值即可调节放大倍数 A_{uf}，电压跟随器是它的应用特例。

（2）输入电阻趋于无穷大。

（3）$u_+ = u_- = u_i$，说明此时运算放大器的共模信号不为零，而等于输入信号 u_i，因此在选用集成运算放大器构成同相比例运算电路时，要求集成运算放大器应有较高的最大共模输入电压和较高的共模抑制比。其他同相运算电路也有此特点和要求。

加法与减法
运算电路

2. 加法与减法运算电路

1）反相加法运算电路

如果反相输入端有若干个输入信号，则构成反相比例求各电路，也叫加法运算电路，如图 3-7 所示。它是利用反相比例运算电路实现的。图中，信号 u_{i1}、u_{i2} 和 u_{i3} 分别通过电阻 R_{11}、R_{12} 和 R_{13} 加到运算放大器的反相输入端，R_2 为直流平衡电阻。

由于 $u_- = u_+$ 及 $i_+ = i_- = 0$，以及运算放大器的反相输入端是"虚地点"，于是

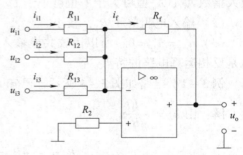

图 3-7 反相输入加法运算电路

$$i_f = i_{i1} + i_{i2} + i_{i3}$$

$$-\frac{u_o}{R_f} = \frac{u_{i1}}{R_{11}} + \frac{u_{i2}}{R_{12}} + \frac{u_{i3}}{R_{13}}$$

$$u_o = -\left(\frac{R_f}{R_{11}}u_{i1} + \frac{R_f}{R_{12}}u_{i2} + \frac{R_f}{R_{13}}u_{i3}\right)$$

$$\tag{3-10}$$

当 $R_{11} = R_{12} = R_{13} = R_1$ 时，则

$$u_o = -\frac{R_f}{R_1}(u_{i1} + u_{i2} + u_{i3}) \tag{3-11}$$

当 $R_{11} = R_{12} = R_{13} = R_f = R_1$ 时，有

$$u_o = -(u_{i1} + u_{i2} + u_{i3})$$

可见，加法电路的输入电压与输出电压之和成正比关系。电路的稳定性与精度都取决于外接电阻的质量，与放大器本身无关。

例 3 – 2　某一测量系统的输出电压和一些非电量的关系如图 3 – 7 所示，表达式 $u_o = -(4u_{i1} + 2u_{i2} + 0.5u_{i3})$。求电路中各输入电阻和平衡电阻，设 $R_f = 100$ kΩ。

解： 由式（3 – 10）可得

$$R_{11} = \frac{R_f}{4} = \frac{100}{4} \text{ kΩ} = 25 \text{ kΩ}$$

$$R_{12} = \frac{R_f}{2} = \frac{100}{2} \text{ kΩ} = 50 \text{ kΩ}$$

$$R_{13} = \frac{R_f}{0.5} = \frac{100}{0.5} \text{ kΩ} = 200 \text{ kΩ}$$

$$R_2 = R_{11} /\!/ R_{12} /\!/ R_{13} /\!/ R_f = (25 /\!/ 50 /\!/ 200 /\!/ 100) \text{ kΩ} = 13.3 \text{ kΩ}$$

2）减法运算电路

图 3 – 8 所示为减法运算电路。图中，输入信号 u_{i1} 和 u_{i2} 分别加到反相输入端和同相输入端，这种形式的电路也称为差分运算电路。对该电路也可用"虚短"和"虚断"及叠加原理来分析。

首先，设由 u_{i1} 单独作用，则 $u_{i2} = 0$，此时电路相当于一个反相比例运算电路，可得 u_{i1} 产生的输出电压 u_{o1} 为

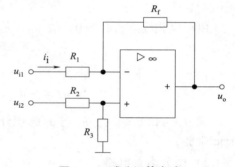

图 3 – 8　减法运算电路

$$u_{o1} = -\frac{R_f}{R_1} u_{i1}$$

再设由 u_{i2} 单独作用，则 $u_{i1} = 0$，此时电路变为一个同相比例运算电路，可得 u_{i2} 产生的输出电压 u_{o2} 为

$$u_{o2} = \left(1 + \frac{R_f}{R_1}\right) u_{i2} \left(\frac{R_3}{R_2 + R_3}\right)$$

当 u_{o1} 和 u_{o2} 同时作用时的输出电压为

$$u_o = u_{o1} + u_{o2} = -\frac{R_f}{R_1} u_{i1} + \left(1 + \frac{R_f}{R_1}\right) u_{i2} \left(\frac{R_3}{R_2 + R_3}\right) \qquad (3 – 12)$$

当 $R_1 = R_2$，$R_f = R_3$ 时，有

$$u_o = -\frac{R_f}{R_1} (u_{i1} - u_{i2})$$

若 $R_f = R_1$，则有

$$u_o = u_{i2} - u_{i1}$$

例 3 – 3　图 3 – 9 所示为运算放大器的串级应用，试求输出电压 u_o。

解： A_1 是电压跟随器，因此

$$u_{o1} = u_{i1}$$

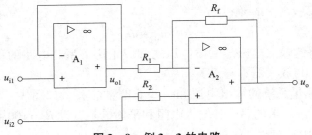

图 3 - 9　例 3 - 3 的电路

A_2 是减法运算电路，因此

$$u_o = \left(1 + \frac{R_f}{R_1}\right)u_{i2} - \frac{R_f}{R_1}u_{o1} = \left(1 + \frac{R_f}{R_1}\right)u_{i2} - \frac{R_f}{R_1}u_{i1}$$

3. 积分与微分运算电路

1）积分运算电路

与反相比例运算电路比较，用电容 C_f 代替 R_f 作为反馈元件，就成为积分运算电路，如图 3 - 10 所示。

由于反相输入，$u_- = 0$，故

$$i_1 = i_f = \frac{u_i}{R_1}$$

$$u_o = -u_C = -\frac{1}{C_f}\int i_f dt = -\frac{1}{R_1 C_f}\int u_i dt \qquad (3-13)$$

式（3 - 13）表明，u_o 与 u_i 的积分成比例，式中的负号表示两者反相。$R_1 C_f$ 称为积分时间常数。

2）微分运算电路

微分运算是积分运算的逆运算，只需将反相输入端的电阻和反馈电容调换位置，就成为微分运算电路，如图 3 - 11 所示。

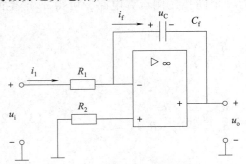

图 3 - 10　积分运算电路

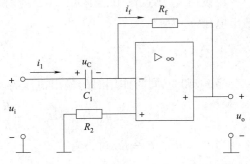

图 3 - 11　微分运算电路

由图 3 - 11 可列出

$$i_1 = C_1 \frac{du_C}{dt} = C_1 \frac{du_i}{dt}$$

故

$$u_o = -R_f i_f = -R_f i_1$$

即输出电压与输入电压对时间的一次微分成正比。

$$u_o = -R_f C_1 \frac{\mathrm{d}u_i}{\mathrm{d}t} \tag{3-14}$$

六、集成运算放大器的应用

1. 信号变换电路

在自动控制系统和测量系统中，经常要把待测的电压转换成电流或把待测的电流转换成电压，利用运算放大器即可完成它们之间的变换。

1）电压—电流变换器

电压—电流变换器的作用是将输入的电压信号转变成与之成正比的电流信号。在一定的负载变换范围内，若保持输入电压不变，输出电流就恒定不变，电压—电流变换器就相当于一个恒流源。图 3-12（a）所示为反相输入的电压—电流变换电路，其中 R_1 为输入电阻，R_L 为负载电阻，R_2 为平衡电阻。在理想条件下，运算放大器的输入电流为零，所以有

$$i_L = i_i = \frac{u_i}{R_1} \tag{3-15}$$

式（3-15）说明，负载电流与输入电压成正比，而与负载电阻 R_L 无关，只要输入电压恒定，输出电流也就恒定。

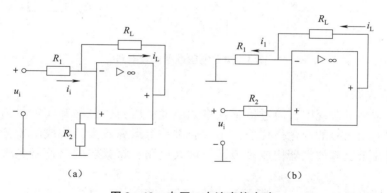

图 3-12　电压—电流变换电路

（a）反相输入式；（b）同相输入式

图 3-12（b）所示为同相输入的电压—电流变换电路。根据理想运放的条件有

$$u_- = u_+ = u_i$$

则

$$i_L = i_1 = \frac{u_i}{R_1} \tag{3-16}$$

其效果与反相输入式电压电流变换器相同，由于采取的同相输入，故输入电阻高，电路精度高。但不可避免地会有较大的共模电压输入，故应选用共模抑制比高的集成电路。

2）电流—电压变换器

电流—电压变换电路如图 3-13 所示，运算放大器

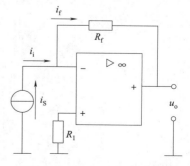

图 3-13　电流—电压变换电路

在理想状态下，有

$$i_f = i_i$$

则
$$u_o = -i_f R_f = -i_i R_f \qquad (3-17)$$

式（3-17）说明，输出电压与输入电流成正比，如果输入电流稳定，只要 R_f 选得精确，则输出电压将是稳定的。

2. 电压过零比较器

电压比较器在电路中的作用是将模拟量转换成数字量。运算放大器的两个输入端分别接输入信号 u_i 和参考（基准）电压 U_{REF}，当参考电压 U_{REF} 为零电位时，即构成了过零比较电路，如图 3-14 所示。输入的正弦模拟电压信号 u_i 接在反相输入端，与同相输入端的零电位进行比较，当 u_i 为正时，由于净输入电压 $u_+ < u_-$，故输出电压 $u_o = -U_{om}$；当 u_i 为负时，由于 $u_+ > u_-$，故输出电压 $u_o = +U_{om}$。这样，该电路实现了在输入端进行模拟信号正、负极性的判断，在输出端则以高电平或低电平来反映比较的结果。

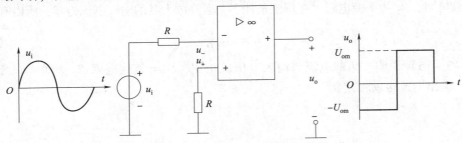

图 3-14　电压过零比较电路

3. 测量放大器

在自动控制测量系统中，通过传感器将如温度、压力、位移等非电量信息转换成电压信号，但这种电压信号的变化往往非常小，通过一个运算放大器构成的差分放大电路往往不够用，常用几个运算放大器构成多级运算放大电路，将微弱的电信号放大到足够的幅度和大小。

测量放大器电路如图 3-15 所示，A_1、A_2 组成第一级运放，A_3 组成第二级差分运放。该电路均采用同相输入，所以输入电阻较高；电路结构对称，能很好地抑制零点漂移。由

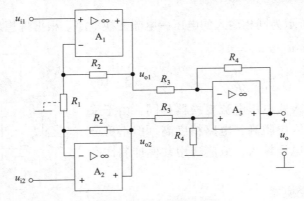

图 3-15　测量放大器电路

于电路结构上下对称，故可以确定电阻 R_1 的中间电位为低电位。

根据同相比例运算电路的性质，有

A_1 的输出电压为

$$u_{o1} = \left(1 + \frac{R_2}{R_1/2}\right)u_{i1} = \left(1 + \frac{2R_2}{R_1}\right)u_{i1}$$

A_2 的输出电压为

$$u_{o2} = \left(1 + \frac{2R_2}{R_1}\right)u_{i2}$$

第二级构成减法运算电路，u_{o1}、u_{o2} 分别为 A_3 的反相端和同相端输入信号，则 A_2 的输出电压为

$$u_o = \frac{R_4}{R_3}(u_{o2} - u_{o1})$$

将 u_{o1}、u_{o2} 代入，可得

$$u_o = \frac{R_4}{R_3}\left(1 + \frac{2R_2}{R_1}\right)(u_{i2} - u_{i1})$$

即电路总的电压放大倍数为

$$A_{uf} = \frac{u_0}{u_{i1} - u_{i2}} = -\frac{R_4}{R_3}\left(1 + \frac{2R_2}{R_1}\right)$$

4. 集成运算放大器 LM324

LM324 是四运算放大器集成电路，它采用 14 脚双列直插塑料封装，外形和引脚排列如图 3-16 所示。它的内部包含四组形式完全相同的运算放大器，除电源共用外，四组运算放大器相互独立。其 4 脚和 11 脚分别为正、负电源输入端，既可以采用双电源工作，也可以采用单电源工作，在双电源工作时其电压为 ±1.5 ~ ±30 V，在单电源工作时其电压为 3 ~ 15 V。

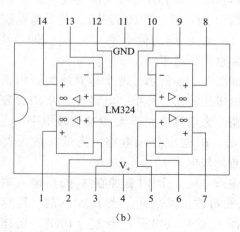

图 3-16　集成运算放大器 LM324

（a）实物图；（b）内部结构图

LM324 是一种常见的四路运放芯片，可用于各种放大电路，例如比较器、积分器和放

大器等。其工作原理如下：

LM324 每一路内部都有一对差分输入，即正输入和负输入。在差动输入放大器内部，正输入、负输入和放大器的反馈回路共同作用，使得输出电压能够跟随输入信号而变化，从而实现对输入信号的放大或信号处理。

当正输入电压高于负输入电压时，输出电压会向负电压方向变化；当正输入电压低于负输入电压时，输出电压会向正电压方向变化；当正输入电压等于负输入电压时，输出电压应该为零（实际上有微小的偏差）。因此通过控制正输入与负输入电压的值和变化规律，可实现不同种类的放大电路，例如比较器、积分器和放大器等。

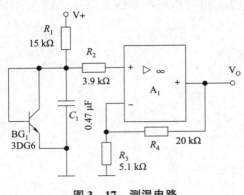

图 3-17 测温电路

此外，LM324 还具有多种保护功能，例如过流保护和短路保护等，可有效保护运算放大器的芯片和外部电路。

1）LM324 应用作测温电路

如图 3-17 所示，感温探头采用一只硅三极管 3DG6，把它接成二极管形式。硅晶体管发射结电压的温度系数约为 -2.5 mV/℃，即温度每上升 1 ℃，发射结电压便会下降 2.5 mV。运算放大器 A_1 连接成同相直流放大形式，温度越高，晶体管 BG_1 压降越小，运算放大器 A_1 同相输入端的电压就越低，输出端的电压也越低。

这是一个线性放大过程，我们只需要在 A_1 的输出端接一个测量或处理电路来指示温度或进行其他自动控制。

2）LM324 应用作比较器

当去掉运算放大器的反馈电阻，或者说反馈电阻趋于无穷大时（即开环状态），理论上认为运算放大器的开环放大倍数也为无穷大（实际上是很大，如 LM324 运算放大器开环放大倍数为 100 dB，即 10 万倍），此时运算放大器便形成一个电压比较器，其输出如不是高电平（V+），则为低电平（V-），即当正输入端电压高于负输入电压时，运算放大器 LM324 输出低电平。

如图 3-18 所示，两个运算放大器用于构成电压比较器，其中，电阻 R_1、R_1' 构成分压电路，为运算放大器 A_1 设置比较电平 U_1；电阻 R_2、R_2' 构成分压电路，为运算放大器 A_2 设置比较电平 U_2。

输入电压 U_i 同时施加在 A_1 的正输入端和 A_2 的负输入端之间。当 $U_i > U_1$ 时，运算放大器 A_1 输出高电平；当 $U_i < U_1$ 时，运算放大器 A_2 输出高电平。

只要运算放大器 A_1 和 A_2 输出高电平，晶体管 BG1 就会导通，发光二极管 LED 就会点亮。

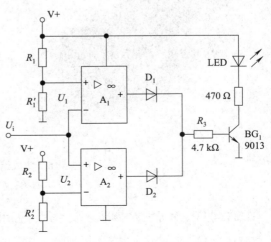

图 3-18 电压比较器

如果选择 $U_1 > U_2$，则当输入电压 U_i 不在 $[U_2, U_1]$ 区间时，LED 灯亮，为电压双限指示。

如果选择 $U_2 > U_1$，则当输入电压 U_i 在 $[U_2, U_1]$ 区间时，LED 灯亮，为"窗口"电压指示。

LM324 比较器电路与各种传感器配合使用，稍加修改，即可用于各种物理量的双限检测及短路、断路报警等。

技能训练　集成运算放大器的线性应用

1. 实训目的

（1）熟悉集成运放 LM741 的电路结构、引脚排列和工作原理。

（2）掌握集成运算放大器的线性应用。

2. 实训器材

直流稳压电源 1 台，万用表 1 块，信号发生器 1 台，双踪示波器 1 台，实训电路板 1 块，741 运算放大器、电位器、电阻、导线若干。

3. 实训内容及步骤

使用的集成运算放大器为 LM741，其引脚连接如图 3 - 19 所示。它有 8 个引脚，各引脚的用途是：2 脚、3 脚分别为反相和同相输入端；7 脚和 4 脚分别接正、负电源；1 脚和 5 脚为调零

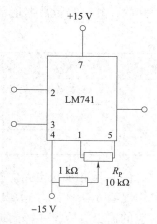

图 3 - 19　引脚连接图

端，外接电位器 R_P，在输入信号为零时，通过调节电位器 R_P，使输出信号也为零。实训电路图如图 3 - 20 所示。

（1）先按图 3 - 20 完成 LM741 正、负电源端及调零端的连接。

（2）按照每个给定的电路图进行连接，在输入信号之前，首先完成调零工作，即接通电源后将输入端接地，调节电位器 R_P，使此时的输出电压为零。

（3）记录每次测量的数据，并与理论计算值进行比较。

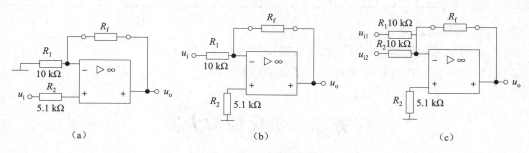

图 3 - 20　实训电路图

（1）同相比例运算电路。按图 3 - 20（a）所示连接，反馈电阻 R_f 分别接 10 kΩ 和 100 kΩ 电阻，输入信号通过直流稳压电源输入 0.2 V 直流电压信号，用万用表分别测量出

对应的输出电压，并将测量数据记录在表 3 – 1 中。

表 3 – 1　同相比例运算电路理论与实验结果

u_1/mV	20	100sinωt	输入、输出电压的相位关系
u_o/mV（理论数据）			
u_o/mV（实验数据）			
误差			

（2）反相比例运算电路。按图 3 – 20（b）所示连接，其他操作步骤与同相比例运算电路相同，并将测量数据记录在表 3 – 2 中。

表 3 – 2　反相比例运算电路理论与实验结果

u_1/mV	20	100sinωt	输入、输出电压的相位关系
u_o/mV（理论数据）			
u_o/mV（实验数据）			
误差			

（3）反相加法电路。按图 3 – 20（c）所示连接，反馈电阻 R_f 接 10 kΩ 电阻，按下列三种情况输入信号：$u_{i1} = 0.2$ V，u_{i2} 接地；$u_{i2} = 0.2$ V，u_{i1} 接地；$u_{i1} = u_{i2} = 0.2$ V。分别测量对应的输出电压，并将测量数据记录在表 3 – 3 中。

表 3 – 3　反相加法电路理论与实验结果

u_{i1}/V	0.2	0	0.2	0.1sinωt
u_{i2}/V	0.2	0	0.2	0.5sinωt
（理论）u_o/V				
（实验）u_o/V				
误差				

4. 实训问题与思考

（1）集成运算放大器应用在线性放大时应注意什么问题？

（2）简单分析理论计算结果和实训结果的差别。

任务二　负反馈放大器

任务目标

（1）掌握放大电路中反馈的种类与判断方法。

（2）理解负反馈对放大电路的影响。

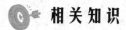 **相关知识**

一、反馈的基本概念

负反馈

凡是将放大电路输出信号（电压或电流）的一部分或全部通过某种电路（反馈电路）引回到输入端，即称为反馈。若引回的反馈信号削弱输入信号而使放大电路的放大倍数降低，则称这种反馈为负反馈；若反馈信号增强输入信号，则为正反馈。图 3-21 所示分别为无负反馈的基本放大电路和有负反馈的放大电路的方框图。有负反馈的放大电路都包含基本放大电路和反馈电路两部分。输入信号 X_i 与反馈信号 X_f 在"$\otimes$"处叠加后产生净输入信号 X_d。A 表示基本放大电路（开环）的放大倍数，F 表示反馈系数，A_f 表示带有负反馈的放大电路（闭环）的放大倍数，X_o 表示输出信号。

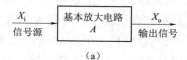

（a）

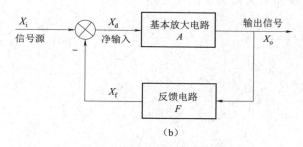

（b）

图 3-21　负反馈放大电路方框图

负反馈方框图所确定的基本关系如下。

输入端各量的关系式：

$$X_d = X_i - X_f \tag{3-18}$$

开环增益 A：

$$A = \frac{X_o}{X_d} \tag{3-19}$$

反馈系数 F：

$$F = \frac{X_f}{X_o} \tag{3-20}$$

闭环增益 A_f：

$$A_f = \frac{X_o}{X_i} \tag{3-21}$$

二、反馈的类型和判断

1. 反馈的类型

一般来说，一个反馈放大器是由基本放大电路和反馈电路组成的。根据反馈电路与基本放大器在输出/输入端连接方式的不同，反馈可分为以下几种类型。按反馈极性分为正反馈和负反馈；按从输出回路取用信号的方式分为电压反馈和电流反馈；按输入电路的连接方式分为串联反馈和并联反馈。组合起来，负反馈有 4 种类型：电压串联负反馈，电压并联负反馈，电流串联负反馈，电流并联负反馈。

2. 反馈的判断

1）反馈支路判断

判断一个电路是否有反馈，是通过分析它是否存在反馈支路而进行的。如果有电路连接，就有反馈，否则就没有反馈。反馈支路一般由电阻或电容组成。

如图 3－22（a）所示，放大器是一个集成运算放大器（用 A 表示），信号只是按输入到输出的正方向传送，也就是不存在反馈，这种情况的放大器称为开环放大器。

如图 3－22（b）所示，放大器也是一个集成运算放大器，用 A 表示；由电阻 R_1 和 R_f 组成的分压器是反馈网络，用 F 表示。从输出端到输入端存在反馈支路，这种情况称为闭环，故图 3－22（b）所示放大器为反馈放大器。

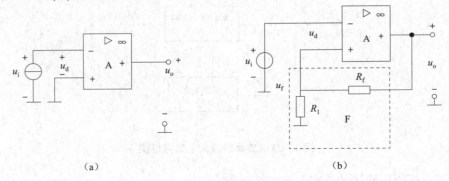

（a）　　　　　　　　　　　　（b）

图 3－22　判断是否存在反馈

（a）开环放大器；（b）反馈放大器

2）交、直流反馈的判断

在直流通道中所具有的反馈称为直流反馈，在交流通道中所具有的反馈称为交流反馈。如图 3－23 所示电路，反馈支路能同时通过交流和直流，所以存在交流和直流反馈。

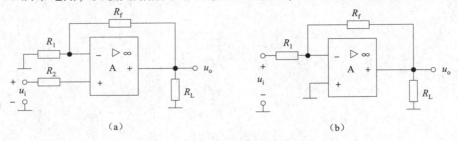

（a）　　　　　　　　　　　　（b）

图 3－23　交、直流反馈电路

3）反馈极性（正负反馈）判断

通常采用"电压瞬时极性法"来判断反馈极性。先假设放大电路输入信号对地的瞬间极性为正，表明该点的瞬时电位升高，在图中用（+）表示，然后按照放大、反馈信号的传递途径，逐级标出有关点的瞬时电位是升高还是降低，升高用（+）表示，降低用（–）表示。最后推出反馈信号的瞬时极性，从而判断反馈信号是增强还是减弱，输入信号减弱的是负反馈，增强的正反馈。例如图 3 – 24（a）中净输入信号 $u_d = u_i - u_f$，图 3 – 24（b）中净输入信号 $i_d = i_i - i_f$，它们都是负反馈。如果图 3 – 24 中 u_f 的极性相反，i_f 的方向相反，则净输入增加，那它们就是正反馈。

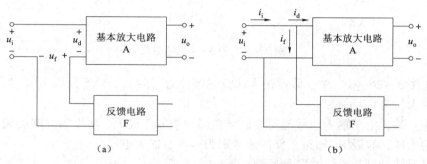

图 3 – 24　正负反馈及串并联反馈的判断
（a）串联反馈框图；（b）并联反馈框图

4）串联、并联反馈的判断

如图 3 – 25 所示，若输入信号 u_i 与反馈信号 u_f 在输入端相串联，且以电压相减的形式出现，即 $u_d = u_i - u_f$，则为串联负反馈；若输入信号 i_d 与反馈信号 i_f 在输入回路并联且以电流相减形式出现，即 $i_d = i_i - i_f$，则为并联负反馈。

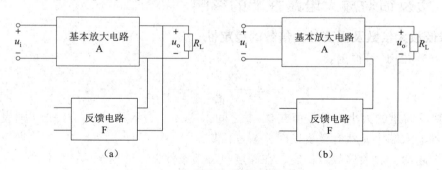

图 3 – 25　电压、电流反馈判断
（a）电压反馈框图；（b）电流反馈框图

5）电流、电压反馈的判断

如图 3 – 25 所示，反馈信号取自于输出电压，且 $X_f \propto u_o$，是电压反馈；若反馈信号取自于输出电流，且 $X_f \propto i_o$，则是电流反馈。判断方法是：将输出电压短接，若反馈量仍然存在，并且与 i_o 有关，则为电流反馈；若反馈量不存在或与 i_o 无关，则为电压反馈。

例 3 – 4　反馈电路如图 3 – 26 所示，试判断反馈类型。

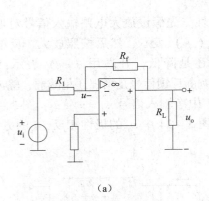
(a)

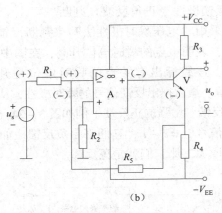
(b)

图 3 – 26　例 3 – 4 反馈电路

解： 在图 3 – 26（a）中，假设输入端瞬间极性为（+），经 R_f 反馈到 u_- 为（–），净输入信号减少，为负反馈。

对于输入端，由于输入信号与反馈信号在同一个节点输入，所以为并联反馈。

对于输出端，假设 R_L 短路，反馈信号则为零，所以为电压反馈。

该电路反馈类型为电压并联负反馈。

在图 3 – 26（b）中，R_5 为反馈元件，在图中标出瞬时极性，输入端为（+），A 输出端和 V 基极为（–），发射极为（–），反馈到输入端为（–），为负反馈。

信号输出端为 V 的集电极，假设将其对地短接，仍有反馈信号存在，为电流反馈；反馈信号与输入信号接在同一个节点，为并联反馈。

该电路反馈类型为交直流电流并联负反馈。

三、负反馈对放大电路性能的影响

1. 降低放大倍数及提高放大倍数的稳定性

由式（3 – 21）可得出：

$$A_f = \frac{X_o}{X_d + X_f} = \frac{A}{1 + AF} \qquad (3 – 22)$$

F 反映反馈量的大小，其数值在 0 ~ 1 之间，$F = 0$，表示无反馈；$F = 1$，则表示输出量全部反馈到输入端。显然有负反馈时，$A_f < A$。

负反馈越深，放大倍数越稳定。在深度负反馈条件下，即当 $1 + AF \gg 1$ 时，有：

$$A_f = \frac{A}{1 + AF} \approx \frac{1}{F} \qquad (3 – 23)$$

式（3 – 23）表明，深度负反馈时的闭环放大倍数仅取决于反馈系数 F，而与开环放大倍数 A 无关。通常反馈网络仅由电阻构成，反馈系数 F 十分稳定，所以闭环放大倍数必然是相当稳定的，诸如温度变化、参数改变、电源电压波动等明显影响开环放大倍数的因素，都不会对闭环放大倍数产生多大影响。

2. 减小非线性失真

如图 3 – 27 所示，假定输出的失真波形是正半周大、负半周小，在引入负反馈后，失真了的信号经反馈网络又送回到输入端，与输入信号进行叠加使净输入信号产生预失真，即正半周小而负半周大，这样正好弥补了放大器的缺陷，使输出信号比较接近于正弦波于无失真的波形。但是，如果原信号本身就有失真，则引入负反馈也无法改善。

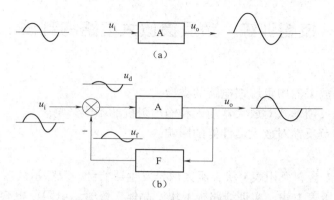

图 3 – 27　负反馈对非线性失真的改善
（a）无负反馈情况；（b）加负反馈改善失真

3. 展宽通频带

通频带是放大电路的重要指标，放大器的放大倍数和输入信号的频率有关。通常定义放大倍数为最大放大倍数的 $\sqrt{2}$ 倍以上所对应的频率范围为放大器的通频带。在一些要求有较宽频带的音、视频放大电路中，引入负反馈是拓展频带的有效措施之一。

如图 3 – 28 所示，引入负反馈可以展宽放大电路的通频带，这是因为放大电路在中频段的开环放大倍数 A 较高，反馈信号也较大，因而净输入信号降低得较多，闭环放大倍数 A_f 也随之降低较多；而在低频段和高频段，A 较低，反馈信号较小，因而净输入信号降低得较小，闭环放大倍数 A_f 也降低

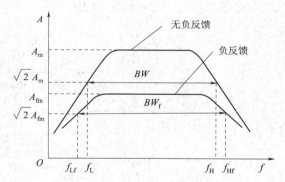

图 3 – 28　负反馈展宽放大器的通频带

较小。这样使放大倍数在比较宽的频段上趋于稳定，即展宽了通频带。

4. 改变输入电阻

对于串联负反馈，由于反馈网络和输入回路串联，总输入电阻为基本放大电路本身的输入电阻与反馈网络的等效电阻两部分串联相加，故可使放大电路的输入电阻增大。

对于并联负反馈，由于反馈网络和输入回路并联，总输入电阻为基本放大电路本身的输入电阻与反馈网络的等效电阻两部分并联，故可使放大电路的输入电阻减小。

5. 改变输出电阻

对于电压负反馈，由于反馈信号正比于输出电压，反馈的作用是使输出电压趋于稳定，使其受负载变动的影响减小，即使放大电路的输出特性接近理想电压源特性，故而使输出电阻减小。

对于电流负反馈，由于反馈信号正比于输出电流，反馈的作用是使输出电流趋于稳定，使其受负载变动的影响减小，即使放大电路的输出特性接近理想电流源特性，故而使输出电阻增大。

技能训练　负反馈放大电路的测试

1. 实训目的

（1）学会识别放大器中负反馈电路的类型。

（2）了解不同反馈形式对放大器输入和输出阻抗的不同影响。

（3）加深理解负反馈对放大器性能的影响。

2. 实训器材

直流稳压电源 1 台，万用表 1 块，函数信号发生器 1 台，双踪示波器 1 台，交流毫伏电压表 1 只，直流电压表 1 块，实训线路板 1 块，晶体三极管、电阻、电容、导线若干。

3. 实训内容及步骤

1）测量静态工作点

按图 3 - 29 所示连接实验电路，将 R_{L1} 开路，使电路为两级放大器，同时断开 $R_{f3}C_{f2}$ 和 R_fC_f 反馈支路。取 $U_{CC} = + 12$ V，$U_i = 0$，调整 R_{P1}、R_{P2}，用直流电压表分别测量第一级、第二级的静态工作点，记入表 3 - 4 中。

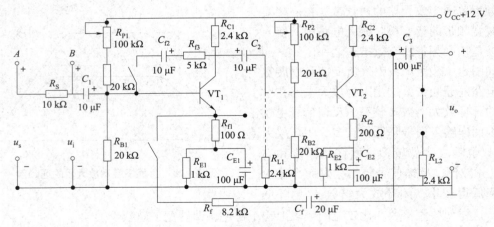

图 3 - 29　实训电路图

表 3 - 4　静态工作点测量数据（$I_{C1} = 2.0$ mA，$I_{C2} = 2.0$ mA）

静态工作点	U_B/V	U_E/V	U_C/V	I_C/mA
第一级				
第二级				

2）测量中频电压放大倍数 A_u、输入电阻 R_i、输出电阻 R_o 及通频带

（1）测量中频电压放大倍数 A_u。在放大器输入端（B 点）加入频率为 1 kHz、$U_i = 5$ mV 的正弦信号，用示波器观察放大器输出电压 u_L 的波形。在 u_L 不失真的情况下，用交流

毫伏表测量 U_L，利用 $A = \dfrac{U_L}{U_1}$ 计算出基本放大器的电压放大倍数。

（2）测量输出电阻 R_o。保持 $U_i = 5$ mV 不变，断开负载电阻 R_{L2}（注意输出端的 R_f、R_{f1} 支路不要断开），测量空载时的输出电压 U_o。利用公式 $R_o = \left(\dfrac{U_o}{U_1} - 1 \right) R_{Ld}$，求出输出电阻 R_o。

（3）测量输入电阻 R_i。在电路的 A 点输入频率为 1 kHz 的正弦信号，调节"幅度"调节旋钮，使得 $U_i = 5$ mV，再测出 A 点的输入电压 U_S，利用公式 $R_i = \dfrac{U_i}{U_S - U_i} R_S$ 计算出输入电阻 R_i。计算结果填入表 3 – 5 中。

（4）测量通频带。接上 R_{L2}，在放大器输入端（B 点）输入 $U_i = 5$ mV、1 kHz 的正弦信号，测出输出电压 u_L（u_L 波形不失真），然后增加和减小输入信号的频率（保持 $U_i = 5$ mV），找出上、下限频率 f_H 和 f_L，利用 $f_{BW} = f_H - f_L$ 得到通频带宽，填入表 3 – 6 中。

3）测量负反馈放大器的各项性能指标

将实训电路恢复为图 3 – 29 所示的负反馈放大电路，断开 C_{f2}、R_{f3} 支路。重复 2）中的各项测试内容和方法，得到负反馈放大器的 A_{uf}、R_{of}、R_{if} 和通频带宽 f_{BW}，也分别填入表 3 – 5、表 3 – 6 中。

表 3 – 5 实测数据（一）

项目	测量值			计算值		
	U_S/mV	U_i/mV	U_o/mV	A_{uf}	$R_{if}/k\Omega$	$R_{of}/k\Omega$
开环						
闭环						

表 3 – 6 实测数据（二）

项目	测量值		计算值
	f_L/kHz	f_H/kHz	$f_{BW} = \Delta f/kHz$
开环			
闭环			

4）观察负反馈对非线性失真的改善

（1）实训电路改接成基本放大器形式，在输入端加入 $f = 1$ kHz 的正弦信号，使输出端接示波器。逐渐增大输入信号的幅度，使输出端出现失真，记下此时的波形和输出电压的幅度。

（2）将实训电路改接成负反馈放大器形式，增大输入信号幅度，使输出电压幅度的大小与（1）相同，比较有无负反馈时输出波形的变化。

4. 实训问题与思考

（1）放大电路中引入负反馈的一般原则是什么？

（2）如果输入信号是一个失真的正弦波，加入负反馈后能否减小失真？

（3）实训中，用示波器观察到输出波形产生了非线性失真，然后引入负反馈，发现输出波形幅度明显变小，并且消除了失真，这是负反馈改善非线性失真的结果吗？

任务三 振荡电路

任务目标

（1）知道正弦波振荡电路的振荡条件及电路组成。
（2）掌握 LC、RC 振荡电路的类型、特点及振荡频率。

自激振荡

相关知识

一、自激振荡的条件

自激振荡是指放大电路的输入端在不加输入信号时，就能够在输出端产生一定幅度和频率的交流输出电压信号的现象。

从结构上来看，正弦波振荡器就是一个没有输入信号的、带选频网络的正反馈放大器。图 3 – 30 所示为正弦波振荡器的方框图，由于振荡器不需要外界输入信号，因此，通过反馈网络输出的反馈信号 $\dot{X}_f$ 就是基本放大电路的输入信号 $\dot{X}_{id}$，该信号经基本放大电路放大后，输出为 $\dot{X}_o$。如果能使 $\dot{X}_f$ 与 $\dot{X}_{id}$ 的两个信号大小相等、极性相同，构成正反馈电路，那么，这个电路就能维持稳定输出。因而从 $\dot{X}_f = \dot{X}_{id}$ 可引出自激振荡条件。由方框图可知，基本放大电路的输出为

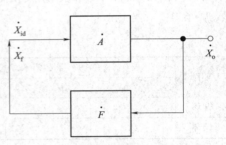

图 3 – 30 正弦波振荡器的方框图

$$\dot{X}_o = \dot{A} \cdot \dot{X}_{id}$$

反馈网络的输出为

$$\dot{X}_f = \dot{F} \cdot \dot{X}_o$$

当 $\dot{X}_f = \dot{X}_{id}$ 时，有

$$\dot{A}\dot{F} = 1 \tag{3 – 24}$$

式（3 – 24）就是振荡电路的自激振荡条件。这个条件实质上包含下列两个条件。

（1）幅值平衡条件。

$$|\dot{A}\dot{F}| = 1 \tag{3 – 25}$$

（2）相位平衡条件。

$$\varphi_A + \varphi_F = 2n\pi \qquad n = 0, 1, 2, \cdots \tag{3 – 26}$$

即放大电路的相移与反馈网络的相移之和为 $2n\pi$，这也是正反馈的条件。

1. 自激振荡的起振和振幅的稳定

当振荡器稳定工作时，$\dot{X}_{id} = \dot{X}_f$，则振荡器有稳定输出，下面分析振荡器的起振与振幅稳定的过程。

一个正弦波振荡器只在一个频率下满足相位平衡条件，这个频率称为振荡器的振荡频率f_o，这就要求在$\dot{A}\dot{F}$环路中包含一个具有选频特性的网络，简称选频网络。当振荡器接通电源时，会产生微小的不规则噪声或扰动信号，它包含各种频率的谐波分量，通过选频网络选择f_o，如图 3 – 31 所示的电路同时满足正反馈条件，即

$$\varphi_{AF} = \varphi_A + \varphi_F = 2n\pi$$

而且反馈信号$|\dot{X}_f|$大于净输入信号$|\dot{X}_{id}|$，或者说

$$|\dot{A}\dot{F}| > 1 \qquad\qquad (3-27)$$

则电路中的自激振荡和输出信号就会由小到大地建立起来，因此，式（3 – 27）就是自激振荡振条件。

如果一个振荡器，它的放大特性与反馈特性曲线如图 3 – 31 所示，当电路从初始扰动信号中选出某一频率电压为U_{i1}时，从放大特性可知对应的输出电压为U_{o1}，经反馈网络的反馈电压为U_{f1}，而U_{f1}又是放大电路的第二个输入信号，从图 3 – 31 中可以看出，$U_{f1} > U_{i1}$。经过不断地反馈、放大，输出信号由小变大，最后稳定在A点，此时$|\dot{A}\dot{F}| = 1$，使输出幅度稳定。

用示波器可观察到正弦波振荡器输出电压的起振和稳幅过程的波形，如图 3 – 32 所示。

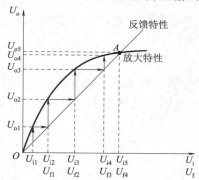

图 3 – 31　振荡器的放大特性与反馈特性曲线

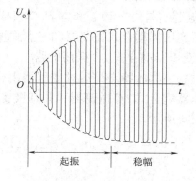

图 3 – 32　振荡电路的输出波形

自激振荡一旦建立起来，它的振幅最终要受到放大电路中非线性因素的限制，使输出波形存在一定的失真，因此，一般还需要稳幅环节，使振荡器获得较好的输出波形。

二、振荡电路

1. RC 振荡电路

RC 振荡电路如图 3 – 33 所示，它是由选频电路（*RC* 串并联电路）和同相比例运算电路组成的。对 *RC* 选频电路来讲，振荡电路的输出电压 u_o

振荡电路

接到 *RC* 串、并联电路，并从中取出 u_i 接到放大器的输入端，当$f = f_o$的信号能使 u_i 构成正反馈并满足幅度条件时，其他频率的信号都将使 u_i 变小并有相移，从而不能引起振荡。可

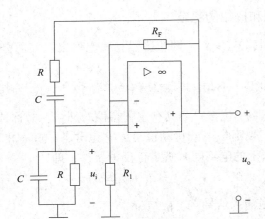

图 3 – 33　RC 振荡电路

以证明：

$$f_\text{o} = \frac{1}{2\pi RC} \tag{3 – 28}$$

如果把 R 与 C 换成可变电阻和可变电容，输出信号频率就可以在一个相当宽的范围内进行调节。实验室用的信号发生器多数采用这种电路。由集成运算放大器构成的 RC 振荡电路的振荡频率一般不超过 1 MHz。如要产生更高的频率，则可采用 LC 振荡器。

2. RL 振荡电路

LC 振荡器是由电感 L 和电容 C 组成的选频振荡电路，它能产生一定频率的正弦波信号，包括变压器耦合式振荡器和三点式振荡器两大类。

1）变压器耦合式 LC 振荡电路

此类振荡器的特点是通过变压器耦合把反馈信号送到放大器的输入端，常见的有共发射极变压器耦合式 LC 振荡器和共基极变压器耦合振荡器。共基极变压器耦合 LC 振荡电路如图 3 – 34 所示。

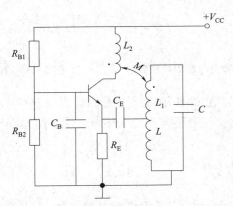

图 3 – 34　共基极变压器耦合 LC 振荡电路

在图 3 – 34 中，当接通电源后，在 LC 回路中产生了电磁振荡，振荡电压一部分加到发射极与地（基极）之间，形成输入信号电压，通过三极管进行电压放大，并倒相 180°，输出电压加在反馈线圈 L_2 的两端。根据图 3 – 34 中标出的同名端符号"·"可知，二次侧绕组引入了 180°的相位移，即 $\varphi_F = 180°$，这样整个闭环相位移为 $\varphi_A + \varphi_F = 360°$，即电路形成正反馈，满足振荡电路的相位平衡条件。当选择一定的电压放大倍数使其满足幅度平衡条件时，电路就能够振荡。

变压器耦合式 LC 振荡电路的振荡频率由下式决定：

$$f_0 = \frac{1}{2\pi \sqrt{LC}} \tag{3 – 29}$$

当电路中电感 L 或电容 C 改变时，振荡频率就会改变。一般采用可变电容器与固定电感配合，调整可变电容器的容量就可以得到所需要的振荡频率。

共基极变压器耦合 LC 振荡器电路改变振荡频率容易，调试方便，波形较好，在收音机中应用较多。

3. 三点式振荡电路

三点式振荡电路有电容三点式和电感三点式，它们在结构上的共同点是都从振荡回路中引出三个端点与三极管的三个极相连接。

1）电感三点式振荡电路

如图 3 – 35 所示，当线圈 1 端的瞬时极性为（＋）时，3 端为（－），而 2 端的电位低于 1 端而高于 3 端，即 u_i 和 u_o 反相，再经过倒相放大，即形成正反馈，满足振荡电路的相位平衡条件。因为反馈电压 u_f 从电感 L_2 两端取出，加到三极管的输入端，从而可知，改变线圈抽头的位置可调节振荡器的输出幅度，L_2 越大，反馈越强，振荡输出越大；反之，L_2 越小，越不易起振。因此，只要适当地选取 L_2 和 L_1 的比值以满足振荡幅度平衡条件，电路就能起振。其振荡频率为

$$f_o = \frac{1}{2\pi \sqrt{LC}} = \frac{1}{2\pi \sqrt{(L_1 + L_2 + 2M)\,C}} \tag{3 – 30}$$

式中　M——线圈 L_1 与 L_2 之间的互感，通常通过改变电容 C 来调节振荡频率。

这种振荡电路易起振且振幅大，振荡频率可达几十兆赫，但振荡波形失真较大。

2）电容三点式振荡电路

如图 3 – 36 所示，三极管的三个电极与电容支路的三点相接，称电容三点式。

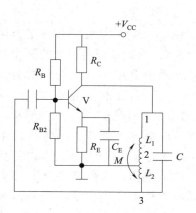

图 3 – 35　电感三点式振荡电路

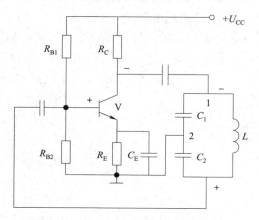

图 3 – 36　电容三点式振荡电路

适当调节 C_1 和 C_2 的比值，能调整反馈量的大小，满足幅度平衡条件。如果基极电位瞬时极性为（+），则集电极为（-），LC 回路 1 端为（-），C_1、C_2 中间接地，LC 回路的另一端 3 为（+），C_2 上的电压反馈到基极为正，与原假设信号相位相同，满足相位平衡条件，电路能起振。在这种振荡电路中，反馈信号通过电容，频率越高，容抗越小，反馈越弱，所以可以削弱高次谐波分量，输出波形较好。而这点正与电感三点式振荡电路相反，电感三点式振荡电路的频率越高，线圈的感抗越大，反馈越强，即输出波形中含有较多的高次谐波分量。电容三点式振荡电路的振荡频率为

$$f_o = \frac{1}{2\pi\sqrt{L\dfrac{C_1 C_2}{C_1 + C_2}}} \qquad (3-31)$$

调节振荡频率时，要同时改变 C_1 和 C_2，显然很不方便。因此，通常再与线圈 L 串联一个电容量较小的可变电容，用它来调节振荡频率。

该振荡电路的输出波形好，振荡频率可达 100 MHz 以上，其缺点是容易停振，频率范围也较小，适用于对波形要求高、振荡频率高和频率固定的电路。

三、石英晶体振荡器

频率稳定度是衡量振荡器的质量指标之一，频率稳定度通常用频率的相对变化量 $\Delta f / f_0$ 来表示，f_0 为振荡频率，Δf 为频率偏移。

石英晶体振荡器

影响 LC 振荡器振荡频率 f_0 的因素主要有 LC 并联谐振回路中的参数 L、C 和 R，Q 值对频率的稳定也有较大影响，可以证明，Q 值越大，选频性能越好，频率的相对变化量越小，频率稳定度越高，而

$$Q = \frac{1}{R}\sqrt{\frac{L}{C}}$$

因此，在要求频率稳定度高的场合下，常采用石英晶体振荡器电路。

石英晶体振荡器之所以具有极高的频率稳定度，主要是由于采用了具有极高 Q 值的石英晶体元件。

1. 石英晶体的压电效应及等效电路

1）石英晶体的压电效应

石英晶体是硅石的一种，其化学成分是二氧化硅（SiO_2）。将一块晶体按一定方位角切下的薄片，称为石英晶片（可以是正方形、矩形或圆形等），然后在石英晶片的两个对应表面上涂上银层，引出两个电极，加上外壳封装，就构成石英晶体振荡器，简称石英晶体或晶片，其结构与符号分别如图 3-37（a）和图 3-37（b）所示。

若在石英晶体两电极加上电压，晶体将产生机械形变；反之，如在晶体上施加机械压力使其发生形变，则将在相应方向上产生电压。这种物理现象称为压电效应。如果在晶体两边加上交变电压，则晶体将产生相应的机械振动，这个振动又在原电压方向产生附加电压，引起新的机械振动，由此产生电压—机械振动

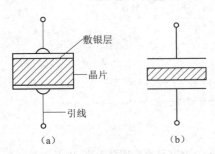

图 3-37 石英晶体

的往复循环，最后达到稳定。在一般情况下，机械振动的振幅和交变电压的振幅都很小，如果外加交变电压的频率与晶体固有频率相等，则两个振幅都将急剧增大，这就是晶体的压电谐振。产生谐振的频率称为石英晶体的谐振频率。

　　2）等效电路

　　石英晶体振荡器的等效电路和频率特性如图 3-38 所示。

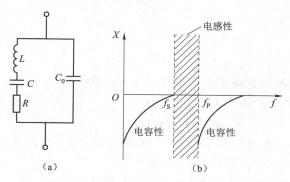

图 3-38　石英晶体振荡器的等效电路和频率特性

　　由于晶体的等效电感 L 很大，而等效电容很小，根据 $Q = \dfrac{1}{R} \sqrt{\dfrac{L}{C}}$ 可知，石英晶体振荡器的 Q 值很高，一般为 $10^4 \sim 10^6$。

　　从石英晶体振荡器的等效电路可以看出，它可以产生两个谐振频率。

　　（1）当 R、L、C 支路发生串联谐振时，等效于纯电阻 R，阻抗最小，其串联谐振频率为

$$f_S = \frac{1}{2\pi \sqrt{LC}} \tag{3-32}$$

　　（2）当外加信号频率高于 f_S 时，X_L 增大，X_C 减小，R、L、C 支路呈感性，可与 C_0 所在电容支路发生并联谐振，其并联谐振频率为

$$f_P = \frac{1}{2\pi \sqrt{L \dfrac{C \cdot C_0}{C + C_0}}} = \frac{1}{2\pi \sqrt{LC}} \cdot \sqrt{1 + \frac{C}{C_0}}$$

即

$$f_P = f_S \cdot \sqrt{1 + \frac{C}{C_0}} \tag{3-33}$$

　　石英晶体的电抗—频率特性如图 3-38（b）所示，从图中可以看出，凡信号频率低于串联谐振频率 f_S 或高于并联谐振频率 f_P 的，石英晶体均显容性，只有信号频率在 f_S 和 f_P 之间时才显感性。在感性区域，它的振荡频率稳定度极高。

　　2. 石英晶体振荡器

　　石英晶体振荡器的基本形式有两类：一类是并联型晶体振荡器，它是利用频率在 f_S 和 f_P 之间晶体阻抗呈电感性的特点，与两个外接电容组成电容三点式振荡电路的；另一类是串联型晶体振荡，它是利用晶体工作在串联谐振 f_S 时阻抗最小，且具有纯电阻的特性来构

成石英振荡电路的。

1）并联型石英晶体振荡器

在图 3-39 所示电路中，石英晶体为电容三点式振荡电路的电感性元件。

电路的振荡频率为

$$f_0 = \frac{1}{2\pi \sqrt{L \dfrac{C\,(C+C')}{C+C_0+C'}}}$$

式中 $C' = \dfrac{C_1 C_2}{C_1 + C_2}$。

由于 $C \ll C_0 + C'$，所以振荡频率主要由 C 决定，故

$$f_0 \approx \frac{1}{2\pi \sqrt{LC}} = f_S \qquad (6-34)$$

式（6-34）表明，振荡频率与 C_1 和 C_2 关系不大，基本上由 f_S 决定，所以振荡频率稳定度高，石英振荡器在电路中呈现电感性阻抗。

2）串联型晶体振荡器

在图 3-40 所示电路中，石英晶体谐振器代替 RC 串并联网络中的一个电阻与 C 串联，当其频率等于石英晶体的串联谐振频率 f_S 时，晶体阻抗最小，且为纯电阻，用瞬时极性法可判断出此时电路满足相位平衡条件，而且在 $f = f_S$ 时，正反馈最强，其相移为零，电路产生正弦波振荡。而当 $f \neq f_S$ 时，由于晶体振荡器的阻抗增大，而且相移不为零，整个电路不满足自激振荡的相位条件，电路不振荡，所以电路的振荡频率只能是 $f_0 = f_S$，由于 f_0 决定 f_S，故振荡频率的稳定性好。

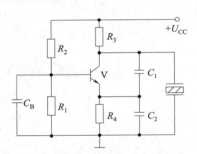

图 3-39　并联型石英晶体振荡器

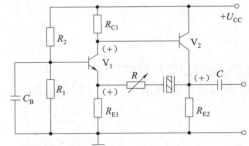

图 3-40　串联型晶体振荡器

由于石英晶体特性好、安装简单、调试方便，所以石英晶体得到了广泛的应用。

技能训练　*RC* 正弦波振荡器的测试

1. 实训目的

（1）熟悉 RC 串并联网络振荡器的工作原理与振荡条件。

（2）学习测量、调试振荡器的方法。

2. 实训器材

直流稳压电源 1 台，双踪示波器 1 台，交流毫伏电压表 1 块，直流电压表 1 块，频率计

1 只，实训线路板 1 块，晶体三极管、电阻、电容、导线若干。

3. 实训内容及步骤

1）调整电路并测量振荡频率

（1）按图 3 – 41 所示电路图连接电路。

（2）用示波器观察输出波形，同时调节 R_W，使电路刚好能产生振荡并输出稳定的正弦波。

（3）用频率计测量振荡频率 f_o。

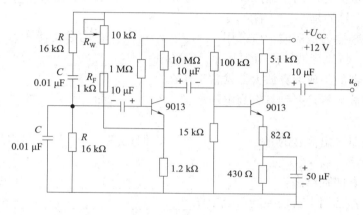

图 3 – 41　实训电路图

2）测量负反馈放大器的放大倍数 A_uf 和反馈系数 F_u

调节 R_W，使电路维持稳定的正弦振荡，用交流毫伏表测量此时的振荡电压。

断开 RC 串并联选频网络，输入端加入由信号发生器产生的与振荡频率一致的信号电压。调节 U_i，使输出电压与刚才振荡时的输出电压相同，测量并记录此时的 U_i、U_o、U_f，填入表 3 – 7 中。

表 3 – 7　测量负反馈放大器的放大倍数和反馈系数

U_i/V	U_o/V	U_f/V	A_uf	F_u	f_o/Hz

3）测量开环电压放大倍数 A_u

断开 RC 串并联网络及 R_W，此时电路成为两级阻容耦合开环放大电路。在放大器输入端加入由信号发生器输出的正弦信号 U_i，其频率与振荡频率相同。在输出波形不失真的情况下，用交流毫伏表测量 U_i 及 U_o，记入表 3 – 8 中。

表 3 – 8　测量开环电压放大倍数

U_i/mV	U_o/mV	$A_\mathrm{u} = U_\mathrm{o}/U_\mathrm{i}$	测试条件：$f = f_\mathrm{o}$

4. 实训问题与思考

（1）振荡器的输出极采用射极输出器的目的是什么？

（2）如何用示波器来测量振荡电路的振荡频率？

自我评测

一、填空题

1. 在反相比例电路中，集成运算放大器的反相输入端为_____点，而同相比例电路中集成运算放大器两个输入端对地的电压基本上等于_____电压。

2. 集成运算放大器有两个输入端和一个输出端，其中电路中标有_____号的是_____输入端，标有____号的是_____输入端。

3. 将正弦波转换为矩形波，应采用_____；将矩形波转换为三角波，应采用_____；将矩形波转换为尖脉冲，应采用_____。

4. 电压比较器的集成运算放大器常常工作在_____。

5. 集成运算放大器是一种具有高电压增益、_____和_____的_____耦合方式的多级放大电路。

6. 将放大电路输出信号的_____，回送到_____过程称为_____，反馈放大电路也称为_____。

7. 反馈电路有四种组态：_____、_____、_____和电压串联负反馈。

8. 电压比较器常用于自动控制系统中作_____、_____和变换等场合。

二、选择题

1. 要使输出电压稳定又具有较高的输入电阻，放大器应引入（　　）负反馈。

A. 电压并联　　　　　B. 电流串联　　　　　C. 电压串联　　　　　D. 电流并联

2. 对于 OTL 功率放大电路，要求在 8 Ω 的负载上获得 9 W 的最大不失真功率，应选的电源电压为（　　）。

A. 6 V　　　　　B. 9 V　　　　　C. 12 V　　　　　D. 24 V

3. 克服互补对称功率放大器的交越失真的有效措施是（　　）。

A. 选择特性一致的配对管　　　　　B. 为输出管加上合适的偏置电压

C. 加大输入信号　　　　　D. 选用额定功率较大的放大管

4. 集成运算放大器组成（　　）输入放大器的输入电流基本上等于流过反馈电阻的电流。

A. 同相　　　　　B. 反相　　　　　C. 差动　　　　　D. 以上三种都不行

5. 理想运算放大器的开环放大倍数 A_{uo} 为（　　），输入电阻为（　　），输出电阻为（　　）。

A. ∞　　　　　B. 0　　　　　C. 1　　　　　D. 不定

6. 集成运算放大器能处理（　　）。

A. 直流信号　　　　　B. 交流信号

C. 交流信号和直流信号　　　　　D. 不确定

7. 在由运算放大器组成的电路中，运算放大器工作在非线性状态的电路是（　　）。

A. 反相放大器　　　　　B. 差值放大器　　　　　C. 有源滤波器　　　　　D. 电压比较器

8. 集成运算放大器工作在线性放大区，由理想工作条件得出两个重要规律是（　　）。

A. $u_+ = u_- = 0$，$i_+ = i_- = 0$ 　　　　B. $u_+ = u_- = 0$，$i_+ = i_-$

C. $u_+ = u_-$，$i_+ = i_- = 0$ 　　　　D. $u_+ = Uu_- = 0$，$i_+ \neq i_-$

三、判断题

1. 差分比例电路可以实现减法运算。　　　　　　　　　　　　　　　　　　（　　）

2. 比例、积分、微分等信号运算电路中，集成运算放大器工作在线性区；而有源滤波器、电压比较器等信号处理电路中，集成运算放大器工作在非线性区。　　　（　　）

3. 在运算电路中，集成运算放大器的反相输入端均为"虚地"。　　　　　　　（　　）

4. 凡是运算电路都可以利用"虚短"和"虚断"的概念求解运算关系。　　　（　　）

5. 各种滤波电路的通带放大倍数的数值均大于 1。　　　　　　　　　　　　（　　）

6. 只要集成运算放大器引入正反馈，就一定工作在非线性区。　　　　　　　（　　）

7. 一般情况下，在电压比较器中，集成运算放大器不是工作在开环状态，就是引入正反馈。　　　　　　　　　　　　　　　　　　　　　　　　　　　　　　　　（　　）

8. 集成运算放大器工作在非线性区时，输出电压只有两值。　　　　　　　　（　　）

四、综合题

1. 集成电运算放大器有什么特点？理想化的条件是什么？

2. 什么是"虚断"和"虚短"？什么叫"虚地"？"虚地"与平常所说的接地有什么区别？

3. 什么是反馈？什么是负反馈？直流负反馈的作用是什么？交流负反馈对放大器的性能有什么影响？负反馈有哪几种组态？

4. 指出图 3 - 42 所示各运算电路的名称，并求出各电路的电压放大倍数。

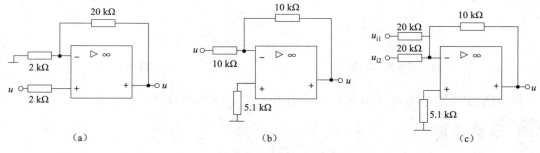

（a）　　　　　　　　　　　　（b）　　　　　　　　　　　　（c）

图 3 - 42　习题四 - 4 图

5. 反馈放大电路如图 3 - 43 所示，指出各电路的反馈元件，并判断反馈类型。

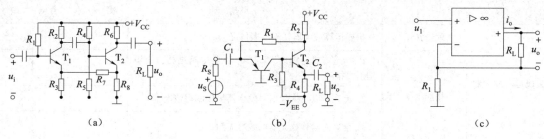

（a）　　　　　　　　　　　　（b）　　　　　　　　　　　　（c）

图 3 - 43　习题四 - 5 图

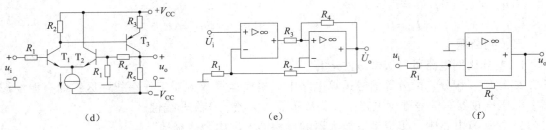

（d）　　　　　　　　　　（e）　　　　　　　　　　（f）

图 3 – 43　习题四 – 5 图（续）

6. 分别设计下列关系的运算电路。

（1）$u_o = -5u_i$，$R_f = 20\ \text{k}\Omega$。

（2）$u_o = -(u_{i1} + 0.4u_{i2})$，$R_f = 200\ \text{k}\Omega$。

7. 如图 3 – 44 所示电路，输入电压 $u_i = 0.1\ \text{V}$，调节电位器为 R_P，计算对应的输出电压调节范围。

8. 如图 3 – 45 所示电路为由两个运放组成的差分电路，其中 K 为比例常数，试求 u_o、u_{i1}、u_{i2} 之间的关系。

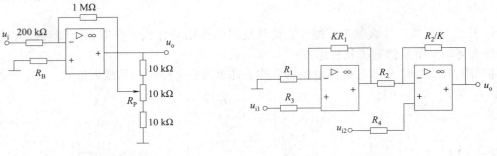

图 3 – 44　习题四 – 7 图　　　　　　　**图 3 – 45　习题四 – 8 图**

9. 若给定反馈电阻 $R_F = 10\ \text{k}\Omega$，设计实现 $u_o = u_{i1} - 2u_{i2}$ 的运算电路。

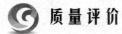 **质量评价**

项目三　质量评价标准

评价项目	评价指标	评价标准	评价结果			
			优	良	合格	差
集成运算放大器	理论知识	集成运算放大器知识掌握情况				
	技能水平	1. 知道集成运算放大器 LM741 的电路结构，会识别引脚排列				
		2. 示波器以及低频信号发生器操作掌握情况				
		3. 会集成运算放大器的线性应用				

续表

评价项目	评价指标	评价标准	评价结果			
			优	良	合格	差
负反馈放大器	理论知识	负反馈放大器知识掌握情况				
	技能水平	1. 会判断放大器中负反馈电路的类型				
		2. 理解负反馈对放大器性能的影响				
振荡电路	理论知识	振荡电路知识掌握情况				
	技能水平	会测量、调试振荡器				
总评	评判	优	良	合格	差	总评得分
		85~100	75~84	60~74	≤59	

课后阅读

集成电路发明者为杰克·基尔比（基于硅的集成电路）和罗伯特·诺伊思（基于锗的集成电路）。

杰克·基尔比（Jack Kilby，1923 年 11 月 8 日—2005 年 6 月 20 日），德州仪器的工程师，其于 1958 年发明集成电路，JK 触发器即以其名字命名；2000 年获得诺贝尔物理学奖。基尔比在集成电路方面获 50 项专利，1958 年宣布制成第一块集成电路。不久美国仙童公司的 R. N. 诺伊斯也宣称制出第一块集成电路。1966 年，基尔比研制出第一台袖珍计算器，曾获巴伦坦奖章、萨尔诺夫奖章、国家科学奖章、兹沃雷金奖章和伊利诺大学迪斯廷校友奖。

罗伯特·诺顿·诺伊斯（Robert Norton Noyce，1927 年 12 月 12 日—1990 年 6 月 3 日），是仙童半导体公司（1957 年创立）和英特尔（1968 年创立）的创始人之一，有"硅谷市长"或"硅谷之父"（the Mayor of Silicon Valley）的美誉。

项目四

直流稳压电源

项目描述

日常生活中大多数电子设备的供电都来自电网提供的交流电,而在电子线路和自动控制装置中需要非常稳定的直流电源,常用的是将 50 Hz 的交流电经降压、整流、滤波和稳压后获得直流电压的直流稳压电源。因此,学习直流稳压电源的基础知识,对今后的工作、生活是非常必要的。

知识目标

(1) 熟悉二极管整流电路的性能指标;掌握二极管整流电路的工作原理。
(2) 知道滤波电路的组成;掌握滤波电路的工作原理。
(3) 掌握稳压管的工作原理、性能和主要参数。
(4) 掌握直流稳压电源的组成、工作原理和主要性能指标。

能力目标

(1) 会分析单相整流电路;会估算整流电路输出电压;能正确选择合适的二极管。
(2) 会分析滤波电路的工作原理;会估算整流滤波电路的输出电压;会选择滤波电容。
(3) 能分析串联型稳压电源电路;会正确使用集成三端固定输出稳压器;能对直流稳压电源进行安装和测试。

知识导图

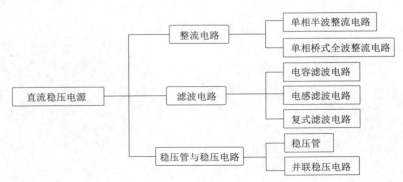

任务一　整流电路

整流电路

🎯 任务目标

（1）掌握整流电路的工作原理及应用。
（2）能从实际电路图中识读整流电路，通过估算，会合理选用整流电路元件的参数。
（3）会用万用表和示波器测量整流电路的输出电压及波形。

🎯 相关知识

目前，电力网供给用户频率为 50 Hz 的交流电，但在电能应用中，有许多设备如电解、电镀、直流电动机、电子仪器设备等都需要直流电源供电。除小功率便携式电子设备可用电池供电外，目前一般均采用半导体整流电源，它包括整流、滤波、稳压等几个环节，图 4 - 1 所示为半导体整流电源的组成框图。

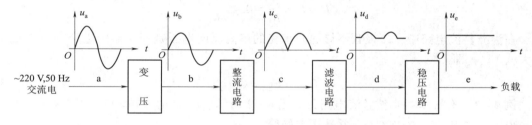

图 4 - 1　半导体整流电源的组成框图

图 4 - 1 中各部分的作用：
（1）整流电源变压器：将电网交流电压变换为整流所需要的电压值。
（2）整流电路：将电源变压器二次侧交流电压变换为单向的脉动电压。
（3）滤波电路：滤掉脉动电压中的交流成分，减小脉动程度，输出比较平直的直流电压。
（4）稳压电路：使输出的直流电压在电网电压波动或负载变动时能保持稳定不变。

一、单相半波整流电路

单相半波整流电路如图 4 - 2 所示。它是由电源变压器 T（又称整流变压器）、整流二极管 VD 及负载电阻 R_L 所组成的。整流变压器的副边电压 $u_2 = \sqrt{2}\,U_2\sin\omega t$，其波形如图 4 - 3（a）所示。

由于二极管 VD 具有单向导电性，在 u_2 的正半周时，二极管 VD 因正偏而导通，负载 R_L 上的电压为 u_o，通过的电流为 i_o；在 u_2 的负半周，二极管 VD 承受反向电压而截止，R_L 上没有电压。因此负载 R_L 上得到的是半波整流电压 u_o。在导通时，二极管的正向压降很小，可以忽略不计。因此，可以认为 u_o 的这个半波和 u_2 的正半波是相同的，如图 4 - 3（b）所示。

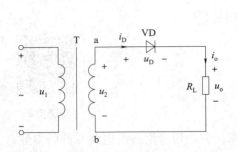

图 4-2 单相半波整流电路

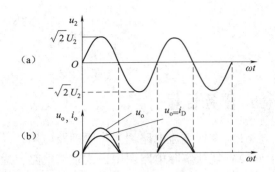

图 4-3 单相半波整流电路的电压与电流的波形

负载上得到的整流电压虽然是单方向的，但其大小是变化的。这种所谓的单向脉动电压常用一个平均值来说明它的大小。单相半波整流电压的平均值为

$$U_{\mathrm{o}} = \frac{1}{2\pi}\int_0^{\pi} \sqrt{2}\, U_2 \sin \omega t \mathrm{d}(\omega t) = \frac{\sqrt{2}}{\pi} U_2 \approx 0.45 U_2 \qquad (4-1)$$

由此得出整流电流平均值为

$$I_{\mathrm{o}} = I_{\mathrm{D}} = \frac{U_{\mathrm{o}}}{R_{\mathrm{L}}} \approx 0.45 \frac{U_2}{R_{\mathrm{L}}} \qquad (4-2)$$

在半波整流电路中，二极管不导通时承受的最高反向电压是变压器副边交流电压 u_2 的最大值 $U_{2\mathrm{m}}$，即

$$U_{\mathrm{DM}} = U_{2\mathrm{m}} = \sqrt{2}\, U_2 \qquad (4-3)$$

例 4-1 有一单相半波整流电路，如图 4-2 所示。已知 $R_{\mathrm{L}} = 750\ \Omega$，变压器副边电压 $u_2 = 20\ \mathrm{V}$，试求 U_{o}、I_{o} 及 U_{DM}，并选用二极管。

解：
$$U_{\mathrm{o}} = 0.45 U_2 = 0.45 \times 20 = 9\ (\mathrm{V})$$

$$I_{\mathrm{o}} = \frac{U_{\mathrm{o}}}{R_{\mathrm{L}}} = \frac{9}{750} = 0.012\ (\mathrm{A}) = 12\ \mathrm{mA}$$

流过二极管的平均电流为

$$I_{\mathrm{D}} = I_{\mathrm{o}} = 12\ \mathrm{mA}$$

二极管承受的反向工作峰值电压为

$$U_{\mathrm{DM}} = \sqrt{2}\, U_2 = \sqrt{2} \times 20 = 28.2\ (\mathrm{V})$$

根据以上参数，查半导体二极管手册，可选用一只额定整流电流为 16 mA、反向工作峰值电压为 50 V 的 2AP4 型整流二极管。

单相半波整流的特点是，电路简单，使用的器件少，但是输出电压脉动大。由于只利用了电源半波，理论计算表明其整流效率仅为 40% 左右，因此只能用于小功率以及对输出电压波形和整流效率要求不高的设备。

二、单相桥式全波整流电路

单相桥式全波整流电路是一种应用广泛的整流电路，如图 4-4（a）所示，$VD_1 \sim VD_4$ 4 只二极管接成电桥的形式，故称为桥式整流，其简化电路如图 4-4（b）所示。现在人们

常把接成桥式电路的 4 个二极管制作在一起，称为"全桥"或"桥堆"，如图 4-4（c）所示，它应用起来更加方便。

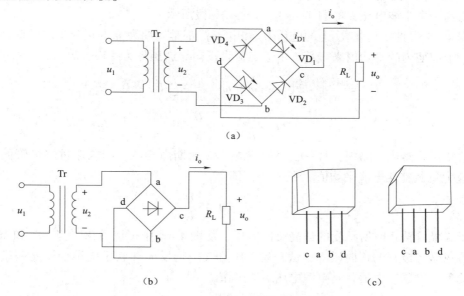

图 4-4 单相桥式整流电路

（a）电路图；（b）简化电路；（c）整流全桥堆外形

在变压器副边电压 u_2 的正半周时，其极性为上正下负，如图 4-4（a）所示，即 a 点的电位高于 b 点，二极管 VD_1 和 VD_3 导通，VD_2 和 VD_4 截止，电流 i_1 的通路是 a→VD_1→R_L→VD_3→b。此时，负载电阻 R_L 上得到一个半波电压，如图 4-5 中的 $O-\pi$ 段所示。

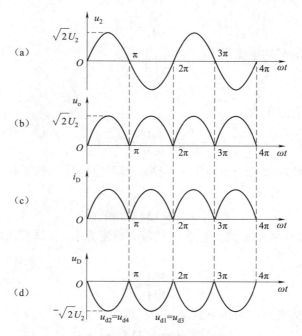

图 4-5 单相桥式整流电路的电压与电流的波形

在电压 u_2 的负半周时，变压器副边的极性为上负下正，即 b 点的电位高于 a 点。因此，VD_1 和 VD_3 截止，VD_2 和 VD_4 导通，电流 i_2 的通路是 b→VD_2→R_L→VD_4→a。同样，在负载电阻上得到一个半波电压，如图 4-5 中的 $\pi-2\pi$ 段所示。

由图 4-5 可见，负载 R_L 上的电压 U_o 和电流 I_o 都是周期为 π 的正弦半波脉动，其大小也可用一个周期内的平均值来表示。由于二极管正向导通压降可忽略，故

$$U_o = \frac{1}{\pi}\int_0^\pi \sqrt{2}U_2\sin\omega t \mathrm{d}(\omega t) = \frac{2\sqrt{2}}{\pi}U_2 \approx 0.9U_2 \tag{4-4}$$

$$I_o = \frac{U_o}{R_L} = 0.9\frac{U_2}{R_L} \tag{4-5}$$

在单相桥式整流电路中，每只二极管只在 1/2 周期内导电，所以流过二极管的电流平均值 I_D 应为负载整流电流平均值 I_o 的一半，即

$$I_D = \frac{1}{2}I_o = 0.45\frac{U_2}{R_L} \tag{4-6}$$

至于二极管截止时所承受的最高反向电压，从图 4-4 中可以看出，当 VD_1 和 VD_3 导通时，如果忽略二极管的正向压降，截止管 VD_2 和 VD_4 均反向并联于电源变压器两端，它们所承受的反向电压最大值就是电源电压 U_2 的幅值，即

$$U_{DM} = \sqrt{2}U_2 \tag{4-7}$$

例 4-2 已知负载 $R_L = 80\ \Omega$，负载电压 $U_o = 110\ \text{V}$。采用单相桥式整流电路，交流电源电压为 380 V。

(1) 如何选择二极管？

(2) 求整流变压器的变比及容量。

解：（1）该电路的负载电流平均值为

$$I_o = \frac{U_o}{R_L} = \frac{110}{80} = 1.4\ (\text{A})$$

每个二极管通过的平均电流为

$$I_D = \frac{1}{2}I_o = 0.7\ \text{A}$$

变压器副边电压有效值为

$$U_2 = \frac{U_o}{0.9} = \frac{110}{0.9} = 122\ (\text{V})$$

考虑到变压器副绕组及管子上的压降，变压器副边电压大约要高出计算值的 10%，即 122 V×1.1 = 134 V，于是有

$$U_{DRM} = \sqrt{2}\times134 = 189\ (\text{V})$$

查手册可选用 2CZ1 型的整流二极管，其最大整流为 1 A，选反向峰值电压为 300 V。

(2) 变压器的变比为

$$K = \frac{380}{134} = 2.8$$

变压器副边电流的有效值可由下式来求得，即

$$I_2 = 1.11I_o$$

所以，
$$I_2 = 1.11 \times 1.4 = 1.554 \ (A)$$

那么变压器原边电流为
$$I_1 = \frac{I_2}{K} = 0.555 \ A$$

变压器容量为
$$S = U_2 I_2 = 134 \times 1.554 = 208.2 \ (V \cdot A)$$

技能训练　整流电路输出电压的测量

1. 实训目的

（1）会用万用表测量整流电路的交、直流电压。

（2）会用示波器观测整流电路的波形。

2. 实训器材

万用表 1 块，双踪示波器 1 台，实训板 1 块，导线若干。

3. 实训内容与步骤

1）电路搭接

按照图 4 - 6 所示在电路板上搭接桥式整流
电路，搭接完成后，应注意检查二极管的极性是
否接正确。

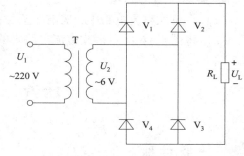

图 4 - 6　桥式整流电路

2）波形观测

用示波器观察变压器二次电压 u_2 和负载电阻
上的电压 u_L 波形，并在表 4 - 1 中画出波形图，
标出电压的峰—峰值。

3）电压测量

用万用表的交流电压挡测量变压器二次电压 U_2，用直流电压挡测量整流输出电压平均
值 U_L，将数据记入表 4 - 1 中，分析电路中 U_2 与 U_L 的关系。

表 4 - 1　桥式整流波形与电压测量

测量内容	交流输入电压 u_2	整流输出电压 u_L
电压波形	峰—峰值电压 $U_{OPP} =$	峰—峰值电压 $U_{OPP} =$
电压有效值	$U_2 =$	$U_L =$

4）整流电路故障的观察

将整流电路中的一只二极管开路，用示波器观察负载电阻上的电压 u_L 波形，并画出波形图。用万用表测量输出电压平均值 U_L，将数据记入表 4 – 2 中。

表 4 – 2   二极管开路时的整流波形与电压

测量内容	交流输入电压 u_2	整流输出电压 u_L
电压波形	峰—峰值电压 U_{OPP} =	峰—峰值电压 U_{OPP} =
电压有效值	U_2 =	U_L =

4. 实训问题与思考

（1）在桥式整流电路中，若有 1 只二极管反接，电路可能会出现什么问题？

（2）将图 4 – 6 所示桥式整流电路中的 4 只二极管反接，对输出电压有何影响？

任务二   滤波电路

滤波电路

任务目标

（1）能识读电容滤波、电感滤波、复式滤波电路图。

（2）掌握滤波电路的作用及工作原理。

（3）会应用示波器观察滤波电路的输出波形，会估算整流滤波电路的输出电压。

相关知识

整流电路可以把交流电转换为直流电，但是所得到的输出电压是单向脉动电压，其中含有较大的交流成分，因此这种不平滑的直流电仅能在电镀、电焊、蓄电池充电等要求不高的设备中使用，而对于有些仪器仪表及电气设备等，往往要求电压和电流比较平滑，因此必须把脉动的直流电变为平滑的直流电。保留脉动电压的直流成分，尽可能滤除它的交流成分，这就是滤波，这样的电路叫作滤波电路（也叫滤波器）。滤波电路直接接在整流电路后面，它通常由电容器、电感器和电阻器按照一定的方式组合而成。

一、电容滤波电路

图 4 – 7 所示为单相桥式整流电容滤波电路，电容器 C 并联在负载两端。电容器在电路中有储存和释放能量的作用，当电源供给的电压升高时，它把部分能量储存起来，而当电

源电压降低时，就把能量释放出来，从而减少脉动成分，使负载电压比较平滑，即电容器具有滤波的作用。在分析电容滤波电路时，要特别注意电容器两端电压对整流器件导电的影响。整流器件只有受正向电压作用时才导通，否则截止。

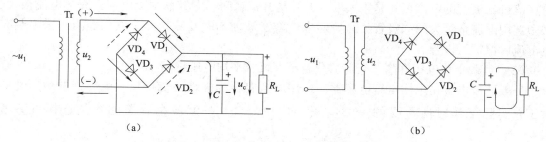

图 4-7　单相桥式整流电容滤波电路

1. 电容滤波工作原理

单相桥式整流电路，在不接电容器 C 时，其输出电压波形如图 4-8（a）所示。在输入电压 u_2 正半周：二极管 VD_1、VD_3 在正向电压的作用下导通，VD_2、VD_4 反偏截止，如图 4-7（a）所示。整流电流分为两路，一路经二极管 VD_1、VD_3 向负载 R_L 提供电流，另一路向电容器 C 充电，u_C 为如图 4-8（b）中的 Oa 段。到 t_1 时刻，电容器上电压 u_C 接近交流电压 u_2 的最大值 $\sqrt{2}U_2$，极性上正下负。经过 t_1 时刻后，u_2 按正弦规律迅速下降直到 t_2 时刻，此时 $u_2 < u_C$，二极管 VD_1、VD_3 受反向电压作用也截止。电容器 C 经 R_L 放电，放电回路如图 4-7（b）所示。如果放电速度缓慢，则 u_C 不能迅速下降，如图 4-8（b）中 ab 段所示。与此同时，交流电压继续按正弦规律变化，在 u_2 负半周，没有电容器 C 时，二极管 VD_2、VD_4 应该在 t_3 时刻导通，但由于此时 $u_C > u_2$，迫使 VD_2、VD_4 处于反偏截止状态，直到 t_4 时刻 u_2 上升到大于 u_C 时，VD_2、VD_4 才导通，整流电流向电容器 C 再度充电到最大值 $\sqrt{2}U_2$，u_C 为如图 4-8（b）中 bc 段。然后 u_2 又按正弦规律下降，当 $u_2 < u_C$ 时，二极管 VD_2、VD_4 反偏截止，电容器又经 R_L 放电。电容器 C 如此周而复始进行充放电，负载上便得到近似如图 4-8（b）所示的锯齿波的输出电压。

电容滤波在全波整流电路的工作原理与在桥式整流电路时一样，它们的共同特点是电源电压在一个周期内，电容器 C 各充放电两次。经电容器滤波后，输出电压就比较平滑了，交流成分大大减少，而且输出电压平均值得到提高，这就是滤波的作用。

2. 电容滤波对整流电路的影响

从上面的分析中我们可以看到，接上电

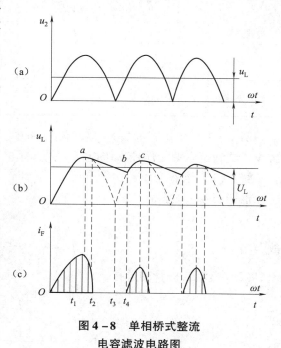

图 4-8　单相桥式整流
电容滤波电路图

容滤波后，电容器就是负载的一部分，此时对整流电路而言，其负载不再是纯电阻负载了，整流电路的工作情况发生了一些变化。

（1）接入滤波电容后，二极管的导通时间变短，如图 4-8（c）所示。电容开始充电时，流过二极管的电流可能是很大的，尤其是开机瞬间，电容器中无电荷，充电电流很大，必须选用电流余量大的二极管，必要时在电容滤波前串联几欧到几十欧的电阻，来限制充电电流以保护二极管。

（2）负载平均电压升高，交流成分越小，负载平均电压越高。

一般滤波电容是采用电解电容器，使用时电容器的极性不能接反。电容器的耐压性应大于它实际工作时所承受的最大电压，即大于 $\sqrt{2}\,U_2$。滤波电容器的容量选择可参考表 4-3。

表 4-3　滤波电容器容量表

输出电流 I_L/A	1	0.5～1	0.1～0.5	0.05～0.14	0.05 以下
输出电流电容器容量 C/μF	2 000	1 000	500	200～500	200

（3）负载上直流电压随负载电流增加而减小。如果负载 R_L 阻值小，电容器 C 放电就快，在如图 4-8（b）所示的 $t_2 \sim t_4$ 段波形下降快，则输出电压的平均值 U_L 随之降低。

此外，单相半波整流电容滤波中二极管承受的反向电压也发生了变化。各种整流电路加上电容滤波后，其输出电压、整流器件上反向电压等电量参见表 4-4。

表 4-4　电容滤波的整流电路电压和电流表

整流电路形式	输入交流电压（有效值）	整流电路输出电压		整流器件上电压和电流	
		负载开路时的电压	带负载时的电压 U_L（估计值）	最大反向电压 U_{RM}	通过的电流 I_L
半波整流	U_2	$\sqrt{2}\,U_2$	U_2	$2\sqrt{2}\,U_2$	I_L
全波整流	U_2	$\sqrt{2}\,U_2$	$1.2U_2$	$2\sqrt{2}\,U_2$	$\dfrac{1}{2}I_L$
桥式整流	U_2	$\sqrt{2}\,U_2$	$1.2U_2$	$\sqrt{2}\,U_2$	$\dfrac{1}{2}I_L$

例 4-3　在桥式整流电容滤波电路中，若负载电阻 R_L 为 240 Ω，输出直流电压为 24 V，试确定电源变压器次级电压，并选择整流二极管和滤波电容。

解：（1）电源变压器次级电压 U_2。

根据表 4-4 可得

$$U_L \approx 1.2U_2$$

故
$$U_2 \approx \frac{U_L}{1.2} = \frac{24}{1.2} = 20 \text{（V）}$$

（2）整流二极管的选择。

$$I_L = \frac{U_L}{R_L}$$

故
$$I_L = \frac{24}{240} = 0.1 \text{（A）}$$

通过每个二极管的直流电流为

$$I_F = \frac{1}{2}I_L = \frac{1}{2} \times 0.1 = 50 \ (mA)$$

每个二极管承受的最大反向电压为

$$U_{DM} = \sqrt{2}U_2 \approx 1.41 \times 20 \approx 28 \ (V)$$

查二极管手册，可选用额定正向电流为 100 mA、最大反向电压为 100 V 的整流二极管 2CZ82C 四只。

（3）滤波电容选择，根据表 4-3 及 $I_L = 0.1$ A 可知，可选用 500 μF 电解电容器。

根据电容器耐压公式：

$$U_C \leqslant \sqrt{2}U_2 \approx 1.41 \times 20 \approx 28 \ (V)$$

因此，可选用容量为 500 μF、耐压为 50 V 的电解电容器。

二、电感滤波电路

电容滤波在大电流工作时滤波效果较差，当一些电气设备需要脉动小、输出电流大的直流电时，往往采用电感滤波电路，即在整流输出电路中串联带铁芯的大电感线圈，称这种线圈为阻流圈，如图 4-9（a）所示。

电感线圈的直流电阻很小，所以脉动电压中直流分量很容易通过电感线圈，几乎全部加到负载上，而电感线圈对交流的阻抗很大，因此脉动电压中交流分量很难通过电感线圈，大部分落在铁芯线圈上。根据电磁感应原理，线圈上通过变化的电流时，它的两端要产生自感电动势来阻碍电流变化，当整流输出电流由小增大时，它的抑制作用使电流只能缓慢上升；而整流输出电流减小时，它又使电流只能缓慢下降，这样就使得整流输出电流变化平缓，其输出电压平滑性比电容滤波好，如图 4-9（b）中实线所示。

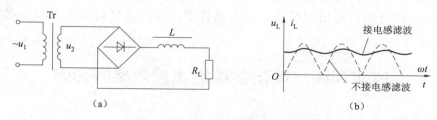

图 4-9　单相桥式整流电感滤波

（a）电感滤波电路；（b）电感滤波电压波形

一般来说，电感越大，滤波效果越好，但是电感太大的阻流圈，其铜线直流电阻相应增加，铁芯也需增大，结果使滤波器铜耗增加、成本上升，而且输出电流、电压下降，所以滤波电感常取几亨到几十亨。

有的整流电路的负载是电机线圈、继电器线圈等电感性负载，那就如同串入一个电感滤波器，负载本身能起到平滑脉动电流的作用，此时可不另加滤波器。

三、复式滤波电路

在要求输出电压脉动更小的场合，常采用电感电容滤波电路以及由 L、C 和 R 组成的复式滤波电路。

图 4 – 10（a）所示为在电感器后面再接一电容器而构成的倒 L 型或 T 型滤波电路，利用串联电感器和并联电容器的双重滤波作用，使输出电压中的交流成分大为减小。

图 4 – 10（b）所示为 π 型 LC 滤波电路，由两只电容 C_1 和 C_2 及电感 L 组成。C_1 先对整流输出电压进行电容滤波。C_2 与负载电阻 R_L 并联，再与 L 串联。电感线圈 L 对输出电压的交流分量有较大的感抗，而电容 C_2 对交流分量的容抗很小，具有较强的旁路分流作用，从而可使负载 R_L 上的交流分量很小，输出电压的平直程度大大增加。

图 4 – 10（c）所示为 π 型 RC 滤波电路。电阻对于交、直流电流都具有同样的降压作用，但是当它与电容 C_2 配合之后，可以使经 C_1 滤波后的整流电压中残存的交流分量较多地降落在电阻 R 的两端，而较少地分配到电容 C_2 上（因 C_2 的交流阻抗很小），从而使负载 R_L 两端的输出电压更为平直，起到更好的滤波作用。R 和 C_2 越大，滤波效果越好。但 R 太大，将使 R 上的直流压降增加，且电阻要发热，消耗电功率，故应选择 $R \ll R_L$，通常使 R 上的直流电压降 $U_R = I_o R = （0.1 \sim 0.2）U_o$，R 取值为几十到几百欧。

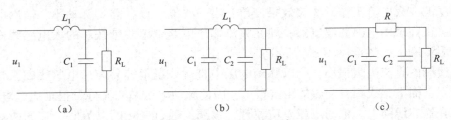

图 4 – 10 复式滤波电路

（a）倒 L 型或 T 型滤波电路；（b）π 型 LC 滤波电路；（c）π 型 RC 滤波电路

通常 $C_1 = C_2$，为几百微法。

π 型 RC 滤波电路只适用于整流输出电流较小，且负载变动也较小的小功率直流电源中。

技能训练　电容参数对滤波效果的影响

1. 实训目的

（1）会用万用表测量滤波电路的直流电压。

（2）会用示波器观测滤波电路的波形。

2. 实训器材

万用表 1 块，双踪示波器 1 台，电源变压器 1 个，实训板 1 块，二极管（1N4007，4 只），电阻（500 Ω/1 A），电容（47 μF/100 V，220 μF/100 V），开关 3 个，导线若干。

3. 实训内容与步骤

根据图 4 – 11 所示搭接电路，按以下步骤观察滤波电容大小对滤波效果的影响。

（1）断开开关 S_1、S_2，合上开关 S_3，用示波器观察输出电压波形，用万用表直流电压挡测量输出电压值 U_L，并填入表 4 – 5 中。

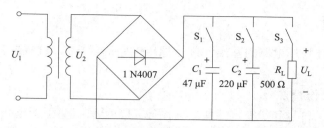

图 4-11 桥式整流滤波电路

（2）断开开关 S_2，合上开关 S_1、S_3，用示波器观察输出电压波形，用万用表直流电压挡测量输出电压值 U_L，并填入表 4-5 中。断开 S3 再观测，并填表。

（3）合上开关 S_1、S_2、S_3，用示波器观察输出电压波形，用万用表直流电压挡测量输出电压值 U_L，并填入表 4-5 中。

表 4-5 电容滤波电路的输出电压值和波形

开关设置	u_2 波形	u_L 波形	U_2/V	U_L/V
S_1、S_2 断，S_3 合				
S_2 断，S_1、S_3 合				
S_2、S_3 断，S_1 合				
S_1、S_2、S_3 合				

4. 实训问题与思考

（1）电容滤波的效果与什么值有关？

（2）滤波电容若采用电解电容，正负极性能否接反？若接反有什么后果？

任务三 稳压管与稳压电路

任务目标

（1）掌握稳压管的工作原理、性能和主要参数。

（2）掌握直流稳压电源的组成、工作原理和主要性能指标。

（3）能对直流稳压电源进行安装和测试。

相关知识

交流电压经过整流、滤波后得到的直流电压已经比较平滑，波纹也比较小，当电网电压波动或负载发生变化时，整流滤波后输出的直流电压也随着变化，因此，只能供一般电气设备使用。对于电子电路，特别是精密电子测量仪器、自动控制、计算装置等要求有很稳定的直流电源供电，在整流滤波之后，还要接入直流稳压电路，来保证输出电压稳定。

一、稳压管

稳压管是半导体稳压电路的基本元件，稳压电路的稳压效果往往与稳压管直接相关。

1. 稳压管的工作特性

稳压管的外形、符号和伏安特性曲线如图 4 – 12 所示。稳压管也是一种半导体二极管，这种二极管的正常工作状态是在反向击穿区。由图 4 – 12（c）可以看出，稳压管被反向击穿后，通过稳压管的电流在很大范围内变化而管子两端的电压变化却很小。因此，利用稳压管反向击穿电压稳定的这一特性可在电路中维持一个恒定的电压，起到稳压作用。

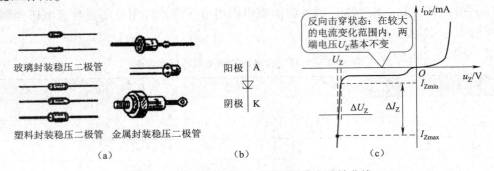

图 4 – 12　稳压管的外形、符号和伏安特性曲线
（a）稳压管的外形；（b）稳压管符号；（c）稳压管伏安特性曲线

为了使稳压管被反向击穿后电流不过大，以免烧坏稳压管，要采取措施限制反向电流值，保证 PN 结的温升在允许的范围之内。这样，当反向电压去除后，稳压管仍能恢复到原来的阻断状态。

稳压二极管工作在反向击穿区，因此，稳压管接入电路时应当反向连接，即 PN 结的 N型区接高电位、P 型区接低电位。

2. 稳压管的主要参数和使用

（1）稳定电压。曲线中的反向电压 U_Z 即为稳定电压，它是稳压管正常工作时的电压。

（2）稳定电流 I_Z。稳定电流是指工作电压等于 U_Z 时的工作电流。

（3）最大稳定电流 I_{Zmax}。最大稳定电流是稳压管的最大允许工作电流，在使用时实际电流不得超过此值。

（4）耗散功率 P_{Zm}。反向电流通过稳压管的 PN 结时，会产生一定的功率损耗，使 PN结的结温升高。P_{Zm} 是稳压管正常工作时能够耗散的最大功率，它等于稳压管的最大工作电流与相应的工作电压的乘积，即 $P_{Zm} = U_Z I_{Zmax}$。如果稳压管工作时消耗的功率超过这个数值，管子将会损坏。常用的小功率稳压管的 P_{Zm} 约为几百毫瓦到几瓦。

选择稳压管时，一般取：

$$\begin{cases} U_Z = U_o \\ I_{Zmax} = (1.5 \sim 3)\ I_{omax} \\ U_i = (2 \sim 3)\ U_o \end{cases} \qquad (4 - 8)$$

二、并联稳压电路

最简单的直流稳压电源是采用稳压管来稳定电压的，利用稳压管构成的稳压电路如图 4-13 所示。这种稳压电路因稳压管与负载 R_L 并联，故称为并联型稳压电路。该电路经过桥式整流电路和电容滤波得到直流电压 U_i，再经过稳压电路（由限流电阻 R 和稳压管 VD_Z 组成）接到负载电阻 R_L 上，这样负载上就能得到比较稳定的电压。

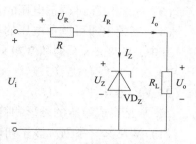

图 4-13　稳压管并联型稳压电路

1. 稳压原理

（1）假设负载电阻 R_L 不变，由于电网电压升高而使 U_i 升高时的稳压过程：$U_i\uparrow\rightarrow U_o\uparrow\rightarrow I_Z\uparrow\rightarrow I_R\uparrow\rightarrow U_R\uparrow\rightarrow U_o\downarrow$。这个过程用 U_R 的增大来抵消 U_i 的增大，从而使输出电压基本保持不变。当 U_i 降低时，稳压过程相反。

（2）假设电网电压稳定，则稳压电路的输入电压 U_i 不变，当负载电阻减小时的稳压过程：$R_L\downarrow\rightarrow I_o\uparrow\rightarrow I_R\uparrow\rightarrow U_R\uparrow\rightarrow U_o\downarrow\rightarrow I_Z\downarrow\rightarrow I_R\downarrow\rightarrow U_R\downarrow\rightarrow U_o\uparrow$。

2. 并联型稳压电路的特点

并联型稳压电路是直接利用稳压管工作电流的变化，并通过限流电阻的调压作用来达到稳压目的的。这种电路结构简单、调试方便，但稳压精度低，负载输出电压 U_o 由稳压管 U_Z 值来决定，不能任意调节。此外，其允许的最大负荷电流也较小，只能应用于输出电压固定且对稳定度要求不高的小功率电子设备中。如要求有较高的稳定精度和较大的输出电流，则可采用串联式晶体管稳压电路。集成稳压电路就是把稳压电路中的主要元件，甚至全部元件制作在一个集成块内，其性能好、功能强、使用方便。

例 4-4　在图 4-13 所示电路中，负载电阻 R_L 在 3 kΩ ~ ∞ 变化，整流滤波后的输出电压 $U_i = 45$ V。要求输出直流电压 $U_o = 15$ V，试选择稳压管。

解：根据输出电压 $U_o = 15$ V 的要求，负载电流的最大值为

$$I_{omax} = \frac{U_o}{R_L} = \frac{15}{3\times 10^3} = 5\times 10^{-3}\text{A} = 5\ (\text{mA})$$

查手册，选择稳压管 2CW20，其稳压值 $U_Z = 13.5 \sim 17$ V，稳定电流 $I_Z = 5$ mA，最大稳定电流 $I_{Zmax} = 15$ mA。

3. 集成稳压电路

集成稳压电路是一种将串联稳压电源和保护电路集成在一起的集成化串联型稳压器。早期的集成稳压器外引线较多，现在的集成稳压器只有输入端、输出端和公共端，称为三端集成稳压器。它的特点是体积小，外围元件少，性能稳定可靠，使用调整方便，价格低廉，因此得到广泛的应用。

1）集成稳压器的类型

目前常用的是能够输出正或负电压的三端集成稳压器，根据输出类型可分为固定输出和输出可调两类。

（1）三端固定输出正电压的集成稳压器 W78×× 系列。

（2）三端固定输出负电压的集成稳压器 W79×× 系列。

（3）三端电压可调正电压的集成稳压器 W317、W117。

（4）三端电压可调负电压的集成稳压器 W337、W137。

其中，W78××系列和 W79××系列型号中的"××"是两个数字，表示输出的固定电压，"××"一般有 05（5 V）、06（6 V）、08（8 V）、12（12 V）、15（15 V）、18（18 V）、24（24 V）等几种。

2）常见集成稳压的外形和符号

（1）W78××系列。该系列输出的是稳定正电压，它的外形如图 4 – 14 所示。

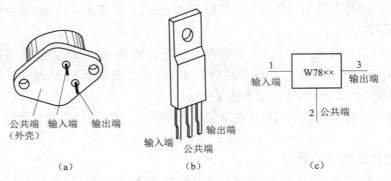

图 4 – 14 W78××系列外形图

W7805 输出 +5 V；W7809 输出 +9 V；W7812 输出 +12 V；W7815 输出 +15 V。

（2）W79××系列。该系列输出的是稳定负电压，它的外形如图 4 – 15 所示。

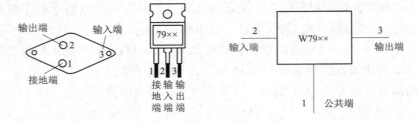

图 4 – 15 W79××系列外形图

3）三端固定式集成稳压电路的应用

（1）三端固定式稳压电源。如图 4 – 16 所示，W78 系列 1、2、3 脚分别为输入端、输出端及公式端，W79 系列 1、2、3 脚分别为公共端、输入端、输出端。U_i 为整流滤波后的直流电压；电容 C_1 旁路高频干扰信号以消除自激振荡；电容 C_2 起滤波作用，并能改善暂态响应。

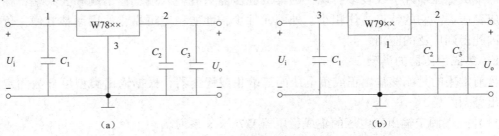

图 4 – 16 三端固定式稳压电源

（2）正负电压输出电路。如图 4 – 17 所示，它是一个由 W78×× 系列和 W79×× 系列的典型电路共用一个接地端组合而成的正负电压输出电路。

（3）扩展输出电流电路。如图 4 –18 所示，它是一个扩展输出电流电路。由于功率的限制，W78×× 系列和 W79×× 系列稳压器最大输出电流只能达到 1.5 A。为了输出更大的电流，一般采用大功率管或相同型号稳压器并联的方式扩展输出电流。如图 4 –18 所示。

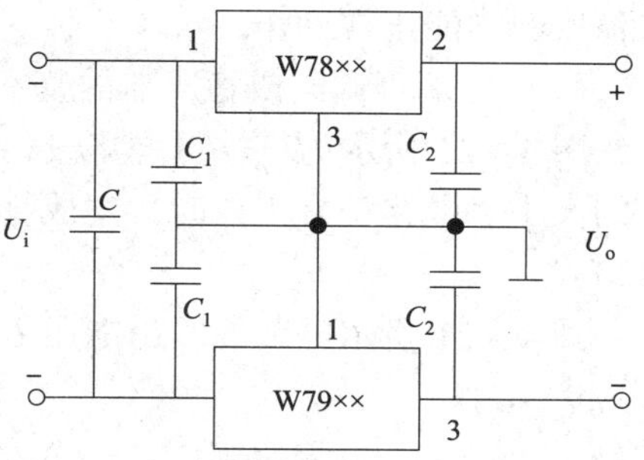

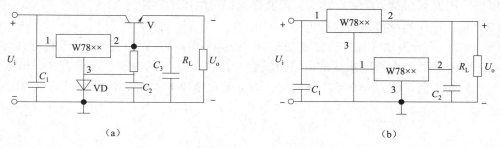

图 4 –17　正负电压输出电路

在图 4 –18（a）中，V 为大功率管。为了消除晶体管 U_{BE} 对输出电压 U_o 的影响，电路中又加了补偿二极管 VD。这样不仅使输出电压 U_o 等于稳压器的固定输出电压，而且起到温度补偿作用，使输出电压 U_o 的数值基本不受温度的影响。

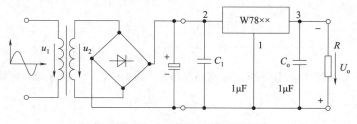

（a）　　　　　　　　　　　　（b）

图 4 –18　扩展输出电流电路
（a）采用大功率管；（b）稳压器并联

（4）实际应用接线图，如图 4 –19 所示。

图 4 –19　实际应用接线图

4）三端可调式集成稳压器

三端可调输出电压的集成稳压器是在三端固定输出集成稳压器的基础上发展起来的，它只需辅以少量的外部器件即可方便地组成一个输出电压精密可调的稳压电路。

典型的可调稳压器有：输出正电压的 CW117/CW217/CW317 系列和输出负电压的 CW137/CW 237/CW337 系列。各系列的内部电路和工作原理基本相同，但工作温度不同。直插式三端可调集成稳压器的塑料封装引脚排列如图 4 – 20 所示。

在实际应用中，输入电压在 2 ~40 V 变化时，三端可调集

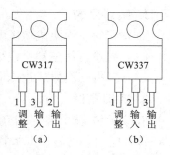

图 4 –20　可调集成稳压器的
塑料封装引脚排列

成稳压器均能正常工作。

（1）三端可调集成稳压器的基本应用电路。

图 4-21 所示为三端可调集成稳压器的基本应用电路，调节电位器 R_P 即可改变输出电压的大小。电路正常工作时，集成稳压器的输出端 2 脚和公共端 1 脚之间的电压为 $U_{REF} = 1.25$ V。

图 4-21 所示电路的输出电压 U_o 为

$$U_o = \frac{U_{REF}}{R}(R + R_P) + I_{REF}R_P \tag{4-9}$$

由于 I_{REF} 很小，可略去，而 $U_{REF} = 1.25$ V，所以有：

$$U_o \approx 1.25 \times \left(1 + \frac{R_P}{R}\right) \tag{4-10}$$

可见，当 $R_P = 0$ 时，$U_o = 1.25$ V，但其最大输出电压不得超过 30 V。

（2）输出电压连续可调的稳压电路。

图 4-22 所示为由 CW317 组成的输出电压在 0~30 V 内连续可调的稳压电路。图 4-22 中由电阻 R_2 和 VD_Z 组成的电路提供给 A 点 -1.25 V 的电压，这样当 $R_P = 0$ 时，U_A 电位与 U_{REF} 相抵消，使 $U_o = 0$ V。当 R_P 增大时，输出电压 U_o 增加，U_o 最大可达 30 V。

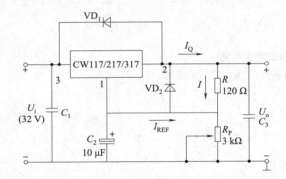

图 4-21　三端可调集成稳压器的基本应用电路

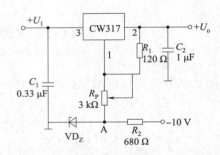

图 4-22　0~30 V 连续可调集成稳压电路

技能训练　集成稳压电源

1. 实训目的

（1）了解三端集成稳压电路的工作原理。

（2）熟悉常用三端集成稳压器件，掌握其典型的应用方法。

（3）掌握三端集成稳压电路特性的测试方法。

2. 实训器材

双踪示波器 1 台，直流稳压电源 1 台，万用表 1 块，三端集成稳压器 CW7805、CW317，电阻、电容、二极管、稳压管等元件若干。

3. 实训内容及步骤

采用集成工艺，将调整管、基准电压、取样电路、误差放大电路和保护电路等集成在一块芯片上，就构成了集成化稳压电源芯片。实训分为两部分，分别为测试三端固定输出集成稳压电路以及三端可调输出集成稳压电路的主要性能指标。图 4 – 23 所示为常用三端集成稳压器芯片的外引脚图。

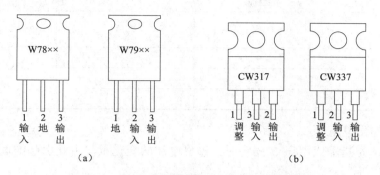

图 4 – 23 常用三端集成稳压器芯片的外引脚图
（a）三端固定集成稳压器外引脚图；（b）三端可调集成稳压器外引脚图

1）三端固定输出集成稳压电路

基本应用电路的测试：按实训电路图 4 – 24 接线，经检查无误后接通工作电源。用示波器和万用表测量电路的稳定输出电压 U_o、电压稳定系数 S_r 和输出电阻 R_o 等参数。

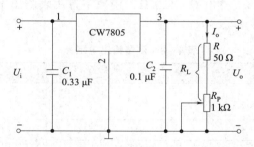

图 4 – 24 三端固定输出集成稳压电路

（1）测量电路的稳定输出电压 U_o。

调整实训图中 4 – 24 的输入信号源，使 U_i 分别为 9 V、12 V、15 V，用万用表测量其对应输出电压 U_o 的大小，记入表 4 – 6 中。

表 4 – 6 测量输出电压 U_o

输入电压 U_i	9 V	12 V	15 V
输出电压 U_o			

（2）测量电压稳定系数 S_r。

稳压系数 S_r 是指负载固定时，输出电压的相对变化量与输入电压的相对变化量之比，即

$$S_r = \frac{\Delta U_o / U_o}{\Delta U_i / U_i}$$

改变电源输入电压分别为 14 V、15 V 及 16 V，用数字万用表分别测出稳压器 CW7805

的输入电压 U_i 与输出电压 U_o 的变化量 ΔU_i 和 ΔU_o，记入表 4 – 7 中。

表 4 – 7 测量电压稳定系数 S_r

测量值			计算值
U_2/V	U_i/V	U_o/V	$S_r = \dfrac{\Delta U_o/U_o}{\Delta U_i/U_i}$
14			$S_{12} =$
15			
16			$S_{23} =$

（3）测量输出电阻 R_o。

输出电阻 R_o 是指输入电压 U_i 固定时，输出电流的变化量与由此引起的输出电压变化量之比，即

$$R_o = \frac{\Delta U_o}{\Delta I_o}$$

实际测量时，可根据公式 $R_o = \left(\dfrac{U_o'}{U_o} - 1\right)R_L$ 计算稳压电路的输出电阻 R_o，其中，U_o 是稳压电路带负载 R_L 时的输出电压，U_o' 是输出开路（负载 R_L 断开）时的输出电压值。

改变负载电阻分别为 ∞、240 Ω、120 Ω，用数字万用表测出不同负载电流条件下的输出电压 U_o 的值，并记入表 4 – 8 中。

表 4 – 8 测量输出电阻 R_o

测量值		计算值
I_o/mA	U_o/V	$R_o = \dfrac{\Delta U_o}{\Delta I_o}\Big/\Omega$
空载		
50		
100		

2）三端可调输出集成稳压器

三端可调输出集成稳压器分为正可调输出集成稳压器（如 CWX17 系列）与负可调输出集成稳压器（如 CWX37 系列），正输出可调集成稳压器的输出电压为 1. 2 ~ 37 V，输出电流可调范围为 0. 1 ~ 1. 5 A。在可调集成稳压器的输出与调整端之间有一个 $U_{REF} = 1.25$ V 的基准电压。常用的三端可调基本稳压电路如图 4 – 25 所示。

（1）测量输出电压 U_o 范围。

按实训电路图 4 – 25 接线，经检查无误后接通工作电源。加入 $U_i = 20$ V 的直流电压信号，分别测 A 点（稳压电路输入）和 B 点（稳压电路输出）的直流电压值，调节 R_2，分别测

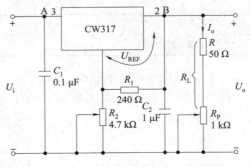

图 4 – 25 三端可调基本输出集成稳压电路

量稳压电路的最大、最小输出电压值及与之对应的输入电压值，验证公式：

$$U_o = 1.25\left(1 + \frac{R_2}{R_1}\right)$$

（2）测量电压稳定系数 S_r。

调整 R_2 大小，使输出电压 U_o 为 12 V，改变输入电压 U_i 值，使其在 ±10% 的范围内变化，测出相应的 U_i、U_o 及 ΔU_i 和 ΔU_o 值的大小，数据记录在表 4 – 9 中，并计算出电压稳定系数 S_r。

表 4 – 9　测量电压稳定系数 S_r

测量值					计算值
U_o/V	U_i/V	U_o/V	$\Delta U_i/\text{V}$	$\Delta U_o/\text{V}$	$S_r = \dfrac{\Delta U_o/U_o}{\Delta U_i/U_i}$
12					

（3）测量输出电阻 R_L。

测量带负载 R_L 时的输出电压 U_o 和输出开路（负载 R_L 断开）时的输出电压值 U_o'，计算稳压电路的输出电阻 R_o。

4. 实训问题与思考

（1）整理实验数据，根据实验结果验证相对应的公式。

（2）推导输出电阻 R_o 的计算公式。

（3）总结实验过程中出现的问题及解决办法。

自我评测

一、填空题

1. 整流的主要目的是 _____。

2. 整流是利用二极管的 _____特性将交流电变为直流电。

3. 直流稳压电源的功能是 _____，直流稳压电源主要由 _____、_____和 _____三部分所组成。

4. 常用的整流电路有 _____和 _____。

5. 有一桥式整流、电容滤波电路，变压器二次电压为 10 V，负载电阻为 100 Ω，整流输出的直流电压约为 ____V，选用二极管的最高反向工作电压应大于 ____V，每只二极管的额定电流应大于 _____ mA。

6. 滤波电路的功能是 _____，滤波电路类型主要有 _____、____和 ____。

7. 稳压电源按电压调整元件与负载 R 连接方式的不同可分为 _____型和 _____型两大类。

8. 硅稳压二极管组成的并联型稳压电路的优点是 _____；缺点是 _____。

二、选择题

1. 在单相桥式整流电路中，电源变压器二次电压有效值为 100 V，则负载电压为（　　）V。

　　A. 45　　　　　　　B. 50　　　　　　　C. 90　　　　　　　D. 120

2. 在单相桥式整流电路中，如果 1 只整流二极管接反，则（　　　）。

A. 将引起电源短路　　　　　　　　　　B. 将成为半波整流电路

C. 为桥式整流电路　　　　　　　　　　D. 将使电源开路

3. 在桥式整流滤波电路中，若 $U_2 = 15$ V，则 $U_。$ 为（　　　）V。

A. 20　　　　　　　　B. 18　　　　　　　　C. 24　　　　　　　　D. 9

4. 在桥式整流电路中，每只整流管的电流 I_D 为（　　　）。

A. I_0　　　　　　　B. I_0　　　　　　　C. $I_0/2$　　　　　　D. $I_0/4$

5. 在桥式整流电路中，每只整流管承受的最大反向电压 U_{RM} 为（　　　）。

A. U_2　　　　　　B. $\sqrt{2}\,U_2$　　　　　C. $2\sqrt{2}\,U_2$　　　　D.（$\sqrt{2}/2$）U_2

6. 要想获得 +9 V 的稳压电压，集成稳压器的型号应选用（　　　）。

A. CW7812　　　　　B. CW7909　　　　　C. CW7912　　　　　D. CW7809

7. 三端可调式稳压器 CW317 的 1 引脚为（　　　）。

A. 输入端　　　　　　B. 输出端　　　　　　C. 调整端　　　　　　D. 公共端

8. 三端集成稳压器 CW7805 的最大输出电流为（　　　）A。

A. 0.5　　　　　　　B. 1.5　　　　　　　C. 1.0　　　　　　　D. 2.0

三、判断题

1. 整流输出电压经电容滤波后，电压波动减小，故输出直流电压也下降。　　　（　　　）

2. 并联稳压电源是用硅稳压二极管作为调整元件。　　　　　　　　　　　　（　　　）

3. 电感滤波主要用于负载电流较大的场合。　　　　　　　　　　　　　　　（　　　）

4. 集成稳压器组成的稳压电源输出直流电压是不可调节的。　　　　　　　　（　　　）

5. 集成稳压器 CW7812 正常工作时，输出的电压是 +12 V。　　　　　　　　（　　　）

6. 滤波电路中的滤波电容越大，滤波效果越好。　　　　　　　　　　　　　（　　　）

7. 半导体二极管反向击穿后立即烧毁。　　　　　　　　　　　　　　　　　（　　　）

8. 稳压管的稳压区是指其工作在反向击穿的区域。　　　　　　　　　　　　（　　　）

四、综合题

1. 有两个稳压管 VD_{Z1} 和 VD_{Z2}，其稳定电压分别为 5.5 V 和 8.5 V，正向压降都是 0.5 V。如果要得到 0.5 V、3 V、6 V、9 V 和 14 V 几种稳定电压，这两个稳压管（还有限流电阻）应该如何连接？画出各个电路。

2. 有一电压为 110 V、电阻为 55 Ω 的直流负载，采用单相桥式整流电路（不带滤波器）供电，试求变压器副绕组电压和电流的有效值，并选用二极管。

3. 单相桥式整流电容滤波电路，交流频率为 50 Hz，负载电阻为 40 Ω，要求输出压 $U_。= 20$ V。试求变压器二次电压有效值 U_2，并选用二极管的型号和滤波电容器。

4. 单相桥式整流电路中，如果发生下述情况能否正常工作？会发生什么现象？为什么？

（1）任一个二极管虚焊；

（2）任一个二极管接反；

（3）两个二极管接反；

（4）四个二极管全接反。

5. 一单相半波整流电路，交流输入电压 $u = 12\sqrt{2}\sin(\omega t + 120°)$ V，负载 $R_L = 3.9$ kΩ，

求电路的直流输出平均电压 U_o 及负载上流过的平均电流 I_o。若将电路改成单相桥式整流电路，则电路的直流输出平均电压 U_o 及负载上流过的平均电流 I_o 为多少？

6. 一个三相半波整流电路，若输入三相交流线电压的有效值为 24 V，则其直流输出端电压为多少？若电路接有负载 $R_L = 128\ \Omega$，此时电路中各整流二极管所流过的平均电流及所承受的最大反向电压各为多少？

7. 设计一直流稳压电源，要求输入交流电源的电压为 220 V，直流电压输出为 12 V，负载电阻为 3 kΩ，采用桥式整流、电容滤波、硅稳压管稳压，选择各元件参数。

8. 某稳压电源如图 4-26 所示，试问：

（1）输出电压 U_o 的极性和大小如何？

（2）电容器 C_1 和 C_2 的极性如何？它们的耐压应选多高？

（3）负载电阻 R_L 的最小值约为多少？

（4）如将稳压管 VS 接反，后果如何？

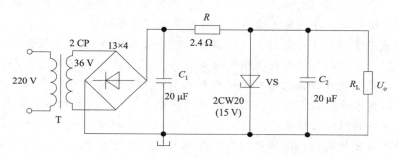

图 4-26 习题 4-8 图

质量评价

项目四 质量评价标准

评价项目	评价指标	评价标准	评价结果			
			优	良	合格	差
整流电路	理论知识	整流电路知识掌握情况				
	技能水平	1. 会用万用表测量整流电路的交、直流电压				
		2. 会用示波器观测整流电路的波形				
滤波电路	理论知识	滤波电路知识掌握情况				
	技能水平	1. 会用万用表测量滤波电路的直流电压				
		2. 会用示波器观测滤波电路的波形				
稳压电路	理论知识	稳压电路知识掌握情况				
	技能水平	1. 熟悉常用三端集成稳压器件，掌握其典型的应用方法				
		2. 掌握三端集成稳压电路特性的测试方法				
总评	评判	优	良	合格	差	总评得分
		85~100	75~84	60~74	≤59	

课后阅读

2020 年 11 月 24 日 4 时 30 分，我国在中国文昌航天发射场，用长征五号遥五运载火箭成功发射探月工程嫦娥五号探测器，火箭飞行约 2 200 s 后，顺利将探测器送入预定轨道，开启我国首次地外天体采样返回之旅。

长征五号遥五运载火箭发射升空后，先后实施了助推器分离、整流罩分离、一二级分离以及器箭分离等动作。

国家航天局探月与航天工程中心副主任、嫦娥五号任务新闻发言人裴照宇介绍，嫦娥五号探测器由轨道器、返回器、着陆器、上升器四部分组成，在经历地月转移、近月制动、环月飞行后，着陆器和上升器组合体将与轨道器和返回器组合体分离，轨道器携带返回器留轨运行，着陆器承载上升器择机实施月球正面预选区域软着陆，按计划开展月面自动采样等后续工作。这一过程中就用到了滤波电路，而嫦娥五号的成功发射，就意味着我国将在探月项目中弯道超车，在探索太空历史上具有里程碑的意义。

据悉，嫦娥五号任务计划实现三大工程目标：一是突破窄窗口多轨道装订发射、月面自动采样与封装、月面起飞、月球轨道交会对接、月球样品储存等关键技术，提升我国航天技术水平；二是实现我国首次地外天体自动采样返回，推动科技进步；三是完善探月工程体系，为我国未来开展载人登月与深空探测积累重要人才、技术和物质基础。

嫦娥五号任务的科学目标主要是开展着陆点区域形貌探测和地质背景勘察，获取与月球样品相关的现场分析数据，建立现场探测数据与实验室分析数据之间的联系；对月球样品进行系统、长期的实验室研究，分析月壤结构、物理特性、物质组成，深化月球成因和演化历史的研究。

嫦娥五号任务由国家航天局组织实施，具体由工程总体和探测器、运载火箭、发射场、测控与回收、地面应用五大系统组成。

探月工程自 2004 年 1 月立项并正式启动以来，已连续成功实施嫦娥一号、嫦娥二号、嫦娥三号、再入返回飞行试验和嫦娥四号五次任务。此次发射任务是长征系列运载火箭的第 353 次飞行。

项目五

数字电路基础及应用

🌀 项目描述

　　数字电路是用来传输和处理数字信号的电路，是电子技术的核心，是计算机和数字通信的硬件基础，广泛应用于数字通信、计算机、数字电视机、自动控制、智能仪器仪表及航空航天等技术领域，并深入人们日常的生活和学习中。因此掌握数字电路基础知识和基本技能十分重要。

🌀 知识目标

　　（1）知道数字信号的特点及主要类型，掌握数字信号的表示方法。
　　（2）熟悉逻辑基本概念以及基本逻辑运算，掌握逻辑函数的表示方法与化简方法，掌握卡诺图的化简方法。
　　（3）理解晶体管的开关特性和分立元件门电路的组成及工作原理。
　　（4）掌握 TTL、MOS 集成门电路的工作原理和特性。

🌀 能力目标

　　（1）会数制的表示方法和数制之间的相互转换，能用 8421BCD 码对十进制数编码。
　　（2）会用逻辑运算的基本法则和定律进行化简，会用真值表、函数式和逻辑图表示逻辑函数，会用卡诺图化简法对逻辑函数进行化简。
　　（3）能识读集成门电路的引脚排列图，会测试集成门电路的逻辑功能。
　　（4）初步具有集成门电路的应用能力。

知识导图

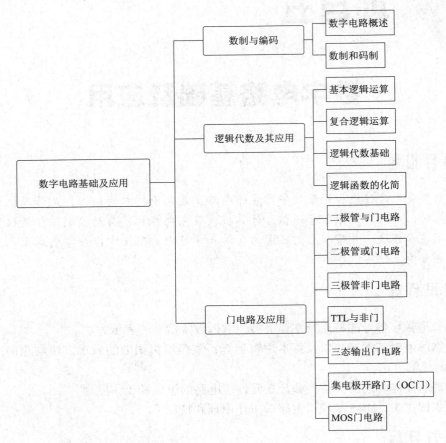

任务一 数制与编码

任务目标

（1）掌握二进制数、十六进制数的表示方法。

（2）会进行二进制数、十进制、八进制数之间的相互转换。

（3）会用 8421BCD 码对十进制数编码。

相关知识

一、数字电路概述

1. 数字电路与数字信号

电子电路可分成模拟电路和数字电路。传递、处理模拟信号的电子电路称为模拟电路。

传递、处理数字信号的电子电路称为数字电路。

　　模拟信号是指随时间连续变化的信号，如图 5－1 所示。如正弦波信号、锯齿波信号等。数字信号是一种离散的信号，它在时间和幅值上都是离散的。最常用的数字信号是用电压的高低分别代表两个离散数值 1 和 0，如图 5－2 所示。

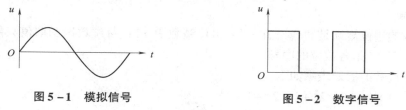

图 5－1　模拟信号　　　　　　　　图 5－2　数字信号

2. 数字电路的特点

　　数字电路在结构、分析方法、功能、特点等方面均不同于模拟电路。数字电路的基本单元是逻辑门电路，分析工具是逻辑代数，在功能上则着重强调电路输入与输出间的因果关系。数字电路与模拟电路相比主要有以下优点：

　　（1）由于数字电路是以二值数字逻辑为基础的，只有 0 和 1 两个基本数字，因此易于用电路来实现，比如可用二极管、三极管的导通与截止这两个对立的状态来表示数字信号的逻辑 0 和逻辑 1。

　　（2）由数字电路组成的数字系统工作可靠，精度较高，抗干扰能力强。它可以通过整形很方便地去除叠加于传输信号上的噪声与干扰，还可利用差错控制技术对传输信号进行查错和纠错。

　　（3）数字电路不仅能完成数值运算，而且能进行逻辑判断和运算，这在控制系统中是不可缺少的，故又称为数字逻辑电路。

　　（4）数字信息便于长期保存，比如可将数字信息存入磁盘、光盘等长期保存。

　　（5）通用性强，结构简单，容易制造，便于集成及系列化生产。

3. 数字电路的分类

　　（1）根据逻辑功能的不同特点，可以把数字电路分成两大类：组合逻辑电路和时序逻辑电路。

　　（2）根据电路结构不同分为分立元件电路和集成电路。分立元件电路是将晶体管、电阻、电容等元器件用导线在线路板上连接起来的电路。集成电路是将上述元器件和导线通过半导体制造工艺做在一块硅片上而成为一个不可分割的整体电路。

　　（3）根据半导体的导电类型不同，可以把数字电路分成两类：双极型数字集成电路和单极型数字集成电路。双极型数字集成电路是以双极型晶体管作为基本器件，有 DTL、TTL、ECL、HTL 等多种；单极型数字集成电路是以单极型晶体管作为基本器件，有 JFET、NMOS、PMOS、CMOS 四种。

二、数制和码制

1. 数制

1）十进制

数制与编码

在十进制中，每个数位规定使用的数码为 0，1，2，…，9，共 10 个，故其进位基数 R

117

为 10。其计数规则是"逢十进一";各位的权值为 10^i，i 是各数位的序号。

例如，十进数的展开表示如下：

$(5555)_{10} = 5 \times 10^3 + 5 \times 10^2 + 5 \times 10^1 + 5 \times 10^0$

$(209.04)_{10} = 2 \times 10^2 + 0 \times 10^1 + 9 \times 10^0 + 0 \times 10^{-1} + 4 \times 10^{-2}$

2）二进制数

二进制数的进位规则是"逢二进一";进位基数 $R = 2$；每位数码的取值只能是 0 或 1；各位的权值为 2^i，i 是各数位的序号。

例如，十进数的展开表示如下：

$(1011)_2 = 1 \times 2^3 + 0 \times 2^2 + 1 \times 2^1 + 1 \times 2^0$

$(101.01)_2 = 1 \times 2^2 + 0 \times 2^1 + 1 \times 2^0 + 0 \times 2^{-1} + 1 \times 2^{-2}$

可见，一个数若用二进制数表示要比相应的十进制数的位数长得多，但采用二进制数却有以下优点：

（1）因为它只有 0、1 两个数码，在数字电路中利用一个具有两个稳定状态且能相互转换的开关器件就可以表示一位二进制数，因此采用二进制数的电路容易实现，且工作稳定、可靠。

（2）算术运算规则简单。二进制数的算术运算和十进制数的算术运算规则基本相同，唯一区别在于二进制数是"逢二进一"及"借一当二"，而不是"逢十进一"及"借一当十"。例如：

```
    加法运算          减法运算          乘法运算              除法运算
    1101.01          1101.01          1101              101…商
  + 1001.11        - 1001.11        ×  110        101 ⟌ 11011
  ─────────        ─────────        ──────               101
    10111.00         0011.10          0000               ───
                                      1101                111
                                      1101                101
                                      ─────               ───
                                      1001110         10…余数
```

3）八进制

在八进制中，每个数位上规定使用的数码为 0，1，2，3，4，5，6，7，共 8 个，故其进位基数 R 为 8。其计数规则为"逢八进一";各位的权值为 8^i，i 是各数位的序号。

例如，八进制的展开表示如下：

$(207.04)_8 = 2 \times 8^2 + 0 \times 8^1 + 7 \times 8^0 + 0 \times 8^{-1} + 4 \times 8^{-2}$

（4）十六进制

在十六进制中，每个数位上规定使用的数码符号为 0，1，2，…，9，A，B，C，D，E，F，共 16 个，故其进位基数 R 为 16。其计数规则是"逢十六进一";各位的权值为 16^i，i 是各个数位的序号。

例如，十六进制的展开表示如下：

$(D8.A)_{16} = 13 \times 16^1 + 8 \times 16^0 + 10 \times 16^{-1}$

2. 数制之间的转换

1）二进制数转换成十进制数

二进制数转换成十进制数时，只要将二进制数按权展开，然后将各项数值按十进制数

相加，便可得到等值的十进制数。

例 5 - 1　求出二进制数 1 011 和 1 110.011 的十进制数。

解： $(1011)_2 = 1 \times 2^3 + 1 \times 2^1 + 1 \times 2^0 = 8 + 2 + 1 = (11)_{10}$

$(1110.011)_2 = 1 \times 2^3 + 1 \times 2^2 + 1 \times 2^1 + 1 \times 2^{-2} + 1 \times 2^{-3} = (14.375)_{10}$

2）十进制转换成二进制

（1）整数部分"除二取余法"。

例 5 - 2　求出十进制数 29 的二进制数。

解：

$$
\begin{array}{l}
\qquad\qquad\qquad\qquad 余数 \\
2 \mid 29 \qquad\qquad \cdots 1 \qquad\qquad 低位 \\
2 \mid 14 \qquad\qquad \cdots 0 \\
2 \mid 7 \qquad\qquad \cdots 1 \qquad\qquad\quad \uparrow \\
2 \mid 3 \qquad\qquad \cdots 1 \\
2 \mid 1 \qquad\qquad \cdots 1 \\
\quad 0 \qquad\qquad\qquad\qquad\qquad 高位
\end{array}
$$

结果为：$(29)_{10} = (11101)_2$。

（2）小数部分"乘二取整法"。

例 5 - 3　求出十进制数 0.312 5 的二进制数。

解：

$$
\begin{array}{l}
\qquad\qquad\qquad\qquad 余数 \\
0.312\ 5 \times 2 = 0.625 \qquad \cdots 0 \qquad\qquad 高 \\
0.625 \times 2 = 1.25 \qquad\quad \cdots 1 \qquad\qquad \downarrow \\
0.25 \times 2 = 0.5 \qquad\qquad \cdots 0 \\
0.5 \times 2 = 1.0 \qquad\qquad\quad \cdots 1 \qquad\qquad 低
\end{array}
$$

结果为：$(0.312\ 5)_{10} = (0.0101)_2$。

3）二进制数与八进制数、十六进制数之间的相互转换

八进制数和十六进制数的基数分别为 $8 = 2^3$，$16 = 2^4$，所以三位二进制数恰好相当于一位八进制数，四位二进制数相当于一位十六进制数，它们之间的转换是很方便的。

二进制数转换成八进制数的方法是从小数点开始，分别向左、向右，将二进制数按每三位一组分组（不足三位的补 0），然后写出每一组等值的八进制数。

例 5 - 4　求 $(01101111010.1011)_2$ 的等值八进制数。

解：二进制　001　101　111　010　.101　100

　　　　八进制　1　　5　　7　　2　　.5　　4

所以：$(01101111010.1011)_2 = (1\ 572.54)_8$。

二进制数转换成十六进制数的方法和二进制数与八进制数的转换相似，即从小数点开始分别向左、向右将二进制数按每四位一组分组（不足四位补 0），然后写出每一组等值的十六进制数。

例 5 - 5　求 $(01101111010.1011)_2$ 的等值十六进制数。

解：二进制 0011 0111 1010 .1011

十六进制 3 7 A .B

所以：$(01101111010.1011)_2 = (37A.B)_{16}$。

3. 码制

不同的数码不仅可以表示数量的大小，而且还能用来表示不同的事物。在后一种情况下，这些数码将不再表示数量大小的差别，而只是不同事物的代号而已。我们将这些数码称为代码。为便于记忆和查找，在编制代码时总要遵循一定的规则，这些规则就叫作码制。

1）二－十进制码（BCD 码）

二－十进制码是用二进制码元来表示十进制数符"0～9"的代码，简称 BCD 码，几种常用的 BCD 码如表 5－1 所示。若某种代码的每一位都有固定的"权值"，则称这种代码为有权代码；否则，叫无权代码。

2）8421 BCD 码

8421 BCD 码是最基本和最常用的一种 BCD 码，它与四位自然二进制码相似，各位的权值是 8、4、2、1，故称为有权 BCD 码。与四位自然二进制码不同的是，它只选用了四位二进制码中的前 10 组代码，即用 0000～1001 分别代表它所对应的十进制数，余下的六组代码不用。

3）5421 BCD 码和 2421 BCD 码

5421 BCD 码和 2421 BCD 码为有权 BCD 码，它们从高位到低位的权值分别为 5、4、2、1 和 2、4、2、1。这两种有权 BCD 码中，有的十进制数码存在两种加权方法，例如，5421 BCD 码中的数码 5，既可以用 1000 表示，也可以用 0101 表示；2421 BCD 码中的数码 6，既可以用 1100 表示，也可以用 0110 表示。这说明 5421 BCD 码和 2421 BCD 码的编码方案都不是唯一的，表 5－1 只列出了一种编码方案。

表 5－1 几种常用的 BCD 码

十进制数	8421 BCD 码	5421 BCD 码	2421 BCD 码	余 3 码	BCD Gray 码
0	0000	0000	0000	0011	0000
1	0001	0001	0001	0100	0001
2	0010	0010	0010	0101	0011
3	0011	0011	0011	0110	0010
4	0100	0100	0100	0111	0110
5	0101	1000	1011	1000	0111
6	0110	1001	1100	1001	0101
7	0111	1010	1101	1010	0100
8	1000	1011	1110	1011	1100
9	1001	1100	1111	1100	1000

表 5－1 中 2421 BCD 码的 10 个数码中，0 和 9、1 和 8、2 和 7、3 和 6、4 和 5 代码的对应位恰好一个是 0 时，另一个就是 1，我们称 0 和 9、1 和 8 互为反码。因此 2421 BCD 码具有对 9 互补的特点，它是一种对 9 的自补代码（即只要对某一组代码各位取反就可以得

到 9 的补码），在运算电路中使用比较方便。

4）余 3 码

余 3 码是 8421 BCD 码的每个码组加 0011 形成的，其中的 0 和 9、1 和 8、2 和 7、3 和 6、4 和 5，各对码组相加均为 1111，即它也是一种 9 的自补码，具有这种特性的代码称为自补代码。余 3 码各位无固定权值，故属于无权码。

若把一种 BCD 码转换成另一种 BCD 码，应先求出某种 BCD 码代表的十进制数，再将该十进制数转换成另一种 BCD 码。

若将任意进制数用 BCD 码表示，则应先将其转换成十进制数，再将该十进制数用 BCD 码表示。

任务二 逻辑代数及其应用

逻辑代数及其应用

任务目标

（1）熟知逻辑的基本概念以及基本逻辑运算。
（2）会用逻辑运算的基本法则和定律进行化简。
（3）掌握逻辑函数的表示方法与化简方法。
（4）会用真值表、函数式和逻辑图表示逻辑函数。
（5）会用卡诺图化简法对逻辑函数进行化简。

相关知识

数字电路实现的是逻辑关系。逻辑关系是指某事物的条件（或原因）与结果之间的关系。逻辑关系常用逻辑函数来描述。

事物往往存在两种对立的状态，在逻辑代数中可以抽象地表示为 0 和 1，称为逻辑 0 状态和逻辑 1 状态。逻辑代数是按一定的逻辑关系进行运算的代数，是分析和设计数字电路的数学工具。在逻辑代数中有与、或、非三种基本逻辑运算，还有与或、与非、与或非、异或几种导出逻辑运算。

一、基本逻辑运算

1. 与运算

当决定某一事件的全部条件都具备时，该事件才会发生，这样的因果关系称为与逻辑关系，简称与逻辑。

图 5-3 所示为一个简单与逻辑的电路，电源通过开关 A 和 B 向灯泡 Y 供电，只有 A 和 B 同时接通时，灯泡 Y 才亮；A 和 B 中只要有一个不接通或二者均不接通时，则灯泡 Y 不亮。其功能表如表 5-2 所示。因此，从这个电路中可总结出与运算的逻辑关系。

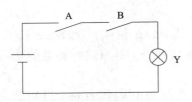

图 5 – 3　与逻辑电路

表 5 – 2　串联开关电路功能表

开关 A	开关 B	灯 Y
断开	断开	灭
断开	闭合	灭
闭合	断开	灭
闭合	闭合	亮

语句描述：只有当一件事情（灯 Y 亮）的几个条件（开关 A 与 B 都接通）全部具备之后，这件事情才会发生，这种关系称为与运算。

逻辑表达式：

$$Y = A \cdot B$$

式中　小圆点"·"——A、B 的与运算，又称逻辑乘，在不致引起混淆的前提下，乘号"·"常被省略。

真值表：开关 A、B 常断开用 0 表示，A、B 闭合用 1 表示，灯灭用 0 表示，灯亮用 1 表示，得到如表 5 – 3 所示的真值表描述。真值表左边列出的是所有变量的全部取值组合，右边列出的是对应于 A、B 变量的每种取值组合的输出。因为输入变量有两个，所以取值组合有 $2^2 = 4$ 种，对于 n 个变量，应该有 2^n 种取值组合。

逻辑符号：与运算的逻辑符号如图 5 – 4 所示，其中 A、B 为输入，Y 为输出。

表 5 – 3　与逻辑的真值表

A	B	Y
0	0	0
0	1	0
1	0	0
1	1	1

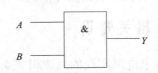

图 5 – 4　与逻辑的逻辑符号

2. 或运算

图 5 – 5 所示为一简单的或逻辑电路，电源通过开关 A 或 B 向灯泡供电。若开关 A 或 B 接通或二者均接通，则灯 Y 亮；而若 A 和 B 均不通，则灯 Y 不亮。其功能表如表 5 – 4 所示，由此可总结出或运算的逻辑关系。

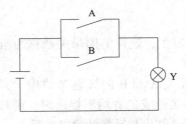

图 5 – 5　或逻辑电路

表 5 – 4　电路功能表

开关 A	开关 B	灯 Y
断开	断开	灭
断开	闭合	亮
闭合	断开	亮
闭合	闭合	亮

语句描述：当一件事情（灯 Y 亮）的几个条件（开关 A、B 接通）中只要有一个条件

得到满足时，这件事就会发生，这种关系称为或运算。

逻辑表达式：

$$Y = A + B$$

式中　符号"＋"——A、B 或运算，又称逻辑加。

真值表：同与运算一样，用 0、1 表示的或逻辑真值表如表 5－5 所示。

逻辑符号：或运算的逻辑符号如图 5－6 所示，其中 A、B 表示输入，Y 表示输出。

表 5－5　或逻辑真值表

A	B	Y
0	0	0
0	1	1
1	0	1
1	1	1

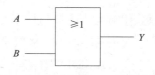

图 5－6　或逻辑的逻辑符号

3. 非运算

如图 5－7 所示，当开关 A 不通电时，灯 Y 亮；而当 A 通电时，灯 Y 不亮。其功能表如表 5－6 所示，由此可总结出非运算的逻辑关系。

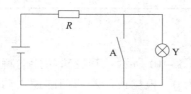

图 5－7　非逻辑电路

表 5－6　电路功能表

开关 A	灯 Y
断开	亮
闭合	灭

语句描述：当某一条件具备时，事情不会发生；而此条件不具备时，事情反而发生。这种逻辑关系称为非逻辑关系，简称非逻辑。

逻辑表达式描述：

$$Y = \overline{A}$$

式中　字母 A 上方的短划"－"——非运算。

真值表：若用 0 与 1 来表示开关和灯泡状态，则可得到表 5－7 所示的真值表，在此很容易理解，开关 A 断开用 0 表示，A 闭合用 1 表示，灯灭用 0 表示，灯亮用 1 表示。显然 Y 与 A 总是处于对立的逻辑状态。

逻辑符号：非运算逻辑符号如图 5－8 所示，在输出端用小圆圈表示非运算。

表 5－7　非逻辑的真值表

A	Y
0	1
1	0

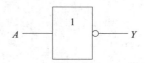

图 5－8　非逻辑的逻辑符号

二、复合逻辑运算

在数字系统中，除应用与、或、非三种基本逻辑运算之外，还广泛应用与、或、非的不同组合，最常见的复合逻辑运算有与非、或非、与或非、异或和同或等。

1. 与非

与非运算由与运算和非运算组合而成，如图 5 – 9 所示。根据与门和非门的逻辑功能，可以列出与非门逻辑关系真值表，如表 5 – 8 所示。其逻辑功能的特点是：当输入全为 1 时，输出为 0；只要输入有 0，输出就为 1。

逻辑表达式：
$$Y = \overline{ABC}$$

表 5 – 8　与非逻辑的真值表

A	B	C	Y
0	0	0	1
0	0	1	1
0	1	0	1
0	1	1	1
1	0	0	1
1	0	1	1
1	1	0	1
1	1	1	0

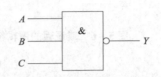

图 5 – 9　与非逻辑的逻辑符号

2. 或非

或非运算由或运算和非运算组合而成，如图 5 – 10 所示。其逻辑功能的特点是：当输入全为 0 时，输出为 1；只要输入有 1，输出就为 0。根据或门和非门的逻辑功能，可以列出或非门逻辑关系真值表，如表 5 –9 所示。

逻辑表达式：
$$Y = \overline{A + B + C}$$

表 5 –9　或非逻辑的真值表

A	B	C	Y
0	0	0	1
0	0	1	0
0	1	0	0
0	1	1	0
1	0	0	0
1	0	1	0
1	1	0	0
1	1	1	0

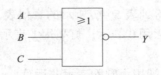

图 5 – 10　或非逻辑的逻辑符号

3. 与或非

把两个与门、一个或门和一个非门连接起来，就构成了与或非门。它有多个输入端、一个输出端，逻辑符号如图 5 – 11 所示。

逻辑表达式：

$$Y = \overline{AB + CD}$$

其真值表如表 5 – 10 所示。

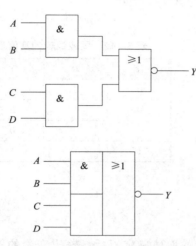

图 5 – 11　与或非逻辑的逻辑符号

表 5 – 10　与或非门真值表

输入	输出
A B C D	Y
0 0 0 0	1
0 0 0 1	1
0 0 1 0	1
0 0 1 1	0
0 1 0 0	1
0 1 0 1	1
0 1 1 0	1
0 1 1 1	0
1 0 0 0	1
1 0 0 1	1
1 0 1 0	1
1 0 1 1	0
1 1 0 0	0
1 1 0 1	0
1 1 1 0	0
1 1 1 1	0

与或非门的逻辑功能是：当任一组与门输入端全为高电平或所有输入端全为高电平时，输出为低电平；当任一组与门输入端有低平或所有输入端全为低电平时，输出为高电平。

4. 异或运算

异或是一种二变量逻辑运算，当两个变量取值相同时，逻辑函数值为 0；当两个变量取值不同时，逻辑函数值为 1。其逻辑符号如图 5 – 12 所示。

异或门的作用是：把两路信号进行比较，判断是否相同。当两路输入端信号不同，即一个为高电平、一个为低电平时，输出为高电平；反之当两个输出端信号相同，即为高电平或低电平时，输出为低电平。其真值表如表 5 – 11 所示。

异或的逻辑表达式：

$$Y = A \oplus B = A \cdot \overline{B} + \overline{A} \cdot B$$

式中　符号"$\oplus$"——异或运算。

表 5 – 11　异或逻辑的真值表

A	B	Y
0	0	0
0	1	1
1	0	1
1	1	0

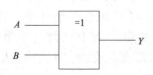

图 5 – 12　异或逻辑的逻辑符号

5. 同或运算

所谓同或运算，是指两个输入变量取值相同时输出为 1，取值不相同时输出为 0。其逻辑符号如图 5-13 所示，真值表如表 5-12 所示。

逻辑表达式：

$$Y = A \odot B = AB + \overline{A}\ \overline{B} = \overline{A \oplus B}$$

式中　符号"$\odot$"——同或运算。

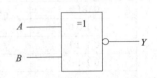

图 5-13　同或逻辑的逻辑符号

表 5-12　同或逻辑的真值表

A	B	Y
0	0	1
0	1	0
1	0	0
1	1	1

三、逻辑代数基础

1. 逻辑函数的表示方法

从各种逻辑关系中可以看到，当输入变量的取值确定以后，输出变量的取值也随之而定，因而输入和输出之间仍是一种函数关系，我们将这种函数称为逻辑函数，写作：

$$Y = F\ (A,\ B,\ C,\ \cdots)$$

任何一件具体事物的因果关系都可以用一个逻辑函数来描述。

逻辑函数常用三种方法表示，即逻辑状态表（也称真值表）、逻辑函数式、逻辑图，它们各有特点，互相联系，还可以相互转换。

1）真值表

真值表是根据给定的逻辑问题，把输入逻辑变量各种可能取值的组合和对应的输出函数值排列成的表格，它表示了逻辑函数与逻辑变量各种取值之间的一一对应关系。对于 n 个输入逻辑变量，共有 2^n 个不同的变量组合。

2）逻辑函数式

逻辑函数式是用与、或、非等基本运算来表示输入变量与输出之间的逻辑代数式。由真值表写出的逻辑函数式是标准的"与或"表达式。

3）逻辑图

逻辑图是用各种不同的逻辑门组成的具有某一逻辑功能的电路图。只要把逻辑函数式中各逻辑运算式用相应的逻辑门电路的符号代替，即可画出与逻辑函数相应的逻辑图。

例 5-6　有一 T 形走廊，在相会处有一路灯，在进入走廊的 A、B、C 三地均有控制开关，都能独立进行控制。任意闭合一个开关，灯亮；任意闭合两个开关，灯灭；三个开关同时闭合，灯亮。设 A、B、C 代表三个开关（输入变量）；Y 代表灯（输出变量）。

解：设开关闭合其状态为"1"，断开为"0"，灯亮状态为"1"，灯灭为"0"，列出表 5-13 所示的真值表。

表 5 – 13　逻辑真值表

A	B	C	Y
0	0	0	0
0	0	1	1
0	1	0	1
0	1	1	0
1	0	0	1
1	0	1	0
1	1	0	0
1	1	1	1

根据真值表，列出 $Y = 1$ 所有输入变量组合，并进行或运算，得出逻辑式：

$$Y = \overline{A}\,\overline{B}C + \overline{A}B\overline{C} + A\overline{B}\,\overline{C} + ABC$$

根据逻辑表达式，画出逻辑图，如图 5 – 14 所示。

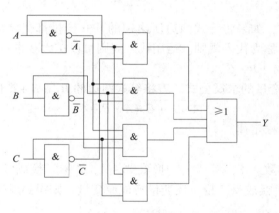

图 5 – 14　逻辑图

2. 逻辑代数的基本定律

逻辑代数的基本定律是化简和变换逻辑函数，以及分析和设计逻辑电路的基本工具。逻辑代数的基本定律如表 5 – 14 所示。

表 5 – 14　逻辑代数的基本定律

名称	公式1	公式2
0 – 1 律	$A \cdot 1 = A$ $A \cdot 0 = 0$	$A + 0 = A$ $A + 1 = 1$
互补律	$A \cdot \overline{A} = 0$	$A + \overline{A} = 1$
重叠律	$A \cdot A = A$	$A + A = A$
交换律	$AB = BA$	$A + B = B + A$
结合律	$A(BC) = (AB)C$	$A + (B + C) = (A + B) + C$
分配律	$A(B + C) = AB + AC$	$A + BC = (A + B)(A + C)$

名称	公式1	公式2
反演律	$\overline{AB} = \overline{A} + \overline{B}$	$\overline{A+B} = \overline{A}\,\overline{B}$
吸收律	$A(A+B) = A$ $A(\overline{A}+B) = AB$ $(A+B)(\overline{A}+C)(B+C) = (A+B)(\overline{A}+C)$	$A + AB = A$ $A + \overline{A}B = A + B$ $AB + \overline{A}C + BC = AB + \overline{A}C$
对合律	$\overline{\overline{A}} = A$	

例5－7 利用逻辑代数证明等式：$AB + \overline{A}C + \overline{B}C = AB + C$。

证明： $AB + \overline{A}C + \overline{B}C = AB + (\overline{A} + \overline{B})C = AB + \overline{AB}C = AB + C$

例5－8 应用逻辑代数化简等式：$A + A\overline{B}\,\overline{C} + \overline{A}CD + (\overline{C} + \overline{D})E$。

解： 原式可化为

$$A + A\overline{B}\,\overline{C} + \overline{A}CD + (\overline{C} + \overline{D})E = A + \overline{A}CD + \overline{CD}E = A + CD + \overline{CD}E = A + CD + E$$

3. 逻辑代数运算规则

1）代入规则

任何一个逻辑等式，如果将等式两边所出现的某一变量都代之以同一逻辑函数，则等式仍然成立，这个规则称为代入规则。运用代入规则可以扩大基本定律的运用范围。

证明： $\overline{A + B + C} = \overline{A} \cdot \overline{B} \cdot \overline{C}$。

$\overline{A + B} = \overline{A} \cdot \overline{B}$ 是两变量的求反公式，若将等式两边的 B 用 $B + C$ 代入便得到：

$$\overline{A + B + C} = \overline{A} \cdot \overline{B + C}$$

这样就得到三变量的摩根定律。

2）反演规则

对任何一个逻辑函数式 Y，将"·"换成"＋"，"＋"换成"·"，"0"换成"1"，"1"换成"0"，原变量换成反变量，反变量换成原变量，则得到原逻辑函数的反函数 $\overline{Y}$。

变换时注意：

（1）必须遵守"先括号，然后乘，最后加"的运算顺序。

（2）不属于单个变量上的反号应保留不变。

如： $Y = \overline{A} + \overline{B} + CD + 0$

又如： $Y = A + \overline{B + \overline{C} + \overline{D} + E}$

$$\overline{Y} = \overline{A} \cdot \overline{\overline{B} \cdot C \cdot \overline{\overline{D} \cdot E}}$$

$$\overline{Y} = \overline{A} \cdot (B + \overline{C} + \overline{\overline{D} + E})$$

3）对偶规则

对任何一个逻辑函数式 Y，将"·"换成"＋"，"＋"换成"·"，"0"换成"1"，"1"换成"0"，则得到原逻辑函数式的对偶式 Y'。

对偶规则：两个函数式相等，则它们的对偶式也相等。

变换时注意：

（1）变量不改变。

（2）不能改变原来的运算顺序。

如： $Y = A\overline{B} + A(C + 0)$

$$Y' = (A + \overline{B})(A + C \cdot 1)$$

四、逻辑函数的化简

由逻辑状态写出的逻辑式，以及由此而画出的逻辑图，往往比较复杂，如果经过化简，就可以少用元件，可靠性也因此而提高。

1. 应用逻辑代数运算法则化简

1）并项法

运用 $B + \overline{B} = 1$，将两项合并为一项，消去一个变量。

例 5-9　化简表达式：$Y = ABC + A\overline{B}C + A\overline{B}\,\overline{C} + AB\overline{C}$。

解： 　　$Y = ABC + A\overline{B}C + A\overline{B}\,\overline{C} + AB\overline{C} = AC(B + \overline{B}) + A\overline{C}(B + \overline{B}) = AC + A\overline{C}$

2）配项法

通过乘 $A + \overline{A} = 1$ 或加入零项 $A \cdot \overline{A} = 0$ 进行配项，然后再化简。

例 5-10　化简表达式：$Y = AB + \overline{A}\,\overline{C} + B\overline{C}$。

解： 　　　　$\begin{aligned} Y &= AB + \overline{A}\,\overline{C} + B\overline{C} = AB + \overline{A}\,\overline{C} + B\overline{C}(A + \overline{A}) \\ &= AB + AB\overline{C} + \overline{A}\,\overline{C} + \overline{A}B\overline{C} = AB + \overline{A}\,\overline{C} \end{aligned}$

3）加项法

应用 $ABC + ABC = ABC$，消去多余因子。

例 5-11　化简表达式：$Y = ABC + \overline{A}BC + A\overline{B}C$。

解： 　　　$Y = ABC + \overline{A}BC + A\overline{B}C = ABC + \overline{A}BC + A\overline{B}C + ABC = BC + AC$

（4）吸收法

运用 $A + AB = A$ 和 $AB + \overline{A}C + BC = AB + \overline{A}C$，消去多余的与项。

例 5-12　化简表达式：$Y = ABC + \overline{A}D + \overline{C}D + BD$。

解： 　　$\begin{aligned} Y &= ABC + \overline{A}D + \overline{C}D + BD = ABC + AD + CD + BD = ACB + \overline{AC} \cdot D + BD \\ &= ACB + \overline{AC}D = ABC + \overline{A}D + \overline{C}D \end{aligned}$

例 5-13　化简逻辑式：$Y = AD + A\overline{D} + AB + \overline{A}C + \overline{C}D + A\overline{B}EF$。

解： 　　$\begin{aligned} Y &= AD + A\overline{D} + AB + \overline{A}C + \overline{C}D + A\overline{B}EF = A + AB + \overline{A}C + \overline{C}D + A\overline{B}EF \\ &= A + \overline{A}C + \overline{C}D = A + C + \overline{C}D = A + C + D \end{aligned}$

例 5-14　化简逻辑式：$Y = AC + \overline{A}D + \overline{B}D + B\overline{C}$。

解： 　　$\begin{aligned} Y &= AC + \overline{A}D + \overline{B}D + B\overline{C} = AC + B\overline{C} + D(\overline{A} + \overline{B}) = AC + B\overline{C} + D\,\overline{AB} \\ &= AC + BC + AB + DAB = AC + B\overline{C} + AB + D = AC + B\overline{C} + D \end{aligned}$

2. 应用卡诺图化简

1）卡诺图

卡诺图，就是与变量的最小项对应的按一定规则排列的方格图，每一小方格填入一个最小项。

将 n 变量的 2^n 个最小项用 2^n 个小方格表示，并且使相邻最小项在几何位置上也相邻且循环相邻，这样排列得到的方格图称为 n 变量最小项卡诺图，简称为变量卡诺图。如：三个变量，有 8 种组合，最小项就是 8 个，卡诺图也相应有 8 个小方格。图 5-15 所示为二 ~ 五变量卡诺图。

在卡诺图的行和列分别标出变量及其状态。变量状态的次序是 00、01、11、10，而不是二进制递增的次序00、01、10、11。这样排列是为了使任意两个相邻最小项之间只有一个变量改变。

由图5-15可以看出，卡诺图具有以下特点：

（1）n 变量的卡诺图有 2^n 个方格，对应表示 2^n 个最小项，每当变量数增加一个，卡诺图的方格数就扩大一倍。

（2）卡诺图中任何几何位置相邻的两个最小项，在逻辑上都是相邻的。变量取值的顺序是按格雷码排列，保证了各相邻行（列）之间只有一个变量取值不同，从而保证画出来的最小项方格图具有这一重要特点。

A	0	1
	$\bar{A}$ m_0	A m_1

（a）

B \ A	0	1
0	$\bar{A}\bar{B}$ m_0	$A\bar{B}$ m_2
1	$\bar{A}B$ m_1	AB m_3

（b）

C \ AB	00	01	a 11	10
0	$\bar{A}\bar{B}\bar{C}$ m_0	$\bar{A}B\bar{C}$ m_2	$AB\bar{C}$ m_6	$A\bar{B}\bar{C}$ m_4
1	$\bar{A}\bar{B}C$ m_1	$\bar{A}BC$ m_3	ABC m_7	$A\bar{B}C$ m_5

a

（c）

CD \ AB	00	01	a 11	10
00	$\bar{A}\bar{B}\bar{C}\bar{D}$ m_0	$\bar{A}B\bar{C}\bar{D}$ m_4	$AB\bar{C}\bar{D}$ m_{12}	$A\bar{B}\bar{C}\bar{D}$ m_8
10	$\bar{A}\bar{B}\bar{C}D$ m_1	$\bar{A}B\bar{C}D$ m_5	$AB\bar{C}D$ m_{13}	$A\bar{B}\bar{C}D$ m_9
b 11	$\bar{A}\bar{B}CD$ m_3	$\bar{A}BCD$ m_7	$ABCD$ m_{15}	$A\bar{B}CD$ m_{11} b
10	$\bar{A}\bar{B}C\bar{D}$ m_2	$\bar{A}BC\bar{D}$ m_6	$ABC\bar{D}$ m_{14}	$A\bar{B}C\bar{D}$ m_{10}

a

（d）

DE \ ABC	000	001	011	010	p 110	111	101	100
00	m_0	m_4	m_{12}	m_8	m_{24}	m_{28}	m_{20}	m_{16}
01	m_1	m_5	m_{13}	m_9	m_{25}	m_{29}	m_{21}	m_{17}
11	m_3	m_7	m_{15}	m_{11}	m_{27}	m_{31}	m_{23}	m_{19}
10	m_2	m_6	m_{14}	m_{10}	m_{26}	m_{30}	m_{22}	m_{18}

p

（e）

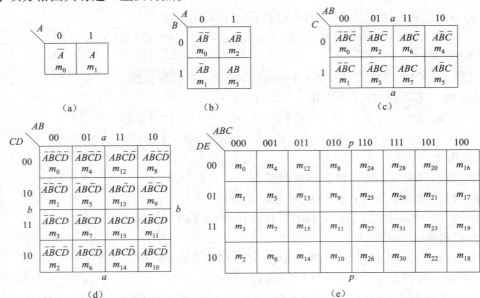

图5-15 二~五变量卡诺图

所谓几何相邻，一是相接，即紧挨着；二是相对，即任意一行或一列的两头；三是相重，即对折起来位置重合。

所谓逻辑相邻，是指除了一个变量不同外其余变量都相同的两个与项。

卡诺图的主要缺点是随着输入变量的增加图形迅速变复杂，相邻项不那么直观，因此常用来表示5个以下变量的逻辑函数。

2）用逻辑函数表示卡诺图

逻辑函数还可以用卡诺图表示。若将逻辑函数式化成最小项表达式，则可在相应变量的卡诺图中表示出此函数。如：

$$F = ABC + AB\bar{C} + A\bar{B}C + \bar{A}\,\bar{B}C = m_7 + m_6 + m_5 + m_1$$

在卡诺图相应的方格中填上1，其余填0，则上述函数可用卡诺图表示，如图5-16所示。如逻辑函数式是一般式，则应首先展开成最小项标准式。在实际中，一般函数式可直接用卡诺图表示。

C \ AB	00	01	11	10
0	0	0	1	0
1	1	0	1	1

图5-16 逻辑函数用卡诺图表示

例5-15 将 $F = B\bar{C} + \bar{C}D + \bar{B}CD + \bar{A}\,\bar{C}D + ABCD$ 用卡诺图表示。

解: 逐项用卡诺图表示,然后再合起来即可。

$B\bar{C}$:在 $B=1$、$C=0$ 所对应的方格(不管 A、D 取值)中填 1,得 m_4、m_5、m_{12}、m_{13}。

$C\bar{D}$:在 $C=1$、$D=0$ 所对应的方格中填 1,即 m_2、m_6、m_{10}、m_{14}。

$\bar{B}CD$:在 $B=0$、$C=D=1$ 对应方格中填 1,即 m_3、m_{11}。

$\bar{A}\,\bar{C}D$:在 $A=C=0$、$D=1$ 对应方格中填 1,即 m_1、m_5。

$ABCD$:即 m_{15}。

逻辑函数的卡诺图表示如图 5 – 17 所示。

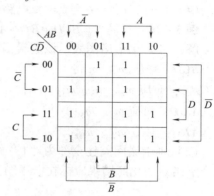

3)应用卡诺图化简逻辑函数

由于卡诺图两个相邻最小项中,只有一个变量取值不同,而其余的取值都相同。所以,合并相邻最小项,利用公式 $A+\bar{A}=1$,$AB+A\bar{B}=A$,可以消去一个或多个变量,从而使逻辑函数得到简化。

卡诺图中最小项合并的规律:

(1)2 个相邻项可合并为一项,消去一个取值不同的变量,保留相同变量;

图 5 – 17 逻辑函数的卡诺图表示

(2)4 个相邻项可合并为一项,消去两个取值不同的变量,保留相同变量,标注为 1→原变量,0→反变量;

(3)8 个相邻项可合并为一项,消去三个取值不同的变量,保留相同变量,标注与变量关系同上。

按上述规律,不难得 16 个相邻项合并的规律。这里需要指出的是:合并的规律是 2^n 个最小项的相邻项可合并,不满足 2^n 关系的最小项不可合并。如 2、4、8、16 个相邻项可合并,其他的均不能合并,而且相邻关系应是封闭的,如 m_0、m_1、m_3、m_2 四个最小项,m_0 与 m_1、m_1 与 m_3、m_3 与 m_2 均相邻,且 m_2 和 m_0 还相邻,这样的 2^n 个相邻的最小项可合并。而 m_0、m_1、m_3、m_7,由于 m_0 与 m_7 不相邻,因而这四个最小项不可合并为一项。如图 5 – 18 所示。

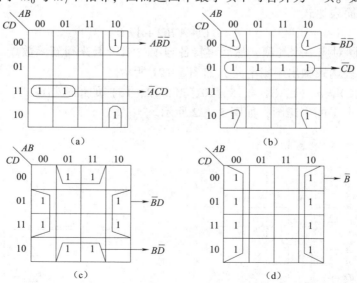

图 5 – 18 两个最小项合并规律

运用最小项标准式，在卡诺图上进行逻辑函数化简，得到的基本形式是与或逻辑。其步骤如下：

（1）将原始函数用卡诺图表示；

（2）根据最小项合并规律画卡诺圈，圈住全部为"1"的方格；

（3）将上述全部卡诺圈的结果，"或"起来即得化简后的新函数；

（4）由逻辑门电路组成逻辑电路图。

例 5 - 16 化简 $Y = \overline{B}CD + B\overline{C} + \overline{A}\,\overline{C}D + A\overline{B}C$。

解：（1）用卡诺图表示该逻辑函数，如图 5 - 19 所示。

$\overline{B}CD$：对应 m_3、m_{11}；

$B\overline{C}$：对应 m_4、m_5、m_{12}、m_{13}；

$\overline{A}\,\overline{C}D$：对应 m_1、m_5；

$A\overline{B}C$：对应 m_{10}、m_{11}。

（2）画卡诺圈圈住全部为"1"的方格，具体化简过程如图 5 - 20 所示。为便于检查，每个卡诺圈的化简结果应标在卡诺图上。

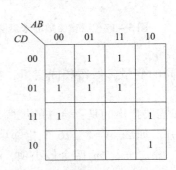

图 5 - 19　函数的卡诺图表示

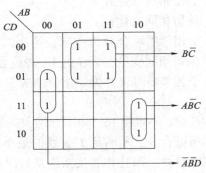

图 5 - 20　化简过程

（3）写出最简表达式。

$$Y = B\overline{C} + \overline{A}\,\overline{B}D + A\overline{B}C$$

每一个卡诺圈对应一个与项，然后再将各与项"或"起来得新函数。

（4）由最简表达式画出逻辑电路，如图 5 - 21 所示。

例 5 - 17 求 $Y = m$（1，3，4，5，10，11，12，13）的最简与或式。

解：（1）画出 Y 的卡诺图，如图 5 - 22 所示。

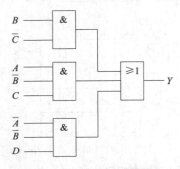

图 5 - 21　化简后的逻辑图

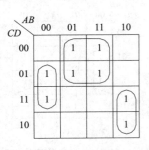

图 5 - 22　卡诺图

（2）画卡诺圈。按照最小项合并规律，将可以合并的最小项分别圈起来。

根据化简原则，应选择最少的卡诺圈和尽可能大的卡诺圈覆盖所有的"1"格。首先选择只有一种圈法的 $B\overline{C}$，剩下四个"1"格（m_1、m_3、m_{10}、m_{11}）用两个卡诺圈 $\overline{A}\,\overline{B}D$、$A\,\overline{B}C$ 覆盖。可见一共用三个卡诺圈即可覆盖全部 1 格。

（3）写出最简逻辑表达式。

$$Y = B\overline{C} + \overline{A}\,\overline{B}D + A\overline{B}C$$

例 5 – 18　求 $\overline{B}CD + \overline{A}B\overline{D} + \overline{B}\,\overline{C}\,\overline{D} + AB\overline{C} + ABCD$ 的最简与或式。

解：（1）画出 Y 的卡诺图。给出的 Y 为一般与或式，将每个与项所覆盖的最小项都填 1，卡诺图如图 5 – 23 所示。

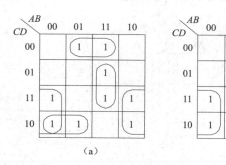

图 5 – 23　卡诺图

（2）画卡诺圈化简函数。

（3）写出最简与或式。

本例有两种圈法，都可以得到最简式。

按图 5 – 23（a）圈法：

$$Y = \overline{B}C + \overline{A}\,\overline{C}\,\overline{D} + B\overline{C}\,\overline{D} + ABD$$

按图 5 – 23（b）圈法：

$$Y = \overline{B}C + \overline{A}B\overline{D} + AB\overline{C} + ACD$$

例 5 – 19　化简 $Y = \sum m(0,2,5,6,7,8,9,10,11,14,15)$。

解：其卡诺图、化简过程及逻辑图如图 5 – 24（a）和图 5 – 24（b）所示。

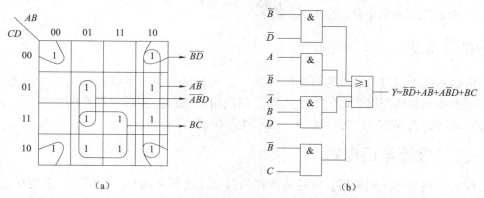

图 5 – 24　卡诺图、化简过程及逻辑图

化简函数为

$$Y = \overline{B}\,\overline{D} + A\overline{B} + \overline{A}BD + BC$$

在圈的过程中注意四个角 m_0、m_2、m_8、m_{10} 可以圈成四单元圈。

例 5 – 20 化简 $Y = \sum m(3,4,5,7,9,13,14,15)$。

解：化简过程如图 5 – 25（a）和图 5 – 25（b）所示，图 5 – 25（a）中出现了多余圈。 m_5、m_7、m_{13}、m_{15} 虽然可圈成四单元圈，但它的每一个最小项均被别的卡诺圈圈过，是多余圈，此时最佳结果应如图 5 – 25（b）所示。化简结果的逻辑电路图如图 5 – 25（c）所示，化简函数为：

$$Y = \overline{A}\,B\,\overline{C} + A\,\overline{C}\,D + ABC + \overline{A}\,CD$$

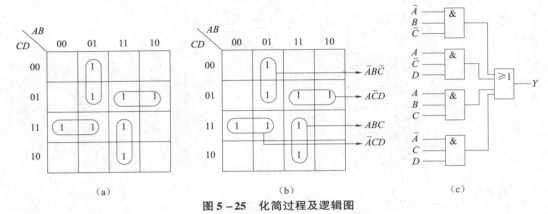

图 5 – 25 化简过程及逻辑图

任务三 门电路及应用

门电路及应用

任务目标

（1）知道晶体管的开关特性；掌握分立元件门电路的组成及工作原理。

（2）掌握 TTL、MOS 集成门电路的工作原理和特性。

（3）能识读集成门电路的引脚排列图。

相关知识

门电路的输入信号与输出信号之间存在一定的逻辑关系，所以门电路又称为逻辑门电路。实现基本和常用逻辑运算的电子电路，叫逻辑门电路，实现与运算的叫与门，实现或运算的叫或门，实现非运算的叫非门（也叫作反相器），等等。

一、二极管与门电路

与门是实现与运算的电路。电路逻辑符号及工作波形如图 5 – 26 所示，只要输入 A、B 当中有一个为低电平时，则其支路中二极管导通，使输出端 Y 为低电平；只有 A、B 全为高电平时，输出端 Y 才为高电平。

当 A、B、Y 为高电平时用逻辑 1 表示，低电平时则用逻辑 0 表示，其真值表如表 5 – 15 所示。

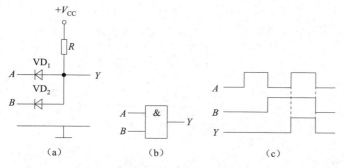

图 5 – 26　电路逻辑符号及工作波形
（a）电路；（b）逻辑符号；（c）工作波形

表 5 – 15　真值表

A	B	Y
0	0	0
0	1	0
1	0	0
1	1	1

逻辑表达式：

$$Y = A\,B$$

其逻辑功能是有"0"出"0"，全"1"出"1"。

二、二极管或门电路

或门是实现或运算的电路。电路、逻辑符号及工作波形如图 5 – 27 所示。输入 A、B 中只要有一个为高电平时，则其支路中二极管导通，使输出端 Y 为高电平；只有 A、B 全为低电平时，输出端 Y 才为低电平。

用逻辑 1 表示高电平，用逻辑 0 表示低电平，其真值表如表 5 – 16 所示。

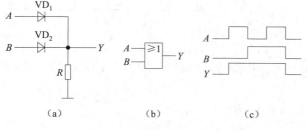

图 5 – 27　二极管与或门
（a）电路；（b）逻辑符号；（c）工作波形

表 5 – 16　真值表

A	B	Y
0	0	0
0	1	1
1	0	1
1	1	1

逻辑表达式：

$$Y = A + B$$

其逻辑功能是有"1"出"1"，全"0"出"0"。

三、三极管非门电路

非门是实现非运算的电路，电路及其逻辑符号如图 5 – 28 所示。当输入 A 为低电平时，三极管截止，输出 F 为高电平；当输入 A 为高电平时，三极管饱和，输出 F 为低电平。

逻辑表达式：

$$Y = \overline{A}$$

用逻辑 1 表示高电平，用逻辑 0 表示低电平，其真值表如表 5 – 17 所示。

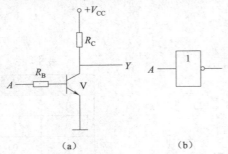

图 5 – 28　非门

（a）电路；（b）逻辑符号

表 5 – 17　真值表

A	Y
0	1
1	0

如果将二极管与门和反相器连接起来，就构成了如图 5 – 29 所示的与非门。

与非的逻辑表达式：

$$Y = \overline{AB}$$

其真值表如表 5 – 18 所示。

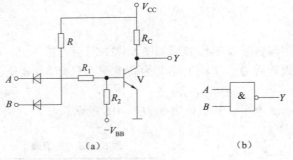

图 5 – 29　与非门

表 5 – 18　真值表

A	B	Y
0	0	1
0	1	1
1	0	1
1	1	0

同理，将二极管或门和反相器连接起来，就得到了如图 5 – 30 所示的或非门。

或非的逻辑表达式：

$$Y = \overline{A + B}$$

其真值表如表 5 – 19 所示。

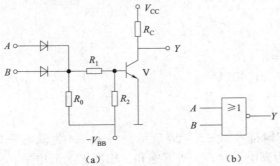

图 5 – 30　或非门

表 5 – 19　真值表

A	B	Y
0	0	1
0	1	0
1	0	0
1	1	0

四、TTL 与非门

1. TTL 与非门的工作原理

图 5 – 31 所示为与非门的典型电路。因为它的输入端和输出端都是三极管结构，故取名为三极管—三极管逻辑电路，简称 TTL 电路。

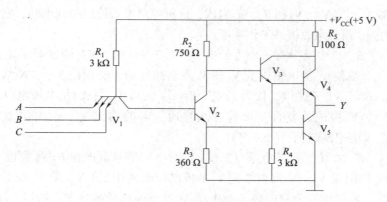

图 5 – 31　与非门的典型电路

电路由三部分组成：

（1）输入级由多发射极管 V_1 和电阻 R_1 组成，其作用是对输入变量 A、B、C 实现逻辑与，所以它相当一个与门。

多射极管 V_1 的结构如图 5 – 32（a）所示，其等效电路如 5 – 32（b）所示。设二极管 $VD_1 \sim VD_4$ 的正向管压降为 0.7 V，当输入信号 A、B、C 中有一个或一个以上为低电平

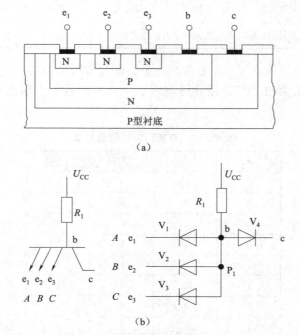

（a）

（b）

图 5 – 32　多射极晶体管的结构及其等效电路

（0.3 V）时，$U_{P1} = 1$ V，$U_c = 0.3$ V；当 A、B、C 全部为高电平（3.6 V）时，$U_{P1} = 4.3$ V，$U_c = 3.6$ V。可见，仅当所有输入都为高时，输出才为高；只要有一个输入为低，输出便是低，所以起到了与门的作用。

（2）中间级由 V_2、R_2、R_3 组成，在 V_2 的集电极与发射极分别可以得到两个相位相反的电压，以满足输出级的需要。

（3）输出级由 V_3、V_4、V_5 和 R_4、R_5 组成，这种电路形式称推拉式电路，它不仅输出阻抗低、带负载能力强，而且可以提高工作速度。

当输入端 A、B、C 中至少有一个为低电平（0.3 V）时，VT_1 的发射结正向导通，其基极电位 $U_{B1} = 1$ V。要使 V_1 集电结以及 V_2 和 V_5 发射结导通，必须使 3 个 PN 结正偏，即 VT_1 的基极电位 $U_{B1} = 2.1$ V。现在 U_{B1} 仅为 1 V，故 V_2、V_5 截止，它的集电极电位约等于电源电压 5 V，因此 V_3、V_4 构成的复合三极管必然导通，V_4 的输出端 Y 的电位 $U_{oH} = 5 - 0.7 - 0.7 = 3.6$（V），即输出高电平（3.6 V）。

当输入端 A、B、C 全部接高电平（3.6 V）时，V_1 的基极电位 U_{B1} 最高也不超过 2.1 V，因为此时 V_1 集电结以及 V_2、V_5 发射结把 V_1 基极电位限制在 2.1 V，故 V_1 处于倒置状态，集电极变为发射结，发射结变为集电极。而 V_2、V_5 处于饱和导通状态，所以 V_5 的输出端 Y 的电位 $U_{oL} = 0.3$ V，即输出低电平。

表 5-20 列出了在输入不同的情况下 TTL 与非门各管的状态。

表 5-20　TTL 与非门各管的状态

输入	VT_1	VT_2	VT_3	VT_4	VT_5	输出
至少一个低电平	深度饱和	截止	微饱和	导通	截止	高电平
全为高电平	倒置运用	饱和	微导通	截止	饱和	低电平
注意：倒置运用时晶体管发射结反偏，集电结正偏，电流放大倍数只有 0.05 左右						

数字电路中规定电压值大于 2.7 V 为高电平，即通常所认为的"1"；电压值小于 0.5 V 为低电平，即通常所认为的"0"。据此可将表 5-20 中的输入、输出情况列出真值表，如表 5-21 所示。

表 5-21　与非门的逻辑真值表

A	B	C	Y
0	0	0	1
0	0	1	1
0	1	0	1
0	1	1	1
1	0	0	1
1	0	1	1
1	1	0	1
1	1	1	0

根据真值表可以得到与非门电路的逻辑表达式为：$Y = \overline{ABC}$。

当输入端全部悬空或某一输入端悬空的效果与输入端接入逻辑高电平 1 相同时，即悬空相当于 1。实际电路中，虽然输入端悬空相当于逻辑 1，但易引入干扰，较好的办法是将悬空端直接接电源 V_{CC} 或把多余端与其他端并联使用。

2. 电压传输特性

电压传输特性是指输入从零逐渐增加到高电平时输出电压随输入电压变化的特性，通常用电压传输特性曲线来表示。TTL 与非门的电压传输特性测试电路及测试曲线如图 5 – 33 所示。曲线分为以下四段：

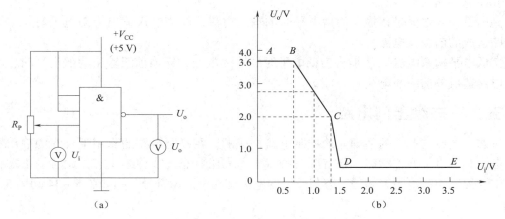

图 5 – 33　TTL 与非门的电压传输特性测试电路及测试曲线

（1）AB 段（截止段）。当输入电平 $U_i < 0.7$ V 时，VT_5 截止，VT_4 饱和，电路输出高电平。

（2）BC 段（线性区）。当 0.7 V $< U_i < 1.3$ V 时，VT_4 和 VT_5 有一管处于放大状态，输出电压随输入电压的增大而线性下降。

（3）CD 段（转折区）。线性区结束后，继续上升，输出电压突然下降到 0.3 V，实现高低电平转换。

（4）DE 段（饱和区）。此时输出电平不再变化，但是电路内部的变化仍在继续进行。在逻辑电路中，TTL 与非门通常工作于 AB 段（截止区）和 DE 段（饱和区）。

从电压传输特性可以得出以下几个重要参数：

①输出高电平 U_{oH} 和输出低电平 U_{oL}。

电压传输特性的截止区的输出电压 $U_{oH} = 3.6$ V，饱和区的输出电压 $U_{oL} = 0.3$ V。一般产品规定 $U_{oH} \geqslant 2.4$ V、$U_{oL} < 0.4$ V 时即为合格。

②阈值电压 U_T。

阈值电压也称门槛电压。电压传输特性上转折区中点所对应的输入电压 $U_T \approx 1.3$ V，可以将 U_T 看成与非门导通（输出低电平）和截止（输出高电平）的分界线。

③开门电平 U_{ON} 和关门电平 U_{OFF}。

开门电平 U_{ON} 是保证输出电平达到额定低电平（0.3 V）时，所允许输入高电平的最低值，即只有当 $U_I > U_{ON}$ 时，输出才为低电平。通常 $U_{ON} = 1.4$ V，一般产品规定 $U_{ON} \leqslant 1.8$ V。

关门电平 U_{OFF} 是保证输出电平为额定高电平（2.7 V 左右）时，允许输入低电平的最大值，即只有当 $U_I \leqslant U_{OFF}$ 时，输出才是高电平。通常 $U_{OFF} \approx 1$ V，一般产品要求 $U_{OFF} \geqslant$ 0.8 V。

④扇出系数 N。

扇出系数是指一个门电路能带同类门的最大数目，它表示门电路的带负载能力。一般 TTL 门电路 $N \geqslant 8$，功率驱动门电路的 N 可达 25。

⑤平均传输时间 t_{pd}。

平均传输时间是指电路导通传输延迟时间和截止传输延迟时间的平均值。

⑥高电平输入电流 I_{IH}。

高电平输入电流是指输入为高电平时的输入电流，即当前级输出为高电平时，本级输入电路造成的前级拉电流。

⑦低电平输入电流 I_{iL}：输入为低电平时的输入电流，即当前级输出为低电平时，本级输入电路造成的前级灌电流。

五、三态输出门电路

三态门是在与非门的基础上加控制电路构成的。在控制电路的作用下，它的输出不仅有高电平和低电平两种状态，还有第三种状态即高阻状态，或称禁止态，此时输出端相当于悬空。控制端高电平有效的三态与非门的电路结构和逻辑符号分别如图 5 – 34 和图 5 – 35 所示。

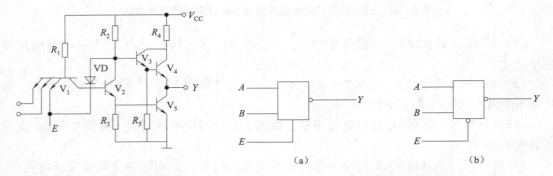

图 5 – 34　三态与非门的电路结构　　　图 5 – 35　三态与非门的逻辑符号

1. 三态门的工作原理

在图 5 – 35 中，三态门除了正常的两个数据输入端 A、B 之外，还有一个控制端 E，也称使能端。当 $E = 1$ 时，二极管 VD 不导通，输出状态完全由输入端 A、B 控制，即为正常的高电平或低电平；当 $E = 0$ 时，二极管 VD 导通，由于 E 还同时控制 V_1，所以 V_1 基极、V_3 基极都是低电平，致使 V_3、V_4、V_2、V_5 都截止，从输出端看过去，电路处于高阻状态。此电路 $E = 1$ 时，输出状态正常，称 E 高电平有效。

在图 5 – 35（b）中，电路的控制端 $E = 0$ 有效，在逻辑符号中以小圆圈表示低电平有效。其真值表如表 5 – 22 所示。

表 5 - 22 三态门的真值表

E	A	B	Y
1	×	×	高阻
0	0	0	1
0	0	1	1
0	1	0	1
0	1	1	0

2. 三态门的应用

1）用三态门接成总线结构

利用三态门向同一个总线 MN 上轮流传输信号，不至于互相干扰。其工作条件是：各个门的控制端 E 轮流为高电平，即在任何时间里只能有一个三态门处于工作状态，其余的门处于高阻状态。其电路如图 5 - 36 所示。

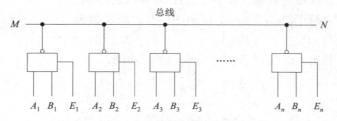

图 5 - 36 三态输出与非门的应用

2）用三态门实现数据的双向传递

在图 5 - 37 中，当 $E = 1$ 时，G_2 工作，G_1 处于高阻状态，数据 N 经 G_2 反向传送给 M；当 $E = 0$ 时，G_1 工作，G_2 处于高阻状态，数据 M 经 G_1 反向传送给 N。

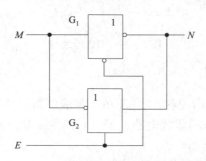

图 5 - 37 三态非门实现数据的双向传输

六、集电极开路门（OC 门）

集电极开路的与非门简称 OC 门。由于 OC 门内部的输出管集电极开路，因而 OC 门在工作时必须外加负载电阻 R_L 来实现其输出电平的变化。其逻辑图和逻辑符号如图 5 - 38 所示。

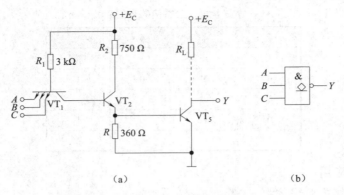

图 5 – 38   OC 门逻辑图和逻辑符号

(a) 逻辑图；(b) 逻辑符号

OC 门的结构特殊，VT_5 管集电极开路输出，并在输出端外接电阻 R_L，其电路不仅能实现与非功能，还能实现线与功能，扩展了 TTL 与非门的功能。

图 5 – 39 所示为两个 OC 门线与的逻辑图，其逻辑功能为

$$Y = \overline{A \cdot B} \cdot \overline{C \cdot D} = \overline{AB + CD}$$

由表达式可以看出，线与可以实现与或非逻辑功能。

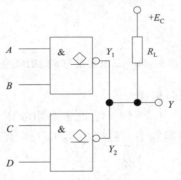

图 5 – 39   OC 门线与

七、MOS 门电路

MOS 场效应管集成电路具有制造工艺简单、集成度高、功耗低、抗干扰能力强等优点，所以发展很快，更便于向大规模集成电路发展。它的主要缺点是工作速度较低。

1. CMOS 反相器

利用 PMOS 管和 MNOS 管两者特性能相互补充的特点而做成的互补对称 MOS 反相器，简称 CMOS 反相器，如图 5 – 40 所示，它由两个增强型 MOS 场效应管组成，其中 V_1 为 NMOS 管，称驱动管；V_2 为 PMOS 管，称负载管。图 5 – 40 (b) 所示为 CMOS 反相器的简化电路。NMOS 管的栅源开启电压 U_{TN} 为正值，PMOS 管的栅源开启电压是负值，其数值为 2 ~ 5 V。为了使电路能正常工作，要求电源电压 $U_{DD} > (U_{TN} + | U_{TP} |)$。$U_{DD}$ 可在 3 ~ 18 V 之间工作，其适用范围较宽。

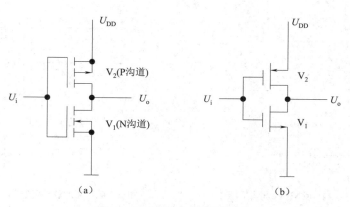

图 5 – 40　CMOS 反相器电路

当 $U_I = U_{IL} = 0$ V 时，$U_{GS1} = 0$，因此 V_1 管截止，而此时 $|U_{GS2}| > |U_{TP}|$，所以 V_2 导通，且导通内阻很低，所以 $U_o = U_{oH} \approx U_{DD}$，即输出为高电平。

当 $U_i = U_{iH} = U_{DD}$ 时，$U_{GS1} = U_{DD} > U_{TN}$，$V_1$ 导通，而 $U_{GS2} = 0 < |U_{TP}|$，因此 V_2 截止。此时 $U_o = U_{oL} \approx 0$，即输出为低电平。可见，CMOS 反相器实现了逻辑非的功能。

CMOS 反相器在工作时，由于在静态下 U_i 无论是高电平还是低电平，V_1 和 V_2 中总有一个截止，且截止时阻抗极高，流过 V_1 和 V_2 的静态电流很小，因此 CMOS 反相器的静态功耗非常低，这是 CMOS 电路最突出的优点。

从以上分析可以看出，CMOS 电路有以下特点：

（1）静态功耗低。CMOS 反相器稳定工作时总是有一个 MOS 管处于截止状态，流过的电流为极小的漏电流，因而静态功耗很低，有利于提高集成度。

（2）抗干扰能力强。由于其阈值电压 $U_T = 1/2 U_{DD}$，在输入信号变化时，过渡区变化陡峭，所以低电平噪声容限和高电平噪声容限近似相等，约为 $0.45 U_{DD}$。同时，为了提高 CMOS 门电路的抗干扰能力，还可以通过适当提高 U_{DD} 的方法来实现。这在 TTL 电路中是办不到的。

（3）电源电压工作范围宽，电源利用率高。标准 CMOS 电路的电源电压范围很宽，可在 $3 \sim 18$ V 范围内工作，当电源电压变化时，与电压传输特性有关的参数基本上都与电源电压呈线性关系。CMOS 反相器的输出电压摆幅大，$U_{oH} = U_{DD}$，$U_{oL} = 0$ V，因此电源利用率很高。

CMOS 非门传输延迟较大，且它们均与电源电压有关。电源电压越高，CMOS 电路的传输延迟越小，功耗越大。

2. CMOS 逻辑门

在 CMOS 反相器的基础上可以构成各种 CMOS 逻辑门。图 5 – 41 所示为 CMOS 与非门电路，它由四个 MOS 管组成。V_1、V_2 为两只串联的 NMOS 管，V_3、V_4 为两只并联的 PMOS 管。当输入 A、B 中有一个或者两个均为低电平时，V_1、V_2 中有一个或两个截止，输出 U_o 总为高电平。只有当 A、B 均为高电平输入时，输出 U_o（Y）才为低电平。设高电平为逻辑 1，低电平为逻辑 0，则输出 Y 和输入 A、B 之间是与非关系：$Y = \overline{AB}$。图 5 – 42 所示为 CMOS 或非门。

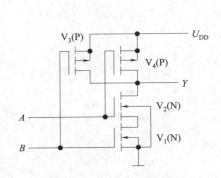 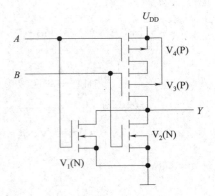

图 5 – 41　CMOS 与非门电路　　　　图 5 – 42　CMOS 或非门

3. CMOS 传输门

CMOS 传输门是一个由传输信号控制的开关。如图 5 – 43 所示，CMOS 传输门是由一个增强型 NMOS 管 VT_1 和一个增强型 PMOS 管 VT_2 并接而成。

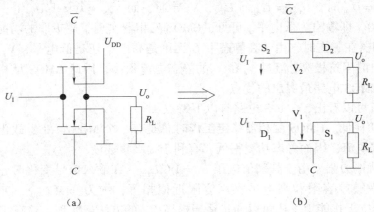

（a）　　　　　　　　　　　　（b）

图 5 – 43　CMOS 传输门
（a）电路结构；（b）逻辑符号

CMOS 传输门的工作原理如图 5 – 44 所示。当在控制端 C 加 0 V、在 $\overline{C}$ 端加 U_{DD} 时，只要输入信号的变化范围不超出 $0 \sim U_{DD}$，则 V_1 和 V_2 同时截止，输入与输出之间呈高阻态（ $>10^9$ Ω），传输门截止。反之，若 C 端电压为 U_{DD}，$\overline{C}$ 端为 0 V，而且 R_L 为远大于 V_1、V_2 的导通电阻，则当 $0 < U_i < U_{DD} - U_{TN}$ 时 V_1 将导通，而当 $|U_{TP}| < U_i < U_{DD}$ 时 V_2 导通。因此，U_i 在 $0 \sim U_{DD}$ 之间变化时，V_1 和 V_2 至少有一个是导通的，使 U_i 与 U_o 两端之间呈低阻态（小于 1 kΩ），传输门导通。

由于 V_1、V_2 管的结构形式是对称的，即漏极和源极可互换使用，因而 CMOS 传输门属于双向器件，它的输入端和输出端也可以互易使用。

传输门的一个重要用途是作模拟开关，它可以用来传输连续变化的模拟电压信号。模拟开关的基本电路由 CMOS 传输门和一个 CMOS 反相器组成，如图 5 – 45 所示。当 $C = 1$ 时，开关接通；当 $C = 0$ 时，开关断开。因此只要一个控制电压即可工作。与 CMOS 传输门一样，模拟开关也是双向器件。

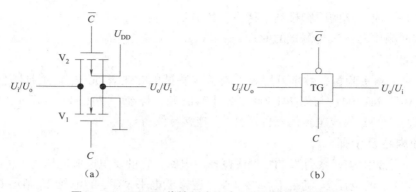

图 5 – 44　CMOS 传输门中两个 MOS 管的工作状态

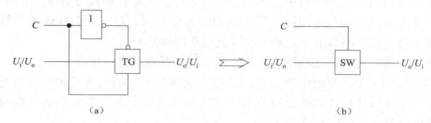

图 5 – 45　CMOS 双向模拟开关

（a）电路结构；（b）逻辑符号

除了 TTL 和 CMOS 门电路之外，还有其他几种常用的门电路，其性能见表 5 – 23。

表 5 – 23　常用的门电路性能

类型	优点	缺点	适应场合
TTL	功耗低，高速	对电源变化敏感（5 ± 0.5 V），抗干扰能力一般	中、小规模集成电路，高速信号处理和许多接口应用
CMOS	功耗极低，集成度高，电源适应范围广（3 ~ 18 V），抗干扰能力强	速度不够高，对静电破坏敏感	中、小规模集成电路，微型计算机和自动仪器仪表
ECL	速度快，负载能力强	抗干扰能力差，功耗大	中、小规模集成电路，用在高速、超高速的数字系统和设备当中
I2L	集成度高，功耗低	输出电压幅度小，抗干扰能力差，开关速度较低	数字系统如单片机、大规模逻辑阵列、存储器等

技能训练　逻辑门电路的测试

1. 实训目的

（1）了解各种集成逻辑门电路的逻辑符号。

（2）测试常用 TTL 集成逻辑门电路的逻辑功能。

（3）了解集成电路的引脚排列规律及使用方法。

（4）掌握测试的方法与测试的原理。

2. 实训器材

数字逻辑电路实验箱，数字万用表 1 块，需测试的 TTL 集成逻辑门器件（包括与非门 74LS00、反相器 74LS04、与门 74LS08、或门 74LS32、异或门 74LS86 等芯片，可根据需要增加不同类型的 TTL 集成逻辑门器件芯片），连接导线等。

3. 实训内容及步骤

实验中选用常用 74LS 系列的 TTL 集成逻辑门电路，它的供电电源电压为 5（1 ± 10%）V，逻辑高电平"1"的电压 U_G 满足 $U_G \geq 2.4$ V，逻辑低电平"0"的电压 U_D 满足 $U_D \leq 0.4$ V。

测试步骤：

（1）在数字逻辑电路实验箱中插入要测试的芯片，注意管脚数与实验板上所标数对应。

（2）按照芯片的管脚分布图接入实验箱的输入信号端，将芯片对应的输出端接到实验箱的输出显示端（注意高低电平的输入和高低电平的显示）。

（3）将芯片的电源端与接地端连接好。注意：必须在断电的情况下连接。

（4）检查连接无误后接通电源，输入信号，观察在不同的输入逻辑组合情况下，输出的逻辑状态，并对照电平显示单元的逻辑功能显示填入真值表，判断测试的集成逻辑门器件完成的逻辑功能。

（5）用数字万用表测量所测试芯片输入、输出电压的大小。

（6）将测试结果分别用入表 5 - 24 ~ 表 5 - 28 中。

图 5 - 46 ~ 图 5 - 50 所示为需测试的逻辑门电路芯片。

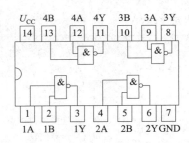

图 5 - 46　2 输入与非门 74LS00 引脚图

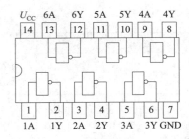

图 5 - 47　非门 74LS04 引脚图

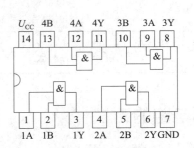

图 5 - 48　2 输入与门 74LS08 引脚图

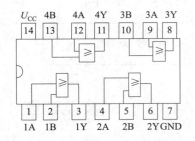

图 5 - 49　非门 74LS04 引脚图

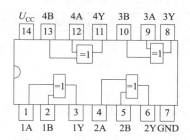

图 5 –50 异或门 74LS86 引脚图

4. 实训数据

在表 5 –24 ~ 表 5 –28 中填写实训数据。

表 5 – 24 74LS00 的逻辑功能

输入状态		输出状态（0 或 1）	逻辑功能
A	B	Y	
0	0		
0	1		
1	0		
1	1		
0	悬空		
1	悬空		
悬空	0		
悬空	1		
悬空	悬空		

表 5 – 25 4LS04 的逻辑功能

输入状态	输出状态（0 或 1）	逻辑功能
A	Y	
0		
1		
悬空		

表 5－26　74LS08 的逻辑功能

输入状态		输出状态（0 或 1）	逻辑功能
A	B	Y	
0	0		
0	1		
1	0		
1	1		
0	悬空		
1	悬空		
悬空	0		
悬空	1		
悬空	悬空		

表 5－27　74LS32 的逻辑功能

输入状态		输出状态（0 或 1）	逻辑功能
A	B	Y	
0	0		
0	1		
1	0		
1	1		
0	悬空		
1	悬空		
悬空	0		
悬空	1		
悬空	悬空		

表 5－28　74LS86 的逻辑功能

输入状态		输出状态（0 或 1）	逻辑功能
A	B	Y	
0	0		
0	1		
1	0		
1	1		
0	悬空		
1	悬空		
悬空	0		
悬空	1		
悬空	悬空		

5. 实训问题与思考

（1）根据实训结果，说明各集成门电路的逻辑功能。

（2）根据测试结果，总结 TTL 门电路输入端悬空相当于接何种电平。

（3）实训中遇到了哪些问题？如何解决？

自我评测

一、填空题

1. 在时间和数值上均作连续变化的电信号称为_____信号；在时间和数值上离散的信号叫作_____信号。

2. 在数字电路中，输入信号和输出信号之间的关系是_____关系，所以数字电路也称为逻辑电路。在_____关系中，最基本的关系是_____、_____和_____关系，对应的电路称为_____门、_____门和_____门。

3. 二进制数 $(1101)_2$ 转化为十进制数为_____，将十进制数 28 用 8421BCD 码表示，应写为_____。十六进制数 3AD 转化为十进制数为_____。

4. 三态门除了_____态、_____态外，还有第三种状态_____态。

5. 卡诺图是将代表_____的小方格按_____原则排列而构成的方块图。卡诺图的画图规则：任意两个几何位置相邻的_____之间，只允许_____的取值不同。

6. 使用_____门可以实现总线结构；使用_____门可实现"线与"逻辑。

7. 一般 TTL 门和 CMOS 门相比，_____门的带负载能力强，_____门的抗干扰能力强。

8. 当逻辑电路的工作频率较低时，可选用_____集成电路；当逻辑电路的工作频率较高时，建议选用_____电路。

二、选择题

1. 逻辑函数中的逻辑"与"和它对应的逻辑代数运算关系为（　　）。

A. 逻辑加　　　　　　B. 逻辑乘　　　　　　C. 逻辑非　　　　　　D. 逻辑或

2. 十进制数 100 对应的二进制数为（　　）。

A. 1011110　　　　　　　　　　　　　B. 1100010

C. 1100100　　　　　　　　　　　　　D. 11000100

3. 等于 $(58.7)_{10}$ 的 8421 BCD 码是（　　）。

A. $(0110110.101)_{8421}$　　　　　　　　B. $(0011110.1100)_{8421}$

C. $(01011000.0111)_{8421}$　　　　　　　D. $(0011001.0111)_{8421}$

4. 在逻辑运算中，只有两种逻辑取值，它们是（　　）。

A. 0 V 和 5 V　　　　B. 正电位和负电位　　　C. 正电位和地电位　　D. 0 和 1

5. 与逻辑式 $\overline{AB}$ 表示不同逻辑关系的逻辑式是（　　）。

A. $\overline{A}+\overline{B}$　　　　　　B. $\overline{A}\cdot\overline{B}$　　　　　　C. $\overline{A}\cdot B+\overline{B}$　　　　　　D. $A\overline{B}+\overline{A}$

6. 十进制数 25 用 8421 BCD 码表示为（　　）。

A. 10101　　　　　　　　　　　　　B. 00100101

C. 100101　　　　　　　　　　　　　D. 10101

7. 在一个 8 位的存储单元中，能够存储的最大无符号整数是 （　　　）。

A. $(256)_{10}$　　　　　　　B. $(127)_{10}$　　　　　　　C. $(FF)_{16}$　　　　　　　D. $(255)_{10}$

8. 一位十六进制数可以用 （　　） 位二进制数来表示。

A. 1　　　　　　　　　　B. 2　　　　　　　　　　C. 4　　　　　　　　　　D. 16

三、判断题

1. 负逻辑规定：逻辑 1 代表低电平，逻辑 0 代表高电平。　　　　　　　　　（　　）

2. 用 4 位二进制编码来表示 1 位十进制数的编码称为 BCD 码。　　　　　　（　　）

3. 在非门电路中，输入为高电平时，输出为低电平。　　　　　　　　　　　（　　）

4. 与运算中，输入信号与输出信号的关系是"有 1 出 1，全 0 出 0"。　　　（　　）

5. 逻辑代数式 $A + 1 = 1$。　　　　　　　　　　　　　　　　　　　　　　（　　）

6. 或逻辑关系是"有 0 出 0，全 1 出 1"。　　　　　　　　　　　　　　　（　　）

7. 将二进制数 $(110100)_2$ 转换成十进制数是 $(68)_{10}$。　　　　　　　　　（　　）

8. 逻辑函数的常用表达方法有逻辑函数表达式、真值表、逻辑电路图等方法。（　　）

四、综合题

1. 将下列十进制数转换为二进制数、八进制数、十六进制数和 8421 BCD 码（要求转换误差不大于 2^{-4}）：

（1）43　　　　　（2）127　　　　　（3）254.25　　　　　（4）2.718

2. 用逻辑代数证明下列不等式：

（1）$A\bar{B} + BD + \bar{A}D + DC = A\bar{B} + D$

（2）$ABC + \bar{A}\,\bar{B}\,\bar{C} = \overline{A\bar{B} + B\bar{C} + C\bar{A}}$

（3）$\overline{AB + \bar{A}\,\bar{B} + \overline{AB} + \overline{\bar{A}B}} = A\bar{B} + ABC + A\,(\bar{B} + A\bar{B})$

（4）$A \oplus B \oplus C = A \odot B \odot C$。

3. 用代数法化简下列等式。

（1）$Y = (A + \bar{B})\,C + \bar{A}B$

（2）$Y = A\bar{C} + \bar{A}B + BC$

（3）$Y = \bar{A}BC + \bar{A}BC + AB\bar{C} + \bar{A}\,\bar{B}\,C + ABC$

（4）$Y = A\bar{B} + B\bar{C}D + \bar{C}\,\bar{D} + AB\bar{C} + A\bar{C}D$

4. 用卡诺图法化简下列各式。

（1）$Y = \overline{(A + D)\,(B + C)}$

（2）$Y = A\bar{B}C + AB\bar{C} + \bar{A}C$

（3）$Y(A,B,C) = \sum m(0,1,2,3,4) + \sum d(5,7)$

（4）$Y(A,B,C,D) = \sum m(1,4,5,6,12,13)$

5. 图 5 - 51 所示为 U_A、U_B 两输入端门的输入波形，试画出对应下列门的输出波形。

（1）与门；（2）与非门；（3）或非门；（4）异或门。

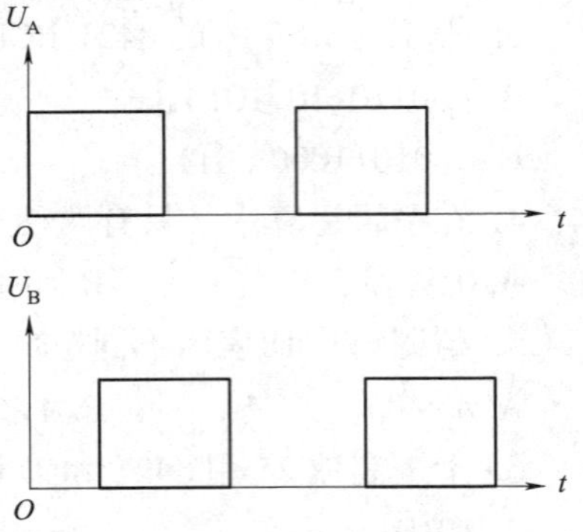

图 5 - 51　习题四 - 5 图

6. 写出图 5-52 所示逻辑电路的逻辑函数表达式和真值表。

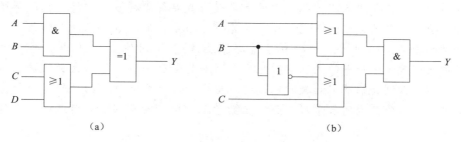

（a）　　　　　　　　　　　　　　　（b）

图 5-52　习题四-6 图

7. 画出实现逻辑函数 $F = AB + A\overline{B}C + \overline{A}C$ 的逻辑电路。

 **质 量 评 价**

项目五　质量评价标准

评价项目	评价指标	评价标准	评价结果			
			优	良	合格	差
数制与编码	理论知识	数制与编码知识掌握情况				
	技能水平	会数制之间的转换				
逻辑代数及其应用	理论知识	逻辑代数知识掌握情况				
	技能水平	1. 学会用逻辑代数化简方法				
		2. 会用卡诺图对逻辑函数进行化简				
门电路及应用	理论知识	门电路知识掌握情况				
	技能水平	1. TTL、MOS 集成门电路工作原理、特性				
		2. 能识读集成门电路的引脚排列图				
总评	评判	优	良	合格	差	总评得分	
		85~100	75~84	60~74	≤59		

课 后 阅 读

1835 年，20 岁的乔治·布尔开办了一所私人授课学校。为了给学生们开设必要的数学课程，他兴趣浓厚地读起了当时一些介绍数学知识的教科书。不久，他就感到惊讶，这些东西就是这数学吗？实在令人难以置信。于是，这位只受过初步数学教育的青年自学了艰深的《天体力学》和很抽象的《分析力学》。由于他对代数关系的对称和美有很强的感觉，故在孤独的研究中，他首先发现了不变量，并把这一成果写成论文发表。这篇高质量的论文发表后，布尔仍然留在小学教书，但他开始和许多一流的英国数学家交往或通信，其中有数学家、逻辑学家德·摩根。摩根在 19 世纪前半叶卷入了一场著名的争论，布尔知道摩根是对的，于是在 1848 年出版了一本薄薄的小册子来为朋友辩护。这本书是他 6 年后更伟大的东西的预告，它一问世，立即激起了摩根的赞扬，肯定他开辟了新的、棘手的研究科目。布尔此时已经在研究逻辑代数，即布尔代数。他把逻辑简化成极为容易和简单的一种代数。在这种代数中，适当的材料上的"推理"成了公式的初等运算的事情，这些公式比过去在中学代数第二年级课程中所运用的大多数公式要简单得多。这样，就使得逻辑本身受数学的支配。为了使自己的研究工作趋于完善，布尔在此后6年的漫长时间里，又付出了不同寻常的努力。1854年，他发表了《思维规律》，当时他已经39岁，布尔代数问世了，数学史上树起了一座新的里程碑。几乎像所有的新生一样，布尔代数被提出后没有受到人们的重视。欧洲大陆著名的数学家蔑视地称它为没有数学意义的、哲学上稀奇古怪的东西，他们怀疑英伦岛国的数学家是否能在数学上做出独特贡献。布尔在他的杰作出版后不久就去世了。

布尔代数影响深远，是现在计算机类学科必修的知识。所有数字芯片，从设计到生产，每一个环节都离不开布尔代数。

项目六

组合逻辑电路的应用

项目描述

组合逻辑电路是指在任何时刻的输出状态仅仅取决于该时刻的输入状态，而与该时刻前的电路状态无关的逻辑电路。常用的中规模组合逻辑电路有编码器、译码器、数据选择器、加法器等，它们不仅是计算机中的基本逻辑部件，而且也常常应用于其他数字系统中。因此，对于从事电子与信息技术及其相关行业的工程技术人员，应该具备集成门电路和组合逻辑电路的应用技能。

知识目标

（1）掌握组合逻辑电路的分析和设计；掌握常用中规模集成组合逻辑器件的逻辑功能和使用方法。

（2）掌握常用组合逻辑电路的工作原理及应用；掌握常用中规模集成组合逻辑器件的逻辑功能和使用方法。

能力目标

（1）会分析组合逻辑电路的逻辑功能；初步具有设计简单组合逻辑电路的能力。

（2）会分析和测试集成组合逻辑器件的逻辑功能；学会集成组合逻辑器件的使用方法和典型应用。

知识导图

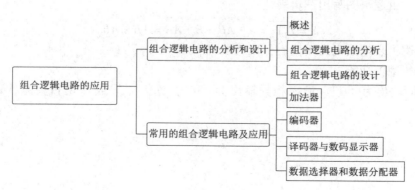

任务一　组合逻辑电路的分析和设计

组合逻辑电路的
分析和设计

任务目标

（1）学会组合逻辑电路的分析和设计。
（2）掌握常用中规模集成组合逻辑器件的逻辑功能和使用方法。
（3）初步具有设计简单组合逻辑电路的能力。

相关知识

一、概述

根据逻辑功能的不同特点，我们把数字电路分成两大类，一类叫作组合逻辑电路（简称组合电路），另一类叫作时序逻辑电路（简称时序电路）。

组合逻辑电路：任何时刻电路的输出状态只取决于该时刻的输入状态，而与该时刻以前的电路状态无关。它没有存储和记忆作用。

时序逻辑电路：指任何时刻的输出不仅取决于该时刻输入信号的组合，而且与电路原有的状态有关的电路。

组合电路的描述方法主要有逻辑表达式、真值表、卡诺图和逻辑图等。

二、组合逻辑电路的分析

所谓逻辑电路的分析，就是找出给定逻辑电路输出和输入之间的逻辑关系，并指出电路的逻辑功能。其分析过程一般按以下步骤进行：

（1）根据给定的逻辑电路图，逐级推导出输出端的逻辑表达式；
（2）运用逻辑代数获得卡诺图对逻辑表达式进行化简；
（3）根据输出函数表达式列出输出函数真值表；
（4）用文字概括真值表描述的逻辑功能。

例 6 – 1　分析如图 6 – 1 所示组合逻辑电路的逻辑功能。

解：（1）由逻辑图写出逻辑表达式。

$$Y = \overline{\overline{Y_2}\,\overline{Y_3}} = \overline{\overline{A \cdot \overline{AB}} \cdot \overline{B \cdot \overline{AB}}} = A\overline{B} + \overline{A}B$$

（2）由逻辑表达式列出真值表，见表 6 – 1。

（3）分析逻辑功能。

输入相同输出为"0"，输入相异输出为"1"，称为"异或"逻辑关系，这种电路称"异或"门。

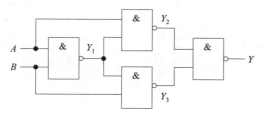

图6-1 组合逻辑电路

表6-1 真值表

A	B	Y
0	0	0
0	1	1
1	0	1
1	1	0

三、组合逻辑电路设计

组合逻辑电路的设计是组合逻辑电路分析的逆过程，它是根据给定的实际逻辑功能要求，设计出最简单的逻辑电路图，即按已知逻辑要求画出逻辑图。其设计步骤如下：

（1）根据对电路逻辑功能的要求，列出真值表。

（2）由真值表写出逻辑表达式。

（3）对各逻辑表达式进行变换或化简。

（4）根据变换或化简的逻辑表达式画出逻辑电路。

例6-2 设计三人表决电路（A、B、C）。每人一个按键，如果同意则按下，不同意则不按。结果用指示灯表示，多数同意时指示灯亮，否则不亮。

解：（1）分析设计要求，列出真值表，如表6-2所示。三个按键按下时为"1"，不按时为"0"。输出量为Y，多数赞成时是"1"，否则是"0"。

（2）由真值表写出逻辑表达式。

$$Y = \overline{A}BC + A\overline{B}C + AB\overline{C} + ABC$$

（3）化简逻辑表达式，如图6-2所示。

$$Y = AB + BC + CA$$

表6-2 真值表

A	B	C	Y
0	0	0	0
0	0	1	0
0	1	0	0
0	1	1	1
1	0	0	0
1	0	1	1
1	1	0	1
1	1	1	1

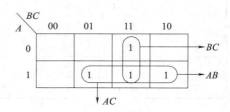

图6-2 化简逻辑表达式

（4）由逻辑表达式画出逻辑图，如图6-3所示。

此外，也可以由与非门逻辑电路来实现该电路功能，图6-4所示为相应逻辑图。

$$Y = \overline{\overline{AC + AB + BC}} = \overline{\overline{AC} + \overline{AB} + \overline{BC}} = \overline{\overline{AC} \cdot \overline{AB} \cdot \overline{BC}}$$

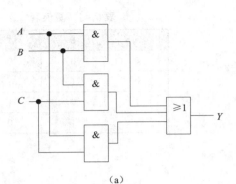

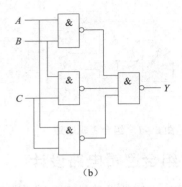

（a）

（b）

图 6 – 3 例 6 – 2 的逻辑图 1   图 6 – 4 例 6 – 2 的逻辑图 2

例 6 – 3 用与非门设计一个举重裁判表决电路。设举重比赛有 3 个裁判，一个主裁判和两个副裁判。杠铃完全举上的裁决由每一个裁判按一下自己面前的按钮来确定。只有当两个或两个以上裁判判明成功，并且其中有一个为主裁判时，表明成功的灯才亮。

解：设主裁判为变量 A，副裁判分别为 B 和 C，表示成功与否的灯为 Y，根据逻辑要求列出真值表。

（1）分析设计要求，列出真值表，见表 6 – 3。

（2）由真值表写出逻辑表达式，并化简。

$$Y = m_5 + m_6 + m_7 = A\overline{B}C + AB\overline{C} + ABC = \overline{\overline{AB} \cdot \overline{AC}}$$

（3）由逻辑表达式画出逻辑图，如图 6 – 5 所示。

表 6 – 3 真值表

A	B	C	Y
0	0	0	0
0	0	1	0
0	1	0	0
0	1	1	0
1	0	0	0
1	0	1	1
1	1	0	1
1	1	1	1

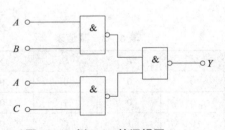

图 6 – 5 例 6 – 3 的逻辑图

技能训练 制作三人表决器

1. 实训目的

（1）熟悉 74LS00 集成电路的引脚功能，学会使用数字集成电路搭建电路。

（2）学会对逻辑电路进行检测。

2. 实训器材

直流稳压电源 1 个，万用表 1 块，2 块 74LS00 集成电路，按钮开关，电阻器，发光二极管套件。

3. 实训内容与步骤

1）表决逻辑电路的制作

将74LS00集成电路接成如图6－6所示的三人表决器逻辑电路，接上＋5 V电源（14引脚接电源正极，7引脚接电源负极）。

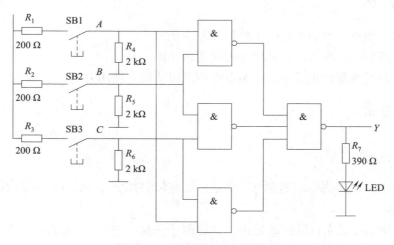

图6－6　三人表决器逻辑电路

2）检测表决器电路的逻辑功能

按钮开关SB1、SB2、SB3接下为1状态，未按下为0状态。按表6－4所示要求设置按钮开关的状态，测出相应的输出逻辑电平，并将结果记录于表6－4中。

验证表决逻辑电路的功能：输入端 A、B、C 中，若两个以上输入端加高电平，则输出为高电平（1态），否则输出为低电平（0态）。

表6－4　三人表决器逻辑电路功能测试

输入			输出
A	B	C	Y
0	0	1	
0	1	0	
0	1	1	
1	0	0	
1	0	1	
1	1	0	
1	1	1	

4. 实训问题与思考

（1）实训中如何用二输入端的与非门来搭建成三输入端的与非门？

（2）如何将与非门当作非门使用？

任务二 常用的组合逻辑电路及应用

任务目标

（1）知道常用组合逻辑电路的工作原理及应用。

（2）会分析和测试集成组合逻辑器件的逻辑功能。

（3）掌握常用中规模集成组合逻辑器件的逻辑功能和使用方法。

相关知识

一、加法器

在计算机的数字系统中，二进制加法器是它的基本部件之一，也是算术运算器的基本单元。

1. 半加器

半加器是指不考虑来自低位的进位，只将两个一位二进制数相加的电路。根据二进制数加法运算规则，可列出半加器的真值表，如表 6–5 所示。其中 A、B 为两个加数，S 是半加和数，C 是向高位的进位数。

表 6–5 半加器真值表

A	B	S	C
0	0	0	0
0	1	1	0
1	0	1	0
1	1	0	1

由逻辑状态表可以写出逻辑表达式为

$$S = A\bar{B} + \bar{A}B = A \oplus B$$

$$C = AB$$

由逻辑式即可画出逻辑图，如图 6–7 所示，其由一个异或门和一个与门组成。半加器是一种组合逻辑电路，其图形符号如图 6–8 所示。

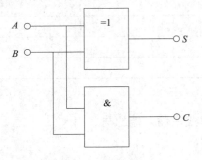

图 6–7 半加器逻辑图

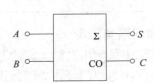

图 6–8 半加器图形符号

2. 全加器

全加器是指除将两个一位二进制数相加外，还要与低位向本位的进位数相加的电路。全加器的真值表如表 6-6 所示，其中 A_i、B_i 表示两个同位相加的数，C_{i-1} 表示低位来的进位，S_i 表示本位和，C_i 表示向高位的进位。

由逻辑状态表可以写出逻辑表达式为

$$S_i = \overline{A_i}\,\overline{B_i}C_{i-1} + \overline{A_i}B_i\overline{C_{i-1}} + A_i\overline{B_i}\,\overline{C_{i-1}} + A_iB_iC_{i-1} = A_i \oplus B_i \oplus C_{i-1}$$

$$C_i = \overline{A_i}B_iC_{i-1} + A_i\overline{B_i}C_{i-1} + A_iB_i\overline{C_{i-1}} + A_iB_iC_{i-1} = A_iB_i + B_iC_{i-1} + A_iC_{i-1}$$

表 6-6　全加器真值表

A_i	B_i	C_{i-1}	S_i	C_i
0	0	0	0	0
0	0	1	1	0
0	1	0	1	0
0	1	1	0	1
1	0	0	1	0
1	0	1	0	1
1	1	0	0	1
1	1	1	1	1

由逻辑式即可画出逻辑图，如图 6-9 所示。全加器也是一种组合逻辑电路，其图形符号如图 6-10 所示。

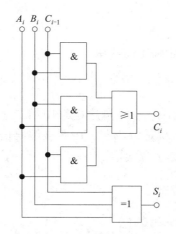

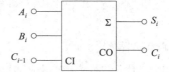

图 6-9　全加器逻辑图　　　　　图 6-10　全加器图形符号

同时全加器也可由两个半加器和一个或门组成，如图 6-11 所示。

3. 多位加法器

两位多位数相加时，每位都是带进位相加，所以必须用全加器。此时，只要依次将低位的进位输出接到高位的进位输入，就可以构成多位加法器了。图 6-12 所示为一个四位串行进位加法器的图形符号。

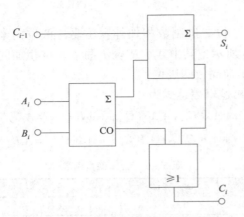

图 6-11 半加器构成的全加器逻辑图

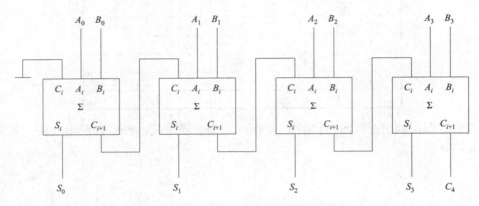

图 6-12 四位串行进位加法器图形符号

二、编码器

用文字、符号或数码表示特定对象的过程称为编码。在数字电路中用二进制代码表示有关的信号称为二进制编码。实现编码操作的电路就是编码器。按照被编码信号的不同特点和要求，有二进制编码器、二-十进制编码器和优先编码器之分。

1. 二进制编码器

用 n 位二进制代码对 $N = 2^n$ 个一般信号进行编码的电路，叫作二进制编码器。例如 $n = 3$，可以对 8 个一般信号进行编码。这种编码器有一个特点：任何时刻只允许输入一个有效信号，不允许同时出现两个或两个以上的有效信号，因而其输入是一组有约束（互相排斥）的变量。

现以三位二进制编码器为例，分析编码器的工作原理。图 6-13 所示为三位二进制编码器的框图，它的输入是 $I_0 \sim I_7$ 8 个高电平信号，输出是三位二进制代码 Y_2、Y_1、Y_0。为此，又把它叫作 8-3 编码器。输出与输入的对应关系如

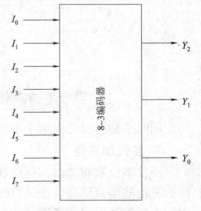

图 6-13 三位二进制
8 线-3 线编码器框图

160

表 6 - 7 所示。

表 6 - 7　三位二进制编码器的真值表

输入								输出		
I_0	I_1	I_2	I_3	I_4	I_5	I_6	I_7	Y_2	Y_1	Y_0
1	0	0	0	0	0	0	0	0	0	0
0	1	0	0	0	0	0	0	0	0	1
0	0	1	0	0	0	0	0	0	1	0
0	0	0	1	0	0	0	0	0	1	1
0	0	0	0	1	0	0	0	1	0	0
0	0	0	0	0	1	0	0	1	0	1
0	0	0	0	0	0	1	0	1	1	0
0	0	0	0	0	0	0	1	1	1	1

由表 6 - 7 可得出编码器的输出函数为

$$\begin{cases} Y_2 = I_4 + I_5 + I_6 + I_7 \\ Y_1 = I_2 + I_3 + I_6 + I_7 \\ Y_0 = I_1 + I_3 + I_5 + I_7 \end{cases}$$

由表达式画出逻辑图，如图 6 - 14 所示。

2. 二 - 十进制（BCD）编码器

将十进制数 0、1、2、3、4、5、6、7、8、9 共 10 个信号编成二进制代码的电路叫作二 - 十进制编码器。它的输入是代表 0~9 这 10 个数字的状态信号，有效信号为 1（即某信号为 1 时，则表示要对它进行编码），输出是相应的 BCD 码，因此也称 10 线 - 4 线编码器。它和二进制编码器特点一样，任何时刻只允许输入一个有效信号。

例如，要实现一个十进制 8421BCD 编码器，因输入变量相互排斥，故可直接列出编码表，如表 6 - 8 所示。

表 6 - 8　8421 BCD 码编码表

输入	输出			
I	Y_3	Y_2	Y_1	Y_0
0 (I_0)	0	0	0	0
1 (I_1)	0	0	0	1
2 (I_2)	0	0	1	0
3 (I_3)	0	0	1	1
4 (I_4)	0	1	0	0
5 (I_5)	0	1	0	1
6 (I_6)	0	1	1	0
7 (I_7)	0	1	1	1
8 (I_8)	1	0	0	0
9 (I_9)	1	0	0	1

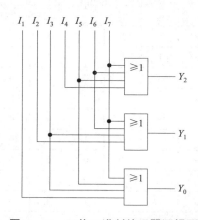

图 6 - 14　三位二进制编码器逻辑图

将表中各位输出码为 1 的相应输入变量相加，便可得出编码器的各输出表达式：

$$\begin{cases} Y_3 = I_8 + I_9 = \overline{\overline{I_8} \cdot \overline{I_9}} \\ Y_2 = I_4 + I_5 + I_6 + I_7 = \overline{\overline{I_4} \cdot \overline{I_5} \cdot \overline{I_6} \cdot \overline{I_7}} \\ Y_1 = I_2 + I_3 + I_6 + I_7 = \overline{\overline{I_2} \cdot \overline{I_3} \cdot \overline{I_6} \cdot \overline{I_7}} \\ Y_0 = I_1 + I_3 + I_5 + I_7 + I_9 = \overline{\overline{I_1} \cdot \overline{I_3} \cdot \overline{I_5} \cdot \overline{I_7} \cdot \overline{I_9}} \end{cases}$$

由表达式画出逻辑图，如图 6 – 15 所示。

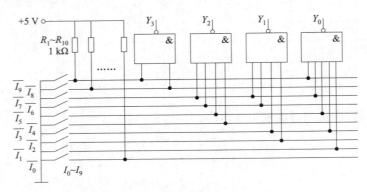

图 6 – 15　8421BCD 码编码器逻辑图

3. 优先编码器

优先编码器常用于优先中断系统和键盘编码。与普通编码器不同，优先编码器允许多个输入信号同时有效，但它只按其中优先级别最高的有效输入信号编码，对级别较低的输入信号不予理睬。常用的优先编码器有 10 线 – 4 线（如 74LS147）、8 线 – 3 线（如 74LS148）。

74LS148 二进制优先编码器的逻辑符号如图 6 – 16 所示，功能表如表 6 – 9 所示。

表 6 – 9　74LS148 的功能表

序号	输入									输出				
	E_1	$\overline{I_7}$	$\overline{I_6}$	$\overline{I_5}$	$\overline{I_4}$	$\overline{I_3}$	$\overline{I_2}$	$\overline{I_1}$	$\overline{I_0}$	$\overline{A_2}$	$\overline{A_1}$	$\overline{A_0}$	CS	E_0
1	1	×	×	×	×	×	×	×	×	1	1	1	1	1
2	0	1	1	1	1	1	1	1	1	1	1	1	1	0
3	0	0	×	×	×	×	×	×	×	0	0	0	0	1
4	0	1	0	×	×	×	×	×	×	0	0	1	0	1
5	0	1	1	0	×	×	×	×	×	0	1	0	0	1
6	0	1	1	1	0	×	×	×	×	0	1	1	0	1
7	0	1	1	1	1	0	×	×	×	1	0	0	0	1
8	0	1	1	1	1	1	0	×	×	1	0	1	0	1
9	0	1	1	1	1	1	1	0	×	1	1	0	0	1
10	0	1	1	1	1	1	1	1	0	1	1	1	0	1

在图 6-16 中，小圆圈表示低电平有效，各引出端功能如下：

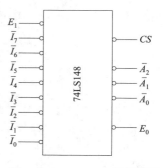

图 6-16 74LS148 逻辑符号

$\bar{I}_7 \sim \bar{I}_0$ 为状态信号输入端，低电平有效，$\bar{I}_7$ 的优先级别最高，$\bar{I}_0$ 的级别最低。$\bar{A}_2$、$\bar{A}_1$、$\bar{A}_0$ 为代码（反码）输出端，$\bar{A}_2$ 为最高位。E_1 为使能（允许）输入端，低电平有效：当 $E_1 = 0$ 时，电路允许编码；当 $E_1 = 1$ 时，电路禁止编码，输出 $\bar{A}_2$、$\bar{A}_1$、$\bar{A}_0$ 均为高电平。E_0 和 CS 为使能输出端和优先标志输出端，主要用于级联和扩展。

从功能表可以看出，当 $E_1 = 1$ 时，表示电路禁止编码，即无论 $\bar{I}_7 \sim \bar{I}_0$ 中有无有效信号，输出 $\bar{A}_2$、$\bar{A}_1$、$\bar{A}_0$ 均为 1，并且 $CS = E_0 = 1$。当 $E_1 = 0$ 时，表示电路允许编码，如果 $\bar{I}_7 \sim \bar{I}_0$ 中有低电平（有效信号）输入，则输出 $\bar{A}_2$、$\bar{A}_1$、$\bar{A}_0$ 是申请编码中级别最高的编码输出（注意是反码），并且 $CS = 0$，$E_0 = 1$；如果 $\bar{I}_7 \sim \bar{I}_0$ 中无有效信号输入，则输出 $\bar{A}_2$、$\bar{A}_1$、$\bar{A}_0$ 均为高电平，并且 $CS = 1$，$E_0 = 0$。

此外，也可从另一个角度理解 E_0 和 CS 的作用。当 $E_0 = 0$，$CS = 1$ 时，表示该电路允许编码，但无码可编；当 $E_0 = 1$，$CS = 0$ 时，表示该电路允许编码，并且正在编码；当 $E_0 = CS = 1$ 时，表示该电路禁止编码，即无法编码。

三、译码器与数码显示器

译码是编码的反操作，它将输入的二进制代码译成对应的输出高、低电平，能完成这种功能的电路称为译码器。常用的译码电路有二进制译码器、二-十进制译码器及显示译码器三类。

1. 二进制译码器

二进制译码器是将 n 位二进制数翻译成 $m = 2^n$ 个输出信号。常见的二进制译码器有 2-4 译码器、3-8 译码器和 4-16 译码器。

图 6-17 所示为 2-4 译码器的逻辑电路及逻辑符号，其功能表如表 6-10 所示，图 6-17 中 A_1、A_0 为地址输入端，A_1 为高位。$\bar{Y}_0$、$\bar{Y}_1$、$\bar{Y}_2$、$\bar{Y}_3$ 为状态信号输出端，Y_i 上的非号表示低电平有效。E 为使能端（或称选通控制端），低电平有效。当 $E = 0$ 时，允许译码器工作，$\bar{Y}_0 \sim \bar{Y}_3$ 中有一个为低电平输出；当 $E = 1$ 时，禁止译码器工作，所有输出 $\bar{Y}_0 \sim \bar{Y}_3$ 均为高电平。一般使能端有两个用途：一是可以引入选通脉冲，以抑制冒险脉冲的发生；二是可以用来扩展输入变量数（功能扩展）。

从表 6-10 中还可以看出，当 $E = 0$ 时，2-4 译码器的输出函数分别为

$$\bar{Y}_0 = \overline{\bar{A}_1 \bar{A}_0}, \quad \bar{Y}_1 = \overline{\bar{A}_1 A_0}, \quad \bar{Y}_2 = \overline{A_1 \bar{A}_0}, \quad \bar{Y}_3 = \overline{A_1 A_0}$$

如果用 $\bar{Y}_i$ 表示 i 端的输出，m_i 表示输入地址变量 A_1、A_0 的一个最小项，则输出函数可写成 $\bar{Y}_i = \overline{E m_i}$（$i = 0, 1, 2, 3$）。

可见，译码器的每一个输出函数对应输入变量的一组取值，当使能端有效（$E = 0$）时，它正好是输入变量最小项的非，因此变量译码器也称为最小项发生器。

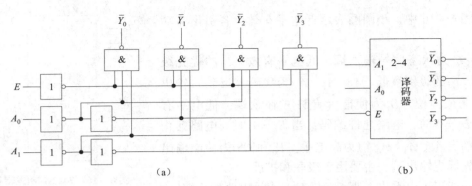

图 6 −17 2 −4 译码器的逻辑电路及符号

（a）逻辑电路；（b）逻辑符号

表 6 −10 2 −4 译码器功能表

E	A_1	A_0	Y_0	Y_1	Y_2	Y_3
1	×	×	1	1	1	1
0	0	0	0	1	1	1
0	0	1	1	0	1	1
0	1	0	1	1	0	1
0	1	1	1	1	1	0

图 6 −18 所示为 3 −8 译码器的逻辑符号，功能表如表 6 −11 所示。图中，A_2、A_1、A_0 为地址输入端，A_2 为高位。$\overline{Y_0} \sim \overline{Y_7}$ 为状态信号输出端，低电平有效。E_1 和 E_{2A}、E_{2B} 为使能端。由表 6 −11 所示的功能表可以看出，只有当 E_1 为高，E_{2A}、E_{2B} 都为低时，该译码器才有有效状态信号输出；若有一个条件不满足，则译码器不工作，输出全为高。

其输出函数为

$$\overline{Y_0} = \overline{\overline{A_2}\,\overline{A_1}\,\overline{A_0}}, \quad \overline{Y_1} = \overline{\overline{A_2}\,\overline{A_1}A_0}, \quad \overline{Y_2} = \overline{\overline{A_2}A_1\,\overline{A_0}}, \quad \overline{Y_3} = \overline{\overline{A_2}A_1A_0}$$

$$\overline{Y_4} = \overline{A_2\,\overline{A_1}\,\overline{A_0}}, \quad \overline{Y_5} = \overline{A_2\,\overline{A_1}A_0}, \quad \overline{Y_6} = \overline{A_2A_1\,\overline{A_0}}, \quad \overline{Y_7} = \overline{A_2A_1A_0}$$

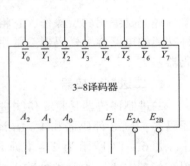

图 6 −18 3 −8 译码器逻辑符号

表 6 −11 3 −8 译码器功能表

E_1	$E_{2A} + E_{2B}$	A_2	A_1	A_0	Y_0	Y_1	Y_2	Y_3	Y_4	Y_5	Y_6	Y_7
0	×	×	×	×	1	1	1	1	1	1	1	1
×	1	×	×	×	1	1	1	1	1	1	1	1
1	0	0	0	0	0	1	1	1	1	1	1	1
1	0	0	0	1	1	0	1	1	1	1	1	1
1	0	0	1	0	1	1	0	1	1	1	1	1
1	0	0	1	1	1	1	1	0	1	1	1	1
1	0	1	0	0	1	1	1	1	0	1	1	1
1	0	1	0	1	1	1	1	1	1	0	1	1
1	0	1	1	0	1	1	1	1	1	1	0	1
1	0	1	1	1	1	1	1	1	1	1	1	0

可见，当使能端有效（$E=1$）时，每个输出函数也正好等于输入变量最小项的非。二进制译码器的应用很广，典型的应用有以下几种：

（1）实现存储系统的地址译码；

（2）实现逻辑函数；

（3）带使能端的译码器可用作数据分配器或脉冲分配器。

例 6 - 4 试用译码器实现逻辑函数式 $Y = \overline{A}B\overline{C} + \overline{A}BC + AB\overline{C} + ABC$。

解：由于是三变量函数，故选用 74LS138 型 3 - 8 译码器，如图 6 - 19 所示，该译码器的输入为 A、B、C，将其分别对应地接入到译码器的输入端 A_2、A_1、A_0，由真值表可得出逻辑表达式（用 74LS138 型 3 - 8 译码器可以实现该逻辑函数式）：

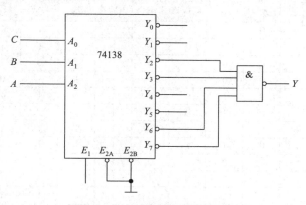

图 6 - 19 74LS138 型 3 - 8 译码器

$$Y = Y_2 + Y_3 + Y_6 + Y_7 = \overline{\overline{Y_2} \cdot \overline{Y_3} \cdot \overline{Y_6} \cdot \overline{Y_7}}$$

2. 二 - 十进制译码器

二 - 十进制译码器也称 BCD 译码器，它的功能是将输入的一位 BCD 码（四位二元符号）译成 10 个高、低电平输出信号，因此也叫 4 - 10 译码器。图 6 - 20 所示为二 - 十进制译码器 74LS42 的逻辑图和逻辑符号，其功能表如表 6 - 12 所示。

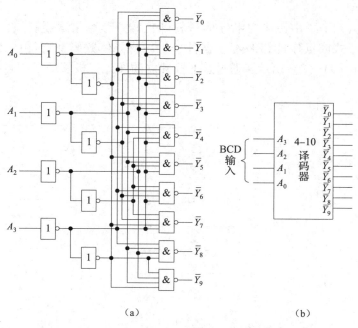

（a）　　　　　　　　　　　　（b）

图 6 - 20 二 - 十进制译码器 74LS42 的逻辑图和逻辑符号

（a）逻辑图；（b）逻辑符号

表 6 –12   二 – 十进制译码器 74LS42 的真值表

序号	输入				输出									
	A_3	A_2	A_1	A_0	Y_0	Y_1	Y_2	Y_3	Y_4	Y_5	Y_6	Y_7	Y_8	Y_9
0	0	0	0	0	0	1	1	1	1	1	1	1	1	1
1	0	0	0	1	1	0	1	1	1	1	1	1	1	1
2	0	0	1	0	1	1	0	1	1	1	1	1	1	1
3	0	0	1	1	1	1	1	0	1	1	1	1	1	1
4	0	1	0	0	1	1	1	1	0	1	1	1	1	1
5	0	1	0	1	1	1	1	1	1	0	1	1	1	1
6	0	1	1	0	1	1	1	1	1	1	0	1	1	1
7	0	1	1	1	1	1	1	1	1	1	1	0	1	1
8	1	0	0	0	1	1	1	1	1	1	1	1	0	1
9	1	0	0	1	1	1	1	1	1	1	1	1	1	0
伪码	1	0	1	0	1	1	1	1	1	1	1	1	1	1
	1	0	1	1	1	1	1	1	1	1	1	1	1	1
	1	1	0	0	1	1	1	1	1	1	1	1	1	1
	1	1	0	1	1	1	1	1	1	1	1	1	1	1
	1	1	1	0	1	1	1	1	1	1	1	1	1	1
	1	1	1	1	1	1	1	1	1	1	1	1	1	1

3. 显示译码器

与二进制译码器不同，显示译码器用于驱动显示器件，常用的显示器件有发光二极管（LED）数码管、液晶数码管、荧光数码管等。以驱动 LED 数码管的 BCD 七段译码器为例，简述显示译码原理。

发光二极管（LED）由特殊的半导体材料砷化镓、磷砷化镓等制成，可以单独使用，也可以组装成分段式或点阵式 LED 显示器件（七段半导体数码管），由七段独立的发光二极管组成，如图 6 – 21（a）所示，通过这七段独立的发光二极管的不同点亮组合，来显示

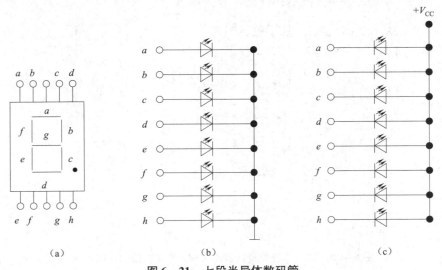

（a）　　　　　　　　　　　（b）　　　　　　　　　　　（c）

图 6 – 21   七段半导体数码管

（a）外形图；（b）共阴极；（c）共阳极

0～9 十个不同的数字。使用时有共阳、共阴两种接法，图 6-21（b）所示为共阴接法数码管的原理图，数码显示器需要配用输出高电平有效的译码器；图 6-21（c）所示为共阳接法数码管的原理图，数码显示器需要配用输出低电平有效的译码器。

BCD 七段译码器的输入是一位 BCD 码（以 D、C、B、A 表示），输出是数码管各段的驱动信号（以 Y_a～Y_g 表示），也称 4-7 译码器，如图 6-22 所示。若用它驱动共阴 LED 数码管，则输出应为高电平有效，即输出为高（1）时，相应显示段发光。例如，当输入 8421 码 $DCBA = 0100$ 时，应显示 4，即要求同时点亮 b、c、f、g 段，熄灭 a、d、e 段，故译码器的输出应为 Y_a～$Y_g = 0110011$，这也是一组代码，常称为段码。同理，根据组成 0～9 这 10 个数字的要求可以列出 8421BCD 七段译码器的真值表，见表 6-13。

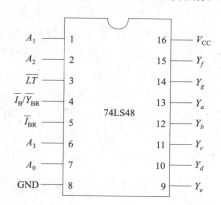

图 6-22　4-7 译码器

表 6-13　BCD 七段译码器真值表

功能或十进制数	输入							输出						
	$\overline{LT}$	$\overline{RBI}$	A_3	A_2	A_1	A_0	$\overline{BI/RBO}$	a	b	c	d	e	f	g
$\overline{BI/RBO}$（灭灯）	×	×	×	×	×	×	0（输入）	0	0	0	0	0	0	0
$\overline{LT}$（试灯）	0	×	×	×	×	×	1	1	1	1	1	1	1	1
$\overline{RBI}$（动态灭零）	1	0	0	0	0	0	0	0	0	0	0	0	0	0
0	1	1	0	0	0	0	1	1	1	1	1	1	1	0
1	1	×	0	0	0	1	1	0	1	1	0	0	0	0
2	1	×	0	0	1	0	1	1	1	0	1	1	0	1
3	1	×	0	0	1	1	1	1	1	1	1	0	0	1
4	1	×	0	1	0	0	1	0	1	1	0	0	1	1
5	1	×	0	1	0	1	1	1	0	1	1	0	1	1
6	1	×	0	1	1	0	1	0	0	1	1	1	1	1
7	1	×	0	1	1	1	1	1	1	1	0	0	0	0
8	1	×	1	0	0	0	1	1	1	1	1	1	1	1
9	1	×	1	0	0	1	1	1	1	1	0	0	1	1
10	1	×	1	0	1	0	1	0	0	0	1	1	0	1
11	1	×	1	0	1	1	1	0	0	1	1	0	0	1
12	1	×	1	1	0	0	1	0	1	0	0	0	1	1
13	1	×	1	1	0	1	1	1	0	0	1	0	1	1
14	1	×	1	1	1	0	1	0	0	0	1	1	1	1
15	1	×	1	1	1	1	1	0	0	0	0	0	0	0

由表 6-13 所示的真值表可以看出，为了增强器件的功能，在 74LS48 中还设置了一些辅助端，这些辅助端的功能如下：

（1）试灯输入端$\overline{LT}$：低电平有效。当$\overline{LT}=0$时，数码管的七段应全亮，与输入的译码信号无关。本输入端用于测试数码管的好坏。

（2）动态灭零输入端$\overline{RBI}$：低电平有效。当$\overline{LT}=1$、$\overline{RBI}=0$且译码输入全为0时，该位输出不显示，即0字被熄灭；当译码输入不全为0时，该位正常显示。本输入端用于消隐无效的0，如数据0034.50可显示为34.5。

（3）灭灯输入/动态灭零输出端$\overline{BI}/\overline{RBO}$：这是一个特殊的端钮，有时用作输入，有时用作输出。当$\overline{BI}/\overline{RBO}$作为输入使用，且$\overline{BI}/\overline{RBO}=0$时，数码管七段全灭，与译码输入无关。当$\overline{BI}/\overline{RBO}$作为输出使用时，受控于$\overline{LT}$和$\overline{RBI}$，当$\overline{LT}=1$且$\overline{RBI}=0$时，$\overline{BI}/\overline{RBO}=0$；其他情况下$\overline{BI}/\overline{RBO}=1$。本端钮主要用于显示多位数字时，多个译码器之间的连接。

四、数据选择器和数据分配器

在数字电路中，当需要进行远距离多路数字传输时，为了减少传输线的数目，发送端常通过一条公共传输线，用多路选择器分时发送数据到接收端，接收端利用多路分配器分时将数据分配给各路接收端，其原理如图6-23所示。

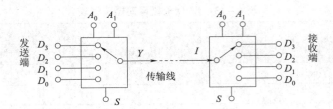

图6-23　多路数字传输原理图

1. 数据选择器

数据选择器按要求从多路输入选择一路输出，其功能类似于单刀多掷开关，故又称为多路开关，其功能如图6-24所示。它有n个选择输入端（也称为地址输入端），2^n个数据输入端，1个数据输出端。按照输入端数据的不同，其有四选一、八选一、十六选一等形式。

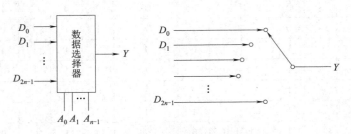

图6-24　数据选择器框图及等效开关

74LS151为八选一数据选择器，它的功能简图如图6-25所示。图中，$D_0 \sim D_7$为数据输入端；$A_0 \sim A_2$为地址控制端；$\overline{S}$为使能端，低电平有效；Y与$\overline{Y}$为输出端。当$A_2A_1A_0$为000时，$Y=D_0$；当$A_2A_1A_0=111$时，$Y=D_7$，以此类推。它的功能真值表见表6-14，由表可知，Y可以表示为

$$Y = \overline{A}_2\overline{A}_1\overline{A}_0D_0 \ + \ \overline{A}_2\overline{A}_1A_0D_1 \ + \ \overline{A}_2A_1\overline{A}_0D_2 \ + \ \overline{A}_2A_1A_0D_3 \ + \ A_2\overline{A}_1\overline{A}_0D_4 \ + \ A_2\overline{A}_1A_0D_5 \ + \ A_2A_1\overline{A}_0D_6 \ +$$
$$A_2A_1A_0D_7$$

即 Y 是输入变量的全部最小项之和的形式，其实质就是描述一个与或逻辑电路。而某一时刻，只有一路输出，则用它可以很方便地实现单输出逻辑函数，其一般表达式为

$$Y = \sum_{i=0}^{7}(m_iD_i)$$

式中　m_i——$A_2A_1A_0$ 的第 i 个组合状态；

$\quad\quad D_i$——第 i 路输入数据。

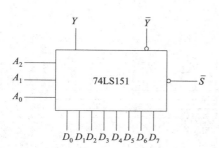

图 6 – 25　八选一数据选择器

表 6 – 14　74LS151 功能真值表

	输入			输出
A_2	A_1	A_0	$\overline{S}$	Y
×	×	×	H	L
L	L	L	L	D_0
L	L	H	L	D_1
L	H	L	L	D_2
L	H	H	L	D_3
H	L	L	L	D_4
H	L	H	L	D_5
H	H	L	L	D_6
H	H	H	L	D_7

任何一个函数都可以转换成唯一的最小项之和的形式。因此，只要适当地给地址选择输入端（$A_2A_1A_0$）或数据输入端（$D_0 \sim D_7$）赋予变量或数值，即可实现某个特定的逻辑函数。

例如，用八选一数据选择器 74LS151 实现下述逻辑函数：

$$F = \overline{A}BC + A\overline{B}C + AB\overline{C}$$
$$F = m_3 + m_5 + m_6$$

将逻辑函数中的 A、B、C 分别接到 74LS151 上的 A_2、A_1、A_0 端，然后根据逻辑函数中的最小项，在数据选择器相应的数据输入端接 1，否则接 0，即 $D_3 = D_5 = D_6 = 1$，而 $D_0 = D_2 = D_4 = D_7 = 0$，由此在数据选择器的输出端便可得到 $Y = F = \overline{A}BC + A\overline{B}C + AB\overline{C}$。

如果所要实现的逻辑函数不是最小项的形式，则应先转化为最小项的形式。如果逻辑函数变量的数目多于数据选择器地址输入端的数目，则应将多余的变量按规则接入到数据选择器的数据输入端。

例 6 – 5　试用数据选择器实现函数 $Y = AB + AC + BC$。

解：将逻辑函数式用最小项表示：

$$Y = AB + AC + BC = \overline{A}B(C + \overline{C}) + BC(A + \overline{A}) +$$
$$CA(B + \overline{B}) = \overline{A}BC + A\overline{B}C + AB\overline{C} + ABC$$

将输入变量 A、B、C 分别对应地接到数据选择器的选择端 A_2、A_1、A_0，令 $A = A_2$，$B = A_1$，$C = A_0$。由状态表可知，将数据输入端 D_3、D_5、D_6、D_7 接"1"，其余输入端接"0"，即可实现输出 Y，如图 6 – 26 所示。

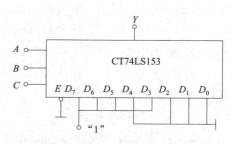

图 6 – 26　八选一数据选择器

169

2. 数据分配器

数据分配器又称多路分配器，其功能与数据选择器相反，它可以将一路输入数据按 n 位地址分送到 2^n 个数据输出端上，可以实现数据的分时传输。图 6 – 27 所示为 2 – 4 线数据分配器的逻辑符号，其功能表如表 6 – 15 所示。由逻辑图可以写出逻辑函数式：

$$Y_0 = D \overline{A_1} \overline{A_0}, \quad Y_1 = D \overline{A_1} A_0$$

$$Y_2 = D A_1 \overline{A_0}, \quad Y_3 = D A_1 A_0$$

式中　D——数据输入；

A_1，A_0——地址输入；

$Y_0 \sim Y_3$——数据输出；

E——使能端。

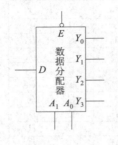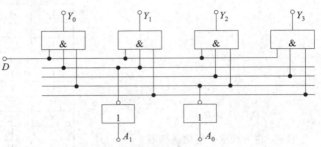

图 6 – 27　2 – 4 线数据分配器

表 6 – 15　2 – 4 线数据分配器真值表

E	A_1	A_0	Y_0	Y_1	Y_2	Y_3
1	×	×	1	1	1	1
0	0	0	D	1	1	1
0	0	1	1	D	1	1
0	1	0	1	1	D	1
0	1	1	1	1	1	D

技能训练　十进制编码、译码显示电路的安装测试

1. 实训目的

（1）培养自主查找数字集成电路资料的能力。

（2）熟悉常用组合集成电路的功能，并能正确安装电路。

（3）了解编码、译码及显示的过程，以及功能电路之间的连接。

2. 实训器材

直流稳压电源 1 台，万用表 1 块，元器件 1 套（集成电路 74LS147、74LS247、CC4069、数码管 BS204）。

3. 实训内容与步骤

1）查阅元器件资料

通过上网搜寻、查阅集成电路 74LS147、74LS247、CC4069、数码管 BS204 的相关资料，了解其逻辑功能，获得引脚排列图，阅读集成电路使用说明。

2）安装电路

按图6-28所示安装电路，注意集成电路的引脚排列方向不要弄反。电路连线检查无误后，接上+5 V电源。

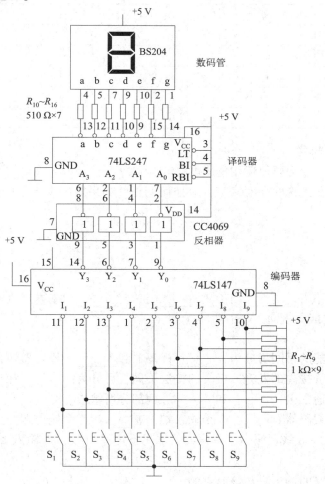

图6-28 编码、译码显示电路

3）测试

按表6-16设置按钮开关 $S_1 \sim S_9$ 的状态，用万用表分别测编码器输出端的电位，将测得的值填入表6-16中，观测并记录数码管的显示数值。

表6-16 测量记录

按钮开关状态									编码输出				数码管显示
S_9	S_8	S_7	S_6	S_5	S_4	S_3	S_2	S_1	$\overline{Y}_3$	$\overline{Y}_2$	$\overline{Y}_1$	$\overline{Y}_0$	
1	1	1	1	1	1	1	1	1					
0	×	×	×	×	×	×	×	×					
1	0	×	×	×	×	×	×	×					

按钮开关状态									编码输出				数码管显示
S_9	S_8	S_7	S_6	S_5	S_4	S_3	S_2	S_1	$\overline{Y}_3$	$\overline{Y}_2$	$\overline{Y}_1$	$\overline{Y}_0$	
1	1	0	×	×	×	×	×	×					
1	1	1	0	×	×	×	×	×					
1	1	1	1	0	×	×	×	×					
1	1	1	1	1	0	×	×	×					
1	1	1	1	1	1	0	×	×					
1	1	1	1	1	1	1	0	×					
1	1	1	1	1	1	1	1	0					

4. 实训问题与思考

（1）实训电路为什么要加反相集成电路 CC4069？

（2）如果数码发光管的亮度偏暗，应如何调整？如果数码发光管的亮度偏亮，应如何调整？

自我评测

一、填空题

1. 组合逻辑电路由_____门、_____门、_____门基本门电路构成。

2. 编码器的功能是把输入的信号（如_____、_____、_____）转化为_____数码。

3. 译码器按功能的不同可分为_____译码器和_____译码器两大类。

4. 半导体数码管按内部发光二极管的接法不同，可分为_____和_____两种。

5. 译码显示器通常由_____和_____两部分所组成。

6. 二 – 十进制编码器有_____个输入端，有_____个输出端。

7. 74LS138 是 3 – 8 线译码器，译码器为输出低电平有效，当输入 $A_2A_1A_0 = 101$ 时，输出 $\overline{Y}_7 \sim \overline{Y}_0 =$ _____。

8. 组合逻辑电路的输出只与该时刻的_____有关，而与_____无关。

二、选择题

1. 对一个 8 选 1 的数据选择器，应有（　　）个地址输入端。

A. 1　　　　　　　　B. 2　　　　　　　　C. 3　　　　　　　　D. 8

2. 优先编码器同时有两个输入信号时，按（　　）的输入信号编码。

A. 高电平　　　　　　B. 低电平　　　　　　C. 高优先级　　　　　　D. 高频率

3. 2 – 4 译码器有（　　）。

A. 2 条输入线、4 条输出线　　　　　　　　B. 4 条输入线、2 条输出线

C. 4 条输入线、8 条输出线　　　　　　　　D. 8 条输入线、2 条输出线

4. 半导体数码管是由（　　）排列成显示数字。

A. 指示灯　　　　　　B. 液态晶体　　　　　　C. 辉光器件　　　　　　D. 发光二极管

5. 编码器输出的是（　　）。

A. 十进制数　　　　　B. 二进制数　　　　　C. 八进制数　　　　　D. 十六进制数

6. 对 TTL 与非门多余输入端的处理，不能将它们（　　　）。

A. 与有用输入端　　B. 接地　　　　　　　C. 接高电平　　　　　D. 悬空

7. 输出端可直接连在一起实现"线与"逻辑功能的门电路是（　　　）。

A. 与非门　　　　　　B. 或非门　　　　　　C. 三态平　　　　　　D. OC 门

8. 在下列逻辑电路中，不是组合逻辑电路的有（　　　）。

A. 译码器　　　　　　B. 编码器　　　　　　C. 全加器　　　　　　D. 寄存器

三、判断题

1. 组合逻辑电路的输出状态不取决于输入信号。　　　　　　　　　　　　　　（　　　）
2. 编码器的功能是将输入端的各种信号转换为二进制数码。　　　　　　　　（　　　）
3. 译码器的功能是将二进制码还原成给定的信息符号。　　　　　　　　　　（　　　）
4. 共阴极接法中数码管各发光二极管的正极相连接地。　　　　　　　　　　（　　　）
5. 显示译码器的功能是将输入的十进制数用显示器件显示出来。　　　　　　（　　　）
6. 组合逻辑电路的设计就是根据给定的功能要求，画出实现该功能的逻辑电路。

（　　　）

7. 加法器用于实现二进制数加法运算的电路。　　　　　　　　　　　　　　（　　　）
8. 数据分配器的作用是将输入的数据传送到多个输出端的任何一个输出端的电路。

（　　　）

四、综合题

1. 组合逻辑电路有何特点？分析组合逻辑电路的目的，并简述分析步骤。

2. 有三台电动机 A、B、C，要求：（1）A 开机则 B 也必须开机；（2）B 开机则 C 也必须开机。如果不满足上述要求，即发出报警信号。试写出报警信号的逻辑式，并画出逻辑图。

3. 设计一个组合逻辑电路，使其输出信号 Y 与 A、B、C、D 的关系满足图 6 – 29 所示的波形图。

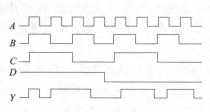

图 6 – 29　习题四 – 3 图

4. 试用 4 选 1 数据选择器 74LS153 产生逻辑函数 $Y = ABC + AC + BC$，并画出接线图。

5. 试用 3 – 8 译码器 74LS138 和与非门实现下列逻辑函数。

$$Y = \overline{A}B\overline{C} + A\overline{B}C + A\overline{B}\,\overline{C}$$

6. 用 74LS138 译码器实现 1 位全加器的逻辑功能。

7. 交通信号灯有红、绿、黄三种，3 种灯单独工作或黄、绿灯同时工作是正常情况。其他情况均属于故障现象，要求出现故障时输出报警信号。试用与非门设计一个交通灯报警控制电路。

8. 试用八选一数据选择器 74154 实现下列逻辑函数：

（1）$Y(A,B,C) = \sum m(0,1,5,6)$。

（2）$Y = A\overline{B}C + \overline{A}BD$。

质量评价

项目六　质量评价标准

评价项目	评价指标	评价标准	评价结果			
			优	良	合格	差
组合逻辑电路的分析和设计	理论知识	组合逻辑电路的分析和设计				
	技能水平	具有设计简单组合逻辑电路的能力				
常用的组合逻辑电路及应用	理论知识	常用组合逻辑电路的工作原理及应用				
	技能水平	1. 会分析和测试集成组合逻辑器件的逻辑功能				
		2. 常用中规模集成组合逻辑器件的逻辑功能、使用方法				
总评	评判	优	良	合格	差	总评得分
		85～100	75～84	60～74	≤59	

课后阅读

"神威·太湖之光"超级计算机由40个运算机柜和8个网络机柜组成。每个运算机柜比家用的双门冰箱略大，打开柜门，4块由32块运算插件组成的超节点分布其中。每个插件由4个运算节点板组成，一个运算节点板又含2块"申威26010"高性能处理器。一个机柜就有1 024块处理器，整台"神威·太湖之光"共有40 960块处理器。每个处理器有260个核心，主板为双节点设计，每个CPU固化的板载内存为32 GB DDR3－2133。

2016年6月20日，在法兰克福世界超算大会上，国际TOP500组织发布的榜单显示，"神威·太湖之光"超级计算机系统登顶榜单之首，不仅速度比第二名"天河二号"快出近2倍，其效率也提高3倍。

2016年7月15日，权威的世界纪录认证机构吉尼斯世界纪录宣布，位于国家超级计算机无锡中心的"神威·太湖之光"在德国法兰克福国际超算大会（ISC）公布的新一期全球超级计算机500强榜单中以3倍于第二名的运算速度名列第一，是"运算速度最快的计算机"。

"神威·太湖之光"由国家并行计算机工程技术研究中心研制，全部采用中国国产处理器构建，是世界上首台峰值计算速度超过十亿亿次的超级计算机，其峰值计算速度达每秒12.54亿亿次。

依托"神威·太湖之光"，在天气气候、航空航天、海洋科学、新药创制、先进制造、新材料等重要领域取得了一批应用成果。其中，由中科院软件所、清华大学和北京师范大学申报的"全球大气非静力云分辨模拟"课题、由国家海洋局海洋一所和清华大学申报的"全球高分辨率海浪数值模式"课题、由中科院网络中心申报的"钛合金微结构演化相场模拟"课题分别入围了高性能计算应用领域的最高奖——"戈登贝尔奖"，这是中国在该领域的首次突破。吉尼斯世界纪录大中华区总裁罗文向国家超级计算机无锡中心主任杨广文先生颁发了吉尼斯世界纪录认证书。

2017 年 6 月 19 日下午，在德国法兰克福召开的 I SC2017 国际高性能计算大会上，"神威·太湖之光"超级计算机以每秒 12.5 亿亿次的峰值计算能力以及每秒 9.3 亿亿次的持续计算能力，再次斩获世界超级计算机排名榜单 TOP500 第一名。本次夺冠也实现了我国国产超算系统在世界超级计算机冠军宝座的首次三连冠，国产芯片继续在世界舞台上展露光芒。

2017 年 11 月 13 日，新一期全球超级计算机 500 强榜单发布，中国超级计算机"神威·太湖之光"和"天河二号"连续第四次分列冠、亚军，且中国超级计算机上榜总数又一次反超美国，夺得第一。此次中国"神威·太湖之光"和"天河二号"再次领跑，其浮点运算速度分别为每秒 9.3 亿亿次和每秒 3.39 亿亿次。

2018 年 11 月 12 日，新一期全球超级计算机 500 强榜单在美国达拉斯发布，中国超算"神威·太湖之光"位列第三名。

2019 年 11 月 18 日，全球超级计算机 500 强榜单发布，中国超算"神威·太湖之光"排名第三位。

项目七

时序逻辑电路的应用

项目描述

时序逻辑电路是指任意时刻该电路的输出不仅与当前的输入状态有关，还取决于以前的输入。时序逻辑电路在电路结构上包含组合逻辑电路和存储电路，因此时序逻辑电路有记忆功能，信号不但能从输入向输出传递，也能通过反馈支路从输出向输入传递。时序逻辑电路的基本单元是触发器，常用的时序逻辑电路有寄存器、计数器，因此，掌握它们的工作原理、功能分析及应用是十分有必要的。

知识目标

（1）知道触发器的作用、结构和工作原理。
（2）掌握 RS 触发器、JK 触发器、D 触发器和 T 触发器的逻辑功能及描述方法，熟悉集成触发器的应用。
（3）掌握寄存器的功能及工作原理，会分析寄存器的逻辑功能。
（4）掌握计数器的功能，会分析其工作原理，能用集成计数器构成任意进制计数器。

能力目标

（1）能识读集成触发器的引脚排列，会分析和测试集成触发器的逻辑功能。
（2）能够正确使用数码、移位和集成移位寄存器。
（3）能看懂集成计数器的引脚功能和逻辑功能，会测试集成计数器的逻辑功能。

知识导图

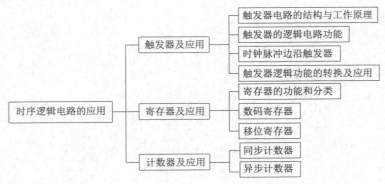

任务一　触发器及应用

任务目标

（1）知道触发器的作用，了解触发器的分类。
（2）熟悉 RS 触发器、D 触发器、JK 触发器、T 触发器和 T′触发器的结构和工作原理。
（3）熟知触发器的特性表、特性方程、驱动表、状态转换图以及波形图等。
（4）掌握各类触发器功能的相互转换，学会使用集成触发器。

相关知识

一、触发器电路的结构与工作原理

在数字电路中，不仅需要对数字信号进行各种运算和处理，而且还要将这些数字信号或运算结果保存起来，为此，需要使用具有记忆功能的基本逻辑单元。能够存储一位二值信号的基本单元电路统称为触发器，它是一种简单的时序逻辑电路，是构成复杂时序逻辑电路的基本单元。其有以下几个特点：

（1）具有两个能自行保持的稳定状态，用来表示逻辑状态的 0 和 1。
（2）根据不同的输入信号可以置成"1"或"0"状态。

触发器的种类很多，其中常见分类如下：

（1）按触发器的逻辑功能不同，分为 RS 触发器、D 触发器、JK 触发器、T 触发器等。
（2）按触发器的电路结构不同，分为基本 RS 触发器、同步 RS 触发器、主从触发器、维持阻塞型触发器和边沿触发器。
（3）根据触发器的次态是否受脉冲信号控制，分为时钟触发器和基本触发器。
（4）按照触发器所使用开关器件的不同，分为 TTL 触发器和 CMOS 触发器。

1. 基本 RS 触发器

基本 RS 触发器是基本的触发器，是各种触发器中结构形式最简单的一种。同时，它又是许多复杂电路结构触发器的一个组成部分。

基本 RS 触发器

1）电路结构

基本 RS 触发器的电路如图 7-1 所示。图 7-1（a）所示为逻辑图，图 7-1（b）所示为逻辑符号。由图可知，基本 RS 触发器由两个与非门交叉耦合而成，$\overline{R}_\mathrm{D}$ 和 $\overline{S}_\mathrm{D}$ 为两个信号输入端；Q 和 $\overline{Q}$ 为两个互补输出端，在触发器处于稳定状态时，它们的输出状态相反。基本 RS 触发器也可由两个或非门交叉耦合组成，逻辑图如图 7-2（a）所示，逻辑符号如图 7-2（b）所示。

2）工作原理

下面根据与非门的逻辑功能讨论由两个与非门组成的基本 RS 触发器的工作原理。

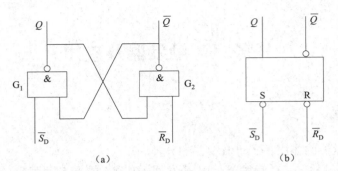

图 7-1　与非门组成的基本 RS 触发器和逻辑符号

（a）逻辑图；（b）逻辑符号

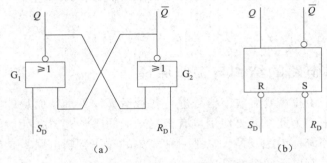

图 7-2　或非门组成的基本 RS 触发器和逻辑符号

（a）逻辑图；（b）逻辑符号

（1）$\overline{R}_D = 0$，$\overline{S}_D = 1$ 时，触发器置 0。

因 $\overline{R}_D = 0$，G_2 输出 $\overline{Q} = 1$，此时 G_1 输入都为高电平 1，输出 $Q = 0$，触发器被置 0。使触发器处于 0 状态的输入端 $\overline{R}_D$ 称为置 0 端，也称复位端，低电平有效。

（2）当 $\overline{R}_D = 1$，$\overline{S}_D = 0$ 时，触发器置 1。

因 $\overline{R}_D = 1$，G_1 输出 $Q = 1$，此时 G_2 输入都为高电平 1，输出 $\overline{Q} = 0$，触发器被置 1。使触发器处于 1 状态的输入端 $\overline{S}_D$ 称为置 1 端，也称置位端，也是低电平有效。

（3）当 $\overline{R}_D = 1$，$\overline{S}_D = 1$ 时，触发器保持原状态不变。

如触发器处于 $Q = 0$、$\overline{Q} = 1$ 的状态，则 $Q = 0$ 反馈到 G_2 的输入端，G_2 因输入有低电平 0，故输出 $\overline{Q} = 1$；$\overline{Q} = 1$ 又反馈到 G_1 的输入端，G_1 输入都为高电平 1，故输出 $Q = 0$。电路保持 0 状态不变。

如触发器原处于 $Q = 1$、$\overline{Q} = 0$ 的 1 状态，则电路同样能保持 1 状态不变。

（4）当 $\overline{R}_D = \overline{S}_D = 0$ 时，触发器状态不定。

此时触发器输出 $Q = \overline{Q} = 1$，这既不是 1 状态，也不是 0 状态。而在 $\overline{R}_D$ 和 $\overline{S}_D$ 同时由 0 变为 1 时，由于 G_1 和 G_2 电气性能上的差异，其输出状态无法预知，可能是 0 状态，也可能是 1 状态。实际上这种情况是不允许的。

基本 RS 触发器的特点如下：

优点：电路结构简单，可以存储一位二进制信号，是构成各种性能更完善的触发器的基础。

缺点：信号存在期间直接控制着输出端的状态，可以用于某些直接控制的场合，但使用的局限性很大，输入信号 R、S 之间有约束。

基本 RS 触发器由于有一个输出不定状态，且没有时钟控制输入端，所以单独使用的情况并不多，一般只作为其他触发器的一个组成部分。

3）特性表

触发器次态与输入信号和电路原有状态（现态）之间关系的真值表称作特性表。现态：是指触发器输入信号（$\overline{R}_D$、$\overline{S}_D$ 端）变化前的状态，用 Q^n 表示；次态：是指触发器输入信号变化后的状态，用 Q^{n+1} 表示。

与非门组成的基本 RS 触发器的工作原理可用表 7－1 所示的特性表来表示。

表 7－1　与非门组成的基本 RS 触发器的特性表

$\overline{R}_D$	$\overline{S}_D$	Q^n	Q^{n+1}	说明
0	0	0	×	触发器状态不定
0	0	1	×	
0	1	0	0	触发器置 0
0	1	1	0	
1	0	0	1	触发器置 1
1	0	1	1	
1	1	0	0	触发器保持原状态不变
1	1	1	1	

例 7－1　设与非门组成的基本 RS 触发器在 $t=0$ 时刻，$Q=0$，$\overline{Q}=1$，$\overline{S}_D$ 和 $\overline{R}_D$ 端所加入的波形如图 7－3 所示，试画出对应的 Q 端和 $\overline{Q}$ 端的输出波形。

解：分析时可按时间段来讨论：

每当 $\overline{S}_D$ 或 $\overline{R}_D$ 发生变化时，用特性表分析相应的输出情况，因 $\overline{S}_D=\overline{R}_D=1$ 时 Q 保持不变，故只要在对应负脉冲（低电平）到来时刻画出对应的高低电平即可。

$t=t_1$，$\overline{S}_D=1\rightarrow\overline{S}_D=0$，$\overline{R}_D=1$ 不变；$Q=1$，$\overline{Q}=0$。

$t=t_2$，$\overline{R}_D=1\rightarrow\overline{R}_D=0$，$\overline{S}_D=1$ 不变；$Q=0$，$\overline{Q}=1$。

$t=t_3$，$\overline{S}_D=1\rightarrow\overline{S}_D=0$，$\overline{R}_D=1$ 不变；$Q=1$，$\overline{Q}=0$。

$t=t_4$，$\overline{R}_D=1\rightarrow\overline{R}_D=0$，$\overline{S}_D=1$ 不变；$Q=0$，$\overline{Q}=1$。

$t=t_5$，$\overline{S}_D=1\rightarrow\overline{S}_D=0$，$\overline{R}_D=0$；$Q=1$，$\overline{Q}=1$。这是禁止出现的。

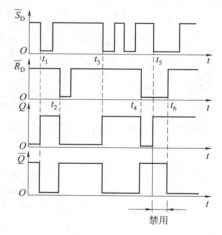

图 7－3　例题 7－1 图

2. 同步触发器

上面介绍的基本 RS 触发器是由 $\overline{R}_D$、$\overline{S}_D$（或 R_D、S_D）端的输入信号直接控制的。在实际工作中，触发器的工作状态不仅要由 $\overline{R}_D$、$\overline{S}_D$（或 R_D、S_D）端的信号来决定，而且常常需要触发器在同一个时钟脉冲作用下协同动作，为此这些触发器必须加入一个时钟脉冲控制端 CP，只有在 CP 端上

同步 RS 触发器

179

出现时钟脉冲时，触发器的状态才能变化。具有时钟脉冲控制的触发器称为时钟触发器，又称同步触发器（或钟控触发器），即触发器状态的改变与时钟脉冲同步。

1）同步 RS 触发器

（1）电路结构。

同步 RS 触发器是在基本 RS 触发器的基础上增加了两个由时钟脉冲 CP 控制的门 G_3、G_4 组成的，如图 7 - 4（a）所示，图 7 - 4（b）所示为其逻辑符号。图 7 - 4 中 CP 为时钟脉冲输入端，简称钟控端或 CP 端。

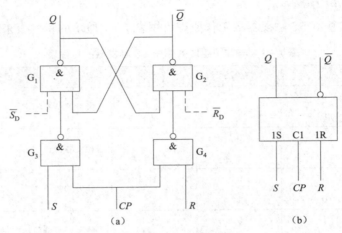

图 7 - 4 同步触发器和逻辑符号

（a）逻辑图；（b）逻辑符号

（2）工作原理。

当 $CP = 0$ 时，G_3、G_4 被封锁，都输出 1，此时不管 R 端和 S 端的信号如何变化，触发器的状态保持不变，即 $Q^{n+1} = Q^n$。

当 $CP = 1$ 时，G_3、G_4 解除封锁，R、S 端的输入信号才能通过这两个门使基本 RS 触发器的状态翻转，其输出状态仍由 R、S 端的输入信号和电路的原有状态 Q^n 决定。同步 RS 触发器的特性表见表 7 - 2。

表 7 - 2 同步 RS 触发器的特性表

R	S	Q^n	Q^{n+1}	说明
0	0	0	0	触发器保持原状态不变
0	0	1	1	
0	1	0	1	触发器状态和 S 相同（置1）
0	1	1	1	
1	0	0	0	触发器状态和 S 相同（置0）
1	0	1	0	
1	1	0	×	触发器状态不定
1	1	1	×	

由表 7 - 2 可以看出，当 $R = S = 1$ 时，触发器的输出状态不定，为避免出现这种情况，应使 $RS = 0$。

180

在图 7 – 4（a）中，虚线所示 $\overline{R}_D$ 和 $\overline{S}_D$ 为直接置 0（复位）端和直接置 1（置位）端。如取 $\overline{R}_D = 1$、$\overline{S}_D = 0$，$Q = 1$、$\overline{Q} = 0$，触发器置 1；如取 $\overline{R}_D = 0$、$\overline{S}_D = 1$，触发器置 0。它不受 CP 脉冲的控制。因此，$\overline{R}_D$ 和 $\overline{S}_D$ 端又称为异步置 0 端和异步置 1 端。在实际应用中，有时在时钟脉冲到来之前，预先将触发器设置成某种状态，初始状态预置完毕，应满足 $\overline{R}_D = \overline{S}_D = 1$，触发器才能进入正常工作状态。其工作情况可用图 7 –5 所示的波形图来描述。

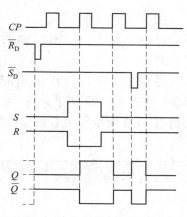

图 7 –5　同步触发器时序波形

在 $CP = 1$ 的全部时间里，S 和 R 信号都能通过门 G_3 和 G_4 加到基本 RS 触发器上，所以在 $CP = 1$ 的全部时间内，S 和 R 的变化都将引起触发器输出端状态的变化。这就是同步 RS 触发器的动作特点。根据这一动作特点，$CP = 1$ 的期间内输入信号多次发生变化，则触发器的状态也会发生多次翻转，这将降低电路的抗干扰能力。

讨论：

①可控 RS 触发器与基本 RS 触发器的不同之处在于多一个时钟脉冲来控制触发器输出相应的时刻，显然这个时钟脉冲宽度不能太大，且在这个时钟脉冲宽度范围内，R、S 端输入不能发生变化，否则就起不到控制作用。

②可控 RS 触发器与基本 RS 触发器的相同之处在于都有一个不允许状态。

③可控的逻辑功能比较多一些，它不但可以实现存储，而且具有记忆功能，对其结构做适当改进，则能用它构成计数器。

同步 D 和 JK 触发器

2）同步 D 触发器

（1）电路结构。

为了避免同步 RS 触发器同时出现 R 和 S 都为 1 的情况，可在 R 和 S 之间接入非门 G_5，如图 7 –6（a）所示，这种单输入的触发器称为 D 触发器。图 7 –6（b）所示为其逻辑符号。

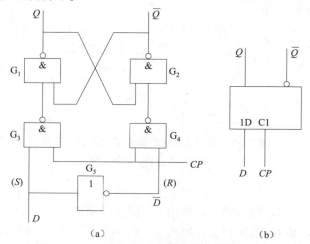

图 7 –6　同步 D 触发器逻辑图和逻辑符号
（a）逻辑图；（b）逻辑符号

（2）工作原理。

当 $CP=0$ 时，G_3 和 G_4 被封锁都输出 1，触发器保持原状态不变，不受 D 端输入信号的控制。

当 $CP=1$ 时，G_3 和 G_4 解除封锁，可接收 D 端输入的信号。当 $D=1$ 时，$\overline{D}=0$，触发器翻到 1 状态，即 $Q^{n+1}=1$；当 $D=0$ 时，$\overline{D}=1$，触发器翻到 0 状态，即 $Q^{n+1}=0$。由此可列出表 7-3 所示同步 D 触发器的特性表。

表 7-3 同步 D 触发器的特性表

D	Q^n	Q^{n+1}	说明
0	0	0	输出状态和 D 相同
0	1	0	输出状态和 D 相同
1	0	1	输出状态和 D 相同
1	1	1	输出状态和 D 相同

由上述分析可知，同步 D 触发器的逻辑功能如下：当 CP 由 0 变为 1 时，触发器的状态翻到和 D 的状态相同；当 CP 由 1 变为 0 时，触发器保持原状态不变。

3）同步 JK 触发器

（1）电路结构。

克服同步 RS 触发器在 $R=S=1$ 时出现不定状态的另一种方法是将触发器输出端 Q 和 $\overline{Q}$ 的状态反馈到输入端，这样，G_3 和 G_4 的输出不会同时出现 0，从而避免了不定状态的出现，其电路如图 7-7（a）所示，逻辑符号如图 7-7（b）所示。

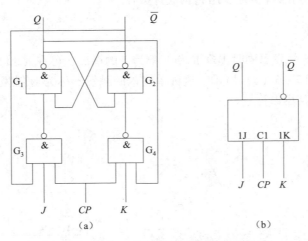

图 7-7 同步 JK 触发器逻辑图和逻辑符号

（a）逻辑图；（b）逻辑符号

（2）工作原理。

当 $CP=0$ 时，G_3 和 G_4 被封锁，都输出 1，触发器保持原状态不变。

当 $CP=1$ 时，G_3 和 G_4 解除封锁，输入 J、K 端的信号可控制触发器的状态。

①当 $J=K=0$ 时，G_3 和 G_4 都输出 1，触发器保持原状态不变，即 $Q^{n+1}=Q^n$。

②当 $J=1$、$K=0$ 时，如触发器为 $Q^n=0$、$\overline{Q^n}=1$ 的 0 状态，则在 $CP=1$ 时，G_3 输入全

1，输出 0，G_1 输出 $Q^{n+1}=1$。由于 $K=0$，故 G_4 输出 1，此时 G_2 输入 $\overline{Q^{n+1}}=0$。触发器翻到 1 状态，即 $Q^{n+1}=1$。

如触发器为 $Q^n=1$、$\overline{Q^n}=0$ 的 1 状态，则在 $CP=1$ 时，G_3 和 G_4 的输入分别为 $\overline{Q^n}=0$ 和 $K=0$，这两个门都输出 1，触发器保持原状态不变，即 $Q^{n+1}=Q^n$。

可见在 $J=1$、$K=0$ 时，不论触发器原来处于什么状态，在 CP 由 0 变为 1 后，触发器都翻到与 J 相同的 1 状态。

③当 $J=0$、$K=1$ 时，用同样的分析方法可知，在 CP 由 0 变为 1 后，触发器翻到 0 状态，即翻到与 J 相同的 0 状态。

④当 $J=K=1$ 时，在 CP 由 0 变为 1 后，触发器的状态由 Q 和 $\overline{Q}$ 端的反馈信号决定。如触发器的状态为 $Q^n=0$、$\overline{Q^n}=1$，在 $CP=1$ 时，G_4 输入 $Q^n=0$，输出 1；G_3 输入 $\overline{Q^n}=1$、$J=1$，即输入全 1，输出 0。因此，G_1 输出 $Q^{n+1}=1$，G_2 输出 $\overline{Q^{n+1}}=0$，触发器翻到 1 状态，与电路原来的状态相反。

如触发器的状态为 $Q^n=1$、$\overline{Q^n}=0$，在 $CP=1$ 时，G_4 输入全 1，输出 0；G_3 输入 $\overline{Q^n}=0$，输出 1，因此，G_2 输出 $\overline{Q^{n+1}}=1$，G_1 输出 $Q^{n+1}=0$，触发器翻到 0 状态。

可见，在 $J=K=1$ 时，每输入一个时钟脉冲 CP，触发器的状态变化一次，电路处于计数状态，此时 $Q^{n+1}=\overline{Q^n}$。

上述同步 JK 触发器的逻辑功能可用表 7-4 表示。

表 7-4　同步 JK 触发器的逻辑功能

J	K	Q^n	Q^{n+1}	说明
0	0	0	0	输出保持原状态不变
0	0	1	1	
0	1	0	0	输出状态和 J 相同（置 0）
0	1	1	0	
1	0	0	1	输出状态和 J 相同（置 1）
1	0	1	1	
1	1	0	1	每输入一个时钟脉冲，输出状态变化一次
1	1	1	0	

4）触发器的空翻

在 CP 为高电平 1 期间，当同步触发器的输入信号发生多次变化时，其输出状态也会相应发生多次变化，这种现象称为触发器的空翻。图 7-8 所示为同步 D 触发器的空翻波形。

由该图可以看出，在 $CP=1$ 期间，输入 D 的状态发生多次变化，其输出状态也随之变化。

同步触发器由于存在空翻，故只能用于数据锁存，而不能用于计数器、移位寄存器和存储器等。

3. 时钟触发方式

以上所讨论的各种同步式时钟触发器在结

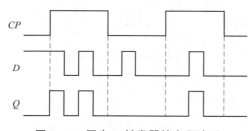

图 7-8　同步 D 触发器的空翻波形

构上均为由 CP 脉冲通过与非门来控制输入信号的加入，它的特点是触发器接收信号的时间取决于 CP 脉冲持续的时间，即在时钟脉冲作用期间随时会接收输入信号，一旦时钟脉冲消失，触发器便被封锁，维持状态不变。这种触发方式称为电平触发。由前面讨论可知，电平触发方式虽然结构简单但存在空翻现象，为避免触发器在实际使用中出现空翻，则应在结构上采取措施，以限制触发器的翻转时刻。在实际中应用的触发器产品是通过维持阻塞型、主从型、边沿型等几种结构类型来将触发器的翻转时刻限定在 CP 脉冲的边沿，即上升沿或下降沿，在触发方式上分别称为上升沿触发和下降沿触发。

1）上升沿触发

CP 脉冲由低电平上跳到高电平这一时刻称为上升沿，上升沿触发指触发器只有在 CP 脉冲上升沿可以接收信号，产生翻转。以 D 触发器为例，其逻辑符号及时序图如图 7-9 所示。

图 7-9 中触发器输出 Q 的变化波形取决于 CP 脉冲及输入信号 D，由图可得出上升沿触发器输出 Q 的变化规律：仅在 CP 脉冲的上升沿有可能翻转，如何翻转取决于当时的输入 D。

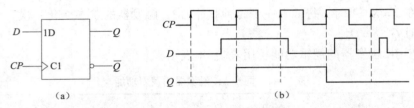

图 7-9　上升沿触发（D 触发器）
（a）逻辑符号；（b）时序图

2）下将沿触发

CP 脉冲由高电平下跳到低电平这一时刻称为下降沿，下降沿触发指触发器只有在 CP 脉冲下降沿可以接收信号，产生翻转。以 JK 触发器为例，其逻辑符号及时序图如图 7-10 所示。

由图 7-10 可得出下降沿触发器输出 Q 的变化规律：仅在 CP 脉冲的下降沿有可能翻转，如何翻转取决于当时的输入 J 和 K。

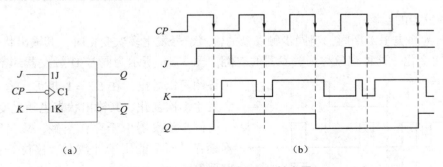

图 7-10　下降沿触发（JK 触发器）
（a）逻辑符号；（b）时序图

二、触发器的逻辑功能

1. 逻辑功能的描述方法

按照逻辑功能的不同特点，通常将时钟控制的触发器分为 RS 触发器（复位置位）、JK（多功能）触发器、D（数据）触发器、T（可控）触发器、T′（计数式）触发器等几种类型。

触发器的逻辑功能指的是触发器的次态和现态以及输入信号之间的逻辑关系。描述触发器的逻辑功能，通常采用下述四种方法：

1）状态转换真值表（含特性表和驱动表）

（1）特性表：表示次态与现态及输入信号之间的关系表格。

（2）驱动表：表示由现态到次态的转换时，输入信号应满足的条件的表格。

2）逻辑方程式（含特性方程和驱动方程）

（1）特性方程：表示次态与现态及输入信号之间的逻辑表达式。

（2）驱动方程：表示输入信号的逻辑表达式。

3）状态图

状态图是以图形的方式描述触发器状态转换的规律。其方法是用两个圆圈分别代表触发器的两个状态——现态和次态，用箭头表示状态转换的方向，箭头旁所标注的文字表示了转换条件。

4）时序图

用波形图的形式来反映触发器次态与时钟脉冲、输入信号及现态之间的对应关系。

2. RS 触发器

凡在时钟信号作用下逻辑功能符合表 7–5 特性表所规定的逻辑功能者，叫作 RS 触发器。为了表明触发器在输入信号作用下，触发器的次态（Q^{n+1}）与现态（Q^n）及输入信号之间的关系，可以用表格的形式来描述，表 7–5 所示为该触发器的状态转换真值表。$R = S = 1$ 为不允许出现的情况，在化简时可做约束项处理。

表 7–5 同步 RS 触发器的特性表

R	S	Q^n	Q^{n+1}	说明
0	0	0	0	触发器保持原状态不变
0	0	1	1	
0	1	0	1	触发器状态和 S 相同（置1）
0	1	1	1	
1	0	0	0	触发器状态和 S 相同（置0）
1	0	1	0	
1	1	0	×	触发器状态不定
1	1	1	×	

根据触发器的现态和次态的取值来确定输入信号取值的关系表，称为触发器的驱动表。

表 7 – 6 同步 RS 触发器的驱动表

Q^n	$\rightarrow$	Q^{n+1}	R	S
0		0	×	0
0		1	0	1
1		0	1	0
1		1	0	×

由表 7 – 5 可列出表 7 – 6 所示同步触发器的驱动表，表中的"×"号表示任意值，可以为 0，也可以为 1。驱动表对时序逻辑电路的分析和设计是很有用的。

如果把表 7 – 6 所示特性表所规定的逻辑关系写成逻辑函数式，则得到表达式：

$$\begin{cases} Q^{n+1} = \bar{S}\bar{R}Q^n + S\bar{R}\overline{Q^n} + S\bar{R}Q^n = S\bar{R} + \bar{S}\bar{R}Q^n \\ SR = 0 \text{（约束条件）} \end{cases}$$

利用约束条件通过卡诺图将上式化简，得出表达式：

$$\begin{cases} Q^{n+1} = S + \bar{R}Q^n \\ SR = 0 \text{（约束条件）} \end{cases} \tag{7-1}$$

式（7 – 1）称为 RS 触发器的特性方程。约束条件 $SR = 0$，表示对基本 RS 触发器来说，R 和 S 不能同时为 1，否则触发器的状态不确定。

特性表和特性方程全面地描述了触发器的逻辑功能。

此外，根据表 7 – 6 还可以得到图 7 – 11 所示的状态转换图，其形象地表示了 RS 触发器的逻辑功能。图 7 – 6 中以两个圆圈分别代表触发器的两个状态，用箭头表示状态转换的方向，同时在箭头的旁边注明了转换的条件。

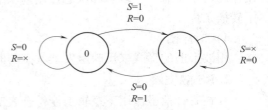

图 7 – 11 RS 触发器的状态转换图

3. JK 触发器

在时钟信号作用下逻辑功能符合表 7 – 7 特性表所规定的逻辑功能者，即为 JK 触发器。

根据表 7 – 7 可得到在 $CP = 1$ 时同步 JK 触发器的驱动表，如表 7 – 8 所示。

表 7 – 7 JK 触发器的特性表

J	K	Q^n	Q^{n+1}	说明
0	0	0	0	保持
0	0	1	1	保持
0	1	0	0	置0
0	1	1	0	置0
1	0	0	1	置1
1	0	1	1	置1
1	1	0	1	翻转
1	1	1	0	翻转

根据特性表可以写出 JK 触发器的特性方程，通过卡诺图化简后可以得到表达式：

$$Q^{n+1} = J\overline{Q^n} + \overline{K}Q^n \tag{7-2}$$

JK 触发器的状态转换图如图 7-12 所示。

表 7-8　同步 JK 触发器的驱动表

Q^n	→	Q^{n+1}	J	K
0		0	0	×
0		1	1	×
1		0	×	1
1		1	×	0

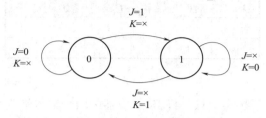

图 7-12　JK 触发器的状态转换图

4. D 触发器

在时钟信号作用下逻辑功能符合表 7-9 所示特性表所规定的逻辑功能者，即 D 触发器。前面讲过的图 7-6 所示的触发器，在逻辑功能上同属于这种类型。

根据表 7-9 可得到在 $CP=1$ 时的同步 D 触发器的驱动表，如表 7-10 所示。

表 7-9　D 触发器的驱动表

D	Q^n	Q^{n+1}	说明
0	0	0	置0
0	1	0	置0
1	0	1	置1
1	1	1	置1

表 7-10　D 触发器的驱动表

Q^n	→	Q^{n+1}	D	Q^n	→	Q^{n+1}	D
0		0	0	1		0	0
0		1	1	1		1	1

根据特性表并通过卡诺图化简写出 D 触发器的特性方程为

$$Q^{n+1} = D \tag{7-3}$$

D 触发器的状态转换图如图 7-13 所示。

D 触发器的时序波形图不再给出，同学们自行分析。

5. T 触发器

在某些应用场合下，需要这样一种逻辑功能的触发器，当控制信号 $T=1$ 时，每来一个 CP 信号，它的状态就翻转一次；而当 $T=0$ 时，CP 信号到达后它的状态保持不变。具备这种逻辑功能的触发器叫作 T 触发器，它的特性表如表 7-11 所示。

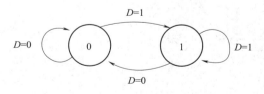

图 7-13　D 触发器的状态转换图

表 7-11　T 触发器的特性表

T	Q^n	Q^{n+1}	说明
0	0	0	保持
0	1	1	保持
1	0	1	翻转
1	1	0	翻转

根据表 7-11 可得到在 $CP=1$ 时 T 触发器的驱动表，如表 7-12 所示。

由特性表通过卡诺图写出 T 触发器的特性方程为

$$Q^{n+1} = T\overline{Q^n} + \overline{T}Q^n \tag{7-4}$$

它的状态转换图如图 7-14 所示。

表 7-12 T 触发器的驱动表

Q^n	$\rightarrow$	Q^{n+1}	T	Q^n	$\rightarrow$	Q^{n+1}	T
0		0	0	1		0	1
0		1	1	1		1	0

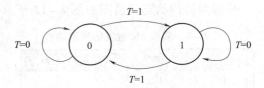

图 7-14 T 触发器的状态转换图

事实上只要将 JK 触发器的两个输入端连在一起作为 T 端，就可以构成 T 触发器。正因为如此，在触发器的定型产品中通常没有专门的 T 触发器。

当 T 触发器的控制端接至固定的高电平（即 T 恒等于 1）时，则式（7-4）变为

$$Q^{n+1} = \overline{Q^n} \tag{7-5}$$

即每次 CP 信号作用后触发器必然翻转成与初态相反的状态。有时也把这种接法的触发器叫作 T′触发器。其实 T′触发器只不过是处于一种特定工作状态下的 T 触发器而已。

三、时钟脉冲边沿触发器

时钟脉冲边沿触发器是指在 CP 时钟信号的上升沿或下降沿时刻，才能使触发器的输出状态发生改变，其他时刻触发器状态保持不变。这种触发器具有抗干扰能力强的特点，因此得到了广泛的应用。

1. 维持阻塞型 D 触发器

1）电路结构

维持阻塞型 D 触发器的逻辑电路图如图 7-15（a）所示，其逻辑符号如图 7-15（b）所示。

维持阻塞型
D 触发器

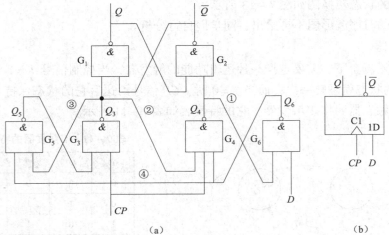

（a）   （b）

图 7-15 维持阻塞型 D 触发器的逻辑电路图和逻辑符号

（a）逻辑电路图；（b）逻辑符号

2）逻辑功能与触发方式

（1）逻辑功能。

①如图 7–15 所示：设输入 $D=1$，在 $CP=0$ 时，触发器保持原态不变。因 $D=1$，G_6 输入全 1，输出 $Q_6=0$，使 G_4、G_5 输出 $Q_4=1$、$Q_5=1$。

当 CP 由 0 跃变到 1 时，触发器置 1。

在 $CP=1$ 期间，②线阻塞了置 0 通路，故称②线为置 0 阻塞线；③线维持了触发器的 1 状态，故称③线为置 1 维持线。

②设输入 $D=0$，当 $CP=0$ 时，触发器保持原态不变。因 $D=0$，G_6 输出 $Q_6=1$，此时，G_5 输入全 1，输出 $Q_5=0$。

当 CP 由 0 跃变到 1 时，触发器置 0。

在 $CP=1$ 期间，①线维持了触发器的 0 态，故称①线为置 0 维持线；④线阻塞了置 1 通路，故称④线为置 1 阻塞线。

可见，它的逻辑功能和前面讨论的同步 D 触发器的相同。因此，它们的特性表、驱动表和特性方程也相同。

（2）触发方式——边沿式。

维持阻塞型 D 触发器是在时钟脉冲上升沿触发的，因此又称它为边沿 D 触发器。它只在 CP 上升沿到来时才能接收输入信号 D 而改变状态，在其他时刻，不论输入信号 D 是什么状态，触发器的状态都不发生改变。

可见，在一个时钟脉冲周期内，只有一个上升沿，触发器状态最多变化一次，因而避免了空翻现象。

其特性方程为

$$Q^{n+1} = D$$

此式在 CP 上升沿到来时有效，其中的 Q 指 CP 上升沿到来前的状态，Q^{n+1} 为 CP 上升沿到来后的次态。

2. 主从型触发器

主从型触发器内部有对称的主触发器和从触发器，也可以克服空翻现象。主、从两个触发器分别工作在 CP 两个不同的时间段内，状态更新的时刻只发生在 CP 脉冲的上升沿或下降沿。在 CP 脉冲的每个周期内，触发器的状态只可能变化一次，能提高触发器的工作可靠性。主从型触发器是在同步 RS 触发器的基础上发展出来的。各种逻辑功能的触发器都有主从型触发方式的主要有主从 RS 触发器、主从 JK 触发器、主从 D 触发器、主从 T 触发器及主从 T′触发器。下面重点介绍主从 RS 触发器和主从 JK 触发器。

1）主从 RS 触发器

（1）电路结构。主从 RS 触发器由两个同步 RS 触发器串联组成，其逻辑电路图如图 7–16（a）所示，上面的为从触发器，下面的为主触发器。非门 G 的作用是将 CP 反相为 $\overline{CP}$，使主、从两个触发器分别工作在两个不同的时区内。图 7–16（b）中的"¬"符号是主从型触发器特有的，是表示输出延迟的记号。

（2）逻辑功能分析。

①在 $CP=1$、$\overline{CP}=0$ 期间：主触发器工作，接收 R、S 信号，主触发器的状态按输入信号 R、S 的变化而实现逻辑功能更新，而从触发器被封锁，保持原状态不变。

电子技术与技能

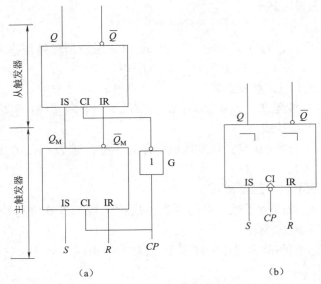

图 7-16 主从 RS 触发器的逻辑电路图和逻辑符号

（a）逻辑电路图；（b）逻辑符号

②在 $CP=0$、$\overline{CP}=1$ 期间：主触发器被封锁，它不受 R、S 端输入信号的控制，且保持原状态不变，直到下一个 CP 上升沿到来，主触发器才接收输入信号 R、S 的作用，此时从触发器跟随主触发器的状态变化，与主触发器状态保持一致。

可见，主从 RS 触发器的工作过程分两步进行：第一步，CP 上升沿时，主触发器接收输入信号 R、S 的作用，从触发器被封锁；第二步，CP 下降沿时，从触发器接收主触发器的状态，与主触发器状态一致，同时主触发器被封锁。

主从 RS 触发器的逻辑功能和同步 RS 触发器相同，因此，它们的特性表、特性方程等也相同。其特性方程为

$$Q^{n+1}=S+\overline{R}Q^n \ (CP \text{ 下降沿时有效})$$

2）主从 JK 触发器

（1）电路结构。主从 JK 触发器的电路结构如图 7-17（a）所示。

（2）逻辑功能分析。

①在 $CP=1$、$\overline{CP}=0$ 期间：主触发器工作，接收 J、K 信号，主触发器的状态按输入信号 J、K 的变化而实现逻辑功能更新，而从触发器被封锁，保持原状态不变。

主从 JK 触发器

注意：主从 JK 触发器的主触发器在 $CP=1$ 期间有一次变化现象。一次变化现象是指在 $CP=1$ 期间主触发器能且仅能翻转一次的现象。一次变化包括正常翻转或受干扰引起的错误翻转，产生的原因是主从型 JK 触发器的互补输出 Q 和 $\overline{Q}$ 是交叉反馈到主触发器的输入端的，所以输入端的两个门 G_7、G_8 中一定有一个被封锁，另一个被打开。如 G_7 打开、G_8 封锁，当门 G_7 的输入信号 J 引起主触发器翻转后，要使其翻转回来，则必须使 G_8 的输入信号 K 起作用，但 G_8 仍被封锁（因为从触发器状态没有发生变化），因此主触发器只能翻转一次，而不能翻转两次或两次以上。

190

②在 $CP=0$、$\overline{CP}=1$ 期间：主触发器被封锁，它不受 J、K 端输入信号的控制，且保持原状态不变，直到下一个 CP 上升沿到来，主触发器才接收输入信号 J、K 的作用，此时从触发器跟随主触发器的状态变化，与主触发器状态保持一致。

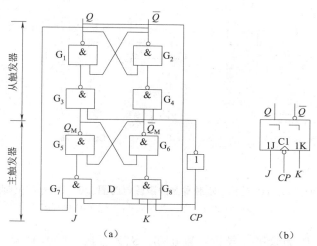

图 7-17　主从 JK 触发器的逻辑电路图和逻辑符号

（a）逻辑电路图；（b）逻辑符号

可见，主从 JK 触发器的工作过程分两步进行：第一步，CP 上升沿时，主触发器接收输入信号 J、K 的作用，从触发器被封锁；第二步，CP 下降沿时，从触发器接收主触发器的状态，与主触发器状态一致，同时主触发器被封锁。

主从 JK 触发器的特性表、特性方程、状态转换图与同步 JK 触发器的相同，在此不再赘述。

主从 JK 触发器由于无空翻现象，输入信号无约束条件，是一种性能优良的触发器，因而得到广泛使用。但由于有一次变化问题，故其抗干扰能力较差。

例如已知 CP、J、K 波形，则其主从触发器的波形如图 7-18 所示。

注意波形关系，由图 7-18 可见：CP 高电平期间，主触发器接收输入控制信号并改变状态；在 CP 的下降沿，从触发器接受主触发器的状态，这点与下降沿触发方式的触发器有所区别。

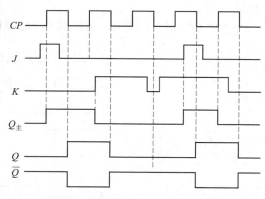

图 7-18　主从 JK 触发器波形图

3. 边沿触发型 JK 触发器

边沿触发器只在时钟脉冲 CP 上升沿或下降沿时刻接收输入信号，电路状态才发生翻转，从而提高了触发器工作的可靠性和抗干扰能力。

图 7-19 所示为下降沿触发的 74LS112 边沿 JK 触发器的逻辑电路图、逻辑符号及引脚排列图。

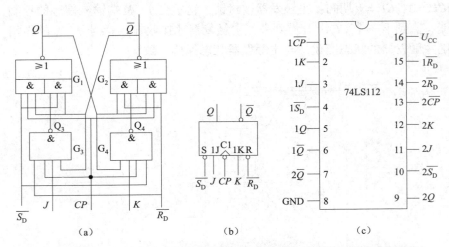

图 7－19　74LS112 边沿 JK 触发器的逻辑电路图、逻辑符号和引脚排列图

（a）逻辑电路图；（b）逻辑符号；（c）引脚排列图

在图 7－19 中，$\overline{R_D}$ 为直接（异步）置 0 端；$\overline{S_D}$ 为直接（异步）置 1 端。非号表示低电平有效，直接（异步）表示不受 CP 的影响。

当 $\overline{R_D} = \overline{S_D} = 1$ 时，电路实现 JK 触发器功能。

当 $\overline{R_D} = 0$、$\overline{S_D} = 1$ 时，触发器置 0。

当 $\overline{R_D} = 1$、$\overline{S_D} = 0$ 时，触发器置 1。

当 $\overline{R_D} = \overline{S_D} = 0$ 时，触发器会出现 $Q^{n+1} = \overline{Q}^{n+1} = 1$ 的不定状态，通常不允许出现这种取值。

已知 CP、J、K 波形，可以画出 74LS112 波形图，如图 7－20 所示。

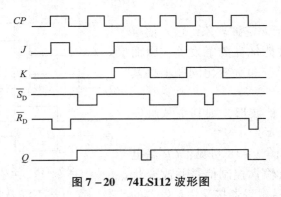

图 7－20　74LS112 波形图

四、触发器逻辑功能的转换及应用

在市场上较多供应的是 JK 触发器和 D 触发器，当实际应用中需要另一种类型的触发器时，就需要在一种类型触发器的基础上通过连线或增加附加电路来转换成另外的类型。实际上各种触发器的逻辑功能都是可以相互转换的，且转换后并不改变电路的触发方式。

1. 触发器逻辑功能的转换

1）D 触发器转换为 RS 触发器

由前面讨论可知，D 触发器的特性方程为 $Q^{n+1} = D$，而 RS 触发器的特性方程为 $Q^{n+1} = S + \overline{R}Q^n$。因此，只要令 D 触发器的输入信号满足 $D = S + \overline{R}Q^n$，就可以得到 RS 触发器了，这种逻辑关系可以用一个简单的组合电路来实现，如图 7 - 21 所示。D 触发器与转换电路一起，就构成一个 RS 触发器。

注意到这个触发器的触发方式仍是原来 D 触发器的触发方式，在图 7 - 15 所示中为脉冲的上升沿触发，故可靠性比前面介绍的可控 RS 触发器更好。

2）D 触发器转换为 JK 触发器

由于 JK 触发器的特性方程为

$$Q^{n+1} = J\overline{Q^n} + \overline{K}Q^n$$

所以应使 D 触发器的输入信号转换为

$$D = J\overline{Q^n} + \overline{K}Q^n$$

转换电路如图 7 - 22 所示。

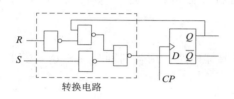

图 7 - 21　D 触发器转换为 RS 触发器　　　　图 7 - 22　D 触发器转换为 JK 触发器

（3）D 触发器转换为 T 触发器

由于 T 触发器的特性方程为

$$Q^{n+1} = T\overline{Q^n} + \overline{T}Q^n$$

所以应使 D 触发器的输入信号转换为

$$D = T\overline{Q^n} + \overline{T}Q^n$$

转换电路如图 7 - 23 所示。

4）JK 触发器转换为 RS 触发器

先将特性方程作一下变换，有：

$$
\begin{aligned}
Q^{n+1} &= S + \overline{R}Q^n = S\ (Q^n + \overline{Q^n}) \\
&= S\overline{Q^n} + \ (S + \overline{R})\ Q^n \\
&= S\overline{Q^n} + \overline{\overline{S} \cdot R}Q^n
\end{aligned}
$$

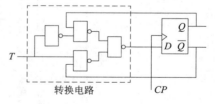

图 7 - 23　D 触发器转换为 T 触发器

若将 JK 触发器的特性方程 $Q^{n+1} = J\overline{Q^n} + \overline{K}Q^n$ 比较一下可见，只需令：

$$J = S, \quad K = \overline{S} \cdot R$$

即可构成 RS 触发器，考虑到可控 RS 的约束条件 $RS = 0$，则有

$$K = \overline{S}R + SR = R$$

此时 JK 触发器的输出与 R、S 的关系将与 RS 触发器相同，只要把 J 端当作 S 端、K 端当作

R 端。

5）JK 触发器转换为 D 触发器

先对 D 触发器的特性方程作一下变换：

$$Q^{n+1} = D = D \left(Q^n + \overline{Q^n} \right) = DQ^n + D\overline{Q^n}$$

比较得：$J = D$；$K = \overline{D}$，则可得到 D 触发器，转换电路如图 7 – 24 所示。

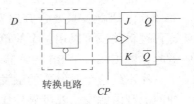

图 7 – 24　JK 触发器转换为 D 触发器

时序逻辑电路在结构上有两个特点：一是一个时序电路通常包含组合电路和存储电路两部分，而存储器是必不可少的；二是存储电路的状态必须反馈到输入端，与输入信号一起决定组合电路的输出。

在分析或设计时序逻辑电路时，只要把电路的状态变量 Q^n 和 $\overline{Q^n}$ 以及输入信号都作为输入量来处理即可。

2. 触发器的应用举例

触发器的应用非常广泛，后面将要学习的计数器、寄存器、顺序脉冲分配器、555 定时器等多种时序逻辑电路的主要功能部件，都由触发器构成，这里仅举两个触发器应用的实例。

1）四路抢答器电路

图 7 – 25 所示为由四个 JK 触发器组成的抢答器电路，用来判别 $S_0 \sim S_3$ 送入的四个信号中哪一个信号最先到达。其工作过程如下：

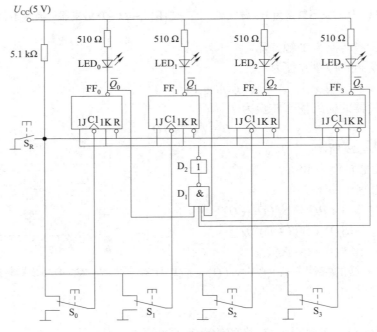

图 7 – 25　抢答器电路

开始前，先按复位开关 S_R，四个 JK 触发器 $FF_0 \sim FF_3$ 都被置 0，$\overline{Q_0} \sim \overline{Q_3}$ 全部输出高电

平1，$LED_0 \sim LED_3$ 都不发光。D_1 输入全为高电平1，D_2 输出为1，触发器 $FF_0 \sim FF_3$ 的 J、K 输入端都为高电平1。在 $S_0 \sim S_3$ 四个开关中，如 S_0 第一个被按下，FF_0 首先由0态翻转为1态，$\overline{Q_0} = 0$，使 LED_0 发光，同时使 D_2 输出为0，此时触发器 $FF_0 \sim FF_3$ 的 J、K 输入端都为低电平0，处于保持状态。因此，在 S_0 第一个被按下后，其他三个开关 $S_1 \sim S_3$ 任意一个再被按下时，触发器 $FF_1 \sim FF_3$ 的状态也不会发生改变，仍为0态，$LED_1 \sim LED_3$ 不会亮，所以，根据发光二极管的发光情况可以判断开关 S_0 第一个被按下。当需要重复进行判断时，在每次进行判别前先按复位开关 S_R 即可。

2）多路共用照明灯控制电路

图 7-26 所示为多路共用照明灯控制电路，$S_0 \sim S_n$ 为安装在不同位置的按钮，用来控制同一个照明灯 HL 的点亮和熄灭。如果触发器处于0态，则 $Q = 0$，晶体管 VT 截止，继电器 K 的常开触点断开，照明灯 HL 熄灭。当按下 $S_0 \sim S_n$ 中任意一个按钮，如 S_0 时，触发器由0态翻转为1态，$Q = 1$，晶体管 VT 导通，继电器线圈通电，其触点闭合，照明灯 HL 点亮。当按下另一个按钮，如 S_1 时，触发器又翻转为0态，$Q = 0$，晶体管 VT 截止，继电器 K 的常开触点又断开，照明灯 HL 熄灭。

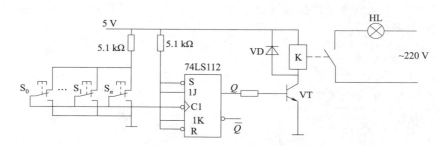

图 7-26 多路共用照明灯控制电路

技能训练 触发器功能测试

1. 实训目的

（1）掌握基本触发器 RS、JK、D 的逻辑功能。

（2）掌握触发器的逻辑功能和使用方法。

（3）熟悉触发器之间相互转换的方法。

2. 实训器材

数字实验箱，数字万用表1块，触发器实训模块1块，公共资源板（包含译码显示器、单次脉冲源、十位逻辑电平显示、输出）1块，连接导线若干。

3. 实训内容及步骤

1）RS 触发器逻辑功能测试

（1）RS 触发器实训原理图如图 7-27 所示，关闭实验箱母板上的电源开关和固定直流稳压电源 ±5 V 开关。

（2）将触发器实验模块和公共资源板固定在实验箱母板上，并将公共资源板上所有开关均拨至"关"侧或"低"侧。

（3）将实验箱固定直流稳压电源的 +5 V、GND 用实验导线分别对应接入触发器实验模块和公共资源实验模块上的 +5 V、GND，将 RS 触发器的输入端 $\overline{S}$、$\overline{R}$ 接公共资源板十位逻辑电平输出模块的1、2端，输出端 Q、$\overline{Q}$ 接公共资源板十位逻辑电平显示模块的1、2端。

（4）待检查接线无误后，打开实验箱母板上电源开关，±5 V 电源开关拨至"开"侧，公共资源板上十位逻辑电平显示与输出处开关拨至"开"侧，RS 触发器模块开关拨至"开"侧，按表7-13中的输入要求，改变十位逻辑电平输出处开关状态，将十位逻辑电平显示结果计入表7-13中。

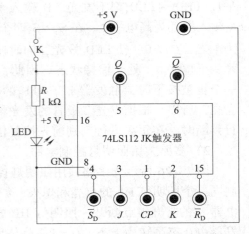

图 7-27　RS 触发器实训原理图

2）JK 触发器功能测试

（1）同上"RS 触发器逻辑功能测试"中（1）、（2）的测试步骤，JK 触发器实训原理图如图7-28所示。

表 7-13　RS 触发器实训表

输入		输出	
$\overline{S}$	$\overline{R}$	Q	$\overline{Q}$
0	1		
1	0		
1	1		
0	0		

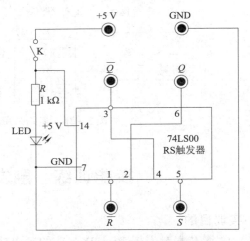

图 7-28　JK 触发器实训原理图

（2）将实验箱固定直流稳压电源的 +5 V、GND 用实验导线分别对应接入触发器实验模块和公共资源实验模块上的 +5 V、GND，将 JK 触发器的输入端 $\overline{S}_D$、$\overline{R}_D$、J、K 接公共资源板十位逻辑电平输出模块的1~4端，CP 接公共资源板单次脉冲源的正脉冲端，输出端 Q、$\overline{Q}$ 接公共资源板十位逻辑电平显示模块的1、2端。

（3）待检查接线无误后，打开实验箱母板上电源开关，+5 V 电源开关拨至"开"侧，公共资源板上十位逻辑电平显示与输出处开关拨至"开"侧，单次脉冲源电源开关拨至"开"侧，JK 触发器模块开关拨至"开"侧，按表7-14中的输入要求，改变十位逻辑电平输出处开关及单次脉冲源输出状态，将十位逻辑电平显示结果计入表7-14中。

3）D 触发器功能测试

（1）同前"RS 触发器逻辑功能测试"（1）、（2）测试步骤，D 触发器实训原理图如图 7 – 29 所示。

表 7 – 14　JK 触发器实训表

输入					输出	
$\overline{S}_D$	$\overline{R}_D$	CP	J	K	Q	$\overline{Q}$
0	1	×	×	×		
1	0	×	×	×		
0	0	×	×	×		
1	1	↓	0	0		
1	1	↓	1	0		
1	1	↓	0	1		
1	1	↓	1	1		
1	1	↑	×	×		

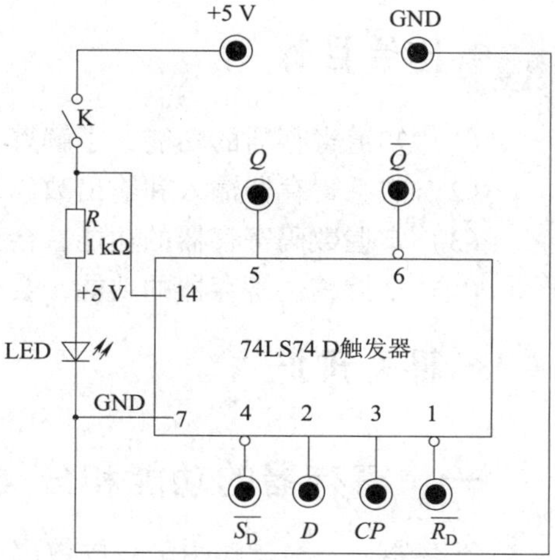

图 7 – 29　D 触发器实训原理图

（2）将实验箱固定直流稳压电源的 + 5 V、GND 用实训导线分别对应接入触发器实验模块和公共资源实验模块上的 + 5 V、GND，将 D 触发器的输入端 $\overline{S}_D$、$\overline{R}_D$、D 接公共资源板十位逻辑电平输出模块的 1～3 端，CP 接公共资源板的单次脉冲源正脉冲端，输出端 Q、$\overline{Q}$ 接公共资源板十位逻辑电平显示模块的 1、2 端。

（3）待检查接线无误后，打开实验箱母板上电源开关，±5 V 电源开关拨至"开"侧，公共资源板上十位逻辑电平显示与输出处开关拨至"开"侧，单次脉冲源电源开关拨至"开"侧，D 触发器模块开关拨至"开"侧，按表 7 – 15 中的输入要求，改变十位逻辑电平输出处开关及单次脉冲源输出状态，将十位逻辑电平显示结果计入表 7 – 15 中。

表 7 – 15　D 触发器实训表

输入				输出	
$\overline{S}_D$	$\overline{R}_D$	CP	D	Q	$\overline{Q}$
0	1	×	×		
1	0	×	×		
0	0	×	×		
1	1	↑	1		
1	1	↑	0		
1	1	↓	×		

4. 实训问题与要求

（1）根据实训结果，说明各触发器的逻辑功能。

（2）比较各种触发器的逻辑功能及触发方式。

任务二　寄存器及应用

任务目标

（1）知道寄存器的功能，了解寄存器的分类。
（2）熟悉寄存器输入和输出数码的方式。
（3）掌握数码寄存器的功能，会分析其工作原理。
（4）掌握移位寄存器的功能，会分析其工作原理。

相关知识

寄存器

一、寄存器的功能和分类

寄存器是一种能够用来存放数码或指令的时序逻辑电路，所以必须具有记忆单元，而触发器正好具有记忆功能，所以触发器是构成寄存器的基本单元。因为触发器只有 0 和 1 两个稳定状态，所以一个触发器只能寄存 1 位二进制数据信息，要存放 N 位数码的寄存器就需要 N 个触发器。

因为一般寄存器都是借助时钟脉冲的作用把数据存放或送出触发器的，所以寄存器还必须具有起控制作用的门电路，来保证信号的接收和清除。

寄存器输入或输出数码的方式有串行和并行两种。串行就是数码从寄存器对应的端子逐个输入或输出，并行就是各位数码从寄存器各自对应的端子同时输入或输出。所以，寄存器的输入、输出方式有四种：串入—串出、串入—并出、并入—串出、并入—并出。

寄存器按功能可分为数码寄存器和移位寄存器。

二、数码寄存器

数码寄存器只具有接收数码和清除原数码的功能，常用于暂时存放某些数据。

1. 一般数码寄存器

图 7–30 所示为由四个上升沿触发的 D 触发器构成的四位数码寄存器。CP 为送数脉冲控制端，$\overline{R}_\mathrm{D}$ 为异步清零端，$D_0 \sim D_3$ 是数据输入端（四位），$Q_0 \sim Q_3$ 为原码输出端，$\overline{Q}_0 \sim \overline{Q}_3$ 为反码输出端，它采用的是并入—并出的输入、输出方式。

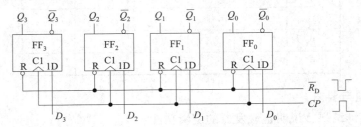

图 7–30　四位数码寄存器

数码寄存器的工作过程如下：

1）异步清零

无论各触发器处于何种状态（即无论有无 CP 信号及 $D_0 \sim D_3$ 如何），只要 $\overline{R}_D = 0$，则各触发器的输出 $Q_3 \sim Q_0$ 均为 0。这一过程称作异步清零，主要用来清除寄存器的原数码。平时不需要异步清零时，应使 $\overline{R}_D = 1$。

2）送数

当 $\overline{R}_D = 1$，且有 CP 上升沿到来时，并行送数，使 $Q_3 = D_3$，$Q_2 = D_2$，$Q_1 = D_1$，$Q_0 = D_0$。

3）保持

当 $\overline{R}_D = 1$，且不再有 CP 上升沿到来时，各触发器就会保持原状态不变。

在上面数码寄存器中要特别注意，由于触发器为边沿触发，所以在送数脉冲 CP 的触发沿到来之前，输入的数码一定要事先准备好，以保证触发器的正常寄存。

2. 集成数码寄存器

把组成数码寄存器的各个触发器及有关控制逻辑门集成在一个芯片上，就可以得到集成数码寄存器。常见的集成数码寄存器有四 D 触发器（如 74HC175）、六 D 触发器（74HC175）、八 D 锁 存 器（74HC175）等。图 7–31 所示为中规模集成四 D 寄存器，$\overline{R}_D$ 为清零端，当 CP 正跳变时，数码 D_4、D_3、D_2、D_1 可并行输入到寄存器中，四位数可并行由 Q_4、Q_3、Q_2、Q_1 输出。

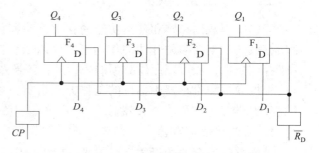

图 7–31　集成四 D 寄存器

锁存器与触发器的主要区别是：锁存器具有一个使能控制端 C，当 C 无效时，输出数据保持原状态不变（锁存），而这个功能是触发器所不具有的。下面以 74HC373 为例介绍数码寄存器的功能。

74HC373 内部有八个 D 锁存器，其输出端具有三态控制功能。74HC373 的逻辑符号及外引线如图 7–32 所示，其中，$\overline{OC}$ 是输出控制端（L 有效），C 是使能端（H 有效）。

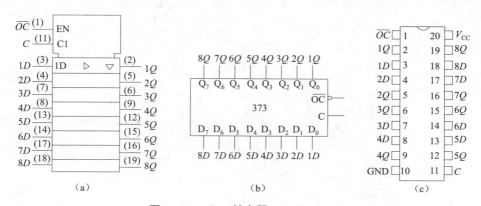

（a）　　　　　　　　　（b）　　　　　　　　　（c）

图 7–32　八 D 锁存器（74HC373）

（a）国际符号；（b）一般符号；（c）外引线图

表 7 – 16 所示为 74HC373 的功能表，由表可知，74HC373 的功能如下：

（1）当 $\overline{OC}$ 端为低电平（L），C 端为高电平（H）时，实现数码寄存功能，$Q=D$。

（2）当 $\overline{OC}$、C 均为低电平（L）时，实现锁存功能，此时 Q 与 D 无关。

（3）当 $\overline{OC}$ 为高电平（H）时，Q 为高阻状态（Z）。

表 7 – 16 74HC373 功能表

输入			输出
$\overline{OC}$	C	D	Q
L	H	H	H
L	H	L	L
L	L	×	Q^n
H	×	×	Z

三、移位寄存器

能够实现数码存储和移位功能的寄存器叫移位寄存器。所谓移位功能，就是指寄存器中所存放的数据在移位脉冲的作用下，可以依次左移或右移，因此，移位寄存器不但可以用于存储数据，还可以用作数据的串行并行转换及数据的运算和处理等。

根据数据在寄存器中移位的工作方式来看，可把移位寄存器分为单向移位（左移、右移）寄存器和双向移位寄存器。

1. 单向移位寄存器

单向移位寄存器的形式有：串入—串出、串入—并出、并入—串出、并入—并出。

图 7 – 33（a）所示为由 4 个维持阻塞触发器组成的 4 位右移位寄存器。这 4 个 D 触发器共用一个时钟脉冲信号，因此为同步时序逻辑电路，数码由 FF_0 的 D_1 端串行输入，其工作原理如下。

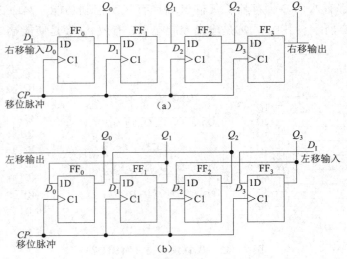

图 7 – 33 由 D 触发器组成的单向移位寄存器

（a）右移位寄存器；（b）左移位寄存器

设串行输入数码 $D_1 = 1011$，同时 $FF_0 \sim FF_3$ 都为 0 状态。当输入第一个数码 1 时，$D_0 = 1$、$D_1 = Q_0 = 0$、$D_2 = Q_1 = 0$、$D_3 = Q_2 = 0$，则在第 1 个移位脉冲 CP 的上升沿作用下，FF_0 由 0 状态翻到 1 状态，第一位数码 1 存入 FF_0 中，其原来的状态 $Q_0 = 0$ 移入 FF_1 中，数码向右移了一位，同理 FF_1、FF_2 和 FF_3 中的数码也都依次向右移了一位。此时，寄存器的状态为 $Q_3 Q_2 Q_1 Q_0 = 0001$。当输入第二个数码 0 时，则在第二个移位脉冲 CP 上升沿的作用下，第二个数码 0 存入 FF_0 中，此时，$Q_0 = 0$，FF_0 中原来的数码 1 移入 FF_1 中，$Q_1 = 1$，同理 $Q_2 = Q_3 = 0$ 移位寄存器中的数码又依次向右移了一位。这样，在 4 个移位脉冲的作用下，输入的 4 位串行数码 1011 全部存入到寄存器中。右移位寄存器状态表如表 7 – 17 所示。

表 7 – 17 右移位寄存器状态表

移位脉冲	输入数据	移位寄存器中的数			
		Q_0	Q_1	Q_2	Q_3
0	×	0	0	0	0
1	1	1	0	0	0
2	0	0	1	0	0
3	1	1	0	1	0
4	1	1	1	0	1

移位寄存器中的数码可由 Q_3、Q_2、Q_1 和 Q_0 并行输出，也可从 Q_3 串行输出，但此时需要继续输入 4 个移位脉冲才能从寄存器中取出存放的 4 位数码 1011。

图 7 – 33 (b) 所示为由 4 个维持阻塞 D 触发器组成的 4 位左移位寄存器，其工作原理和右移位寄存器相同。

2. 双向移位寄存器

双向移位寄存器的基本电路如图 7 – 34 所示，它由 4 位 D 触发器及 4 个与或非门和两条左移、右移控制线构成。

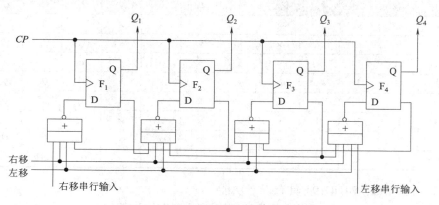

图 7 – 34 双向移位寄存器的基本电路

工作原理如下：当右移控制线为高电平时，则左移控制线为低电平，各与或非门的左半部与门开启，右半部与门关闭，在移位脉冲 CP 的作用下，串行输入数据自左向右移动；反之，当左移控制线为高电平时，则右移控制线为低电平，此时在移位脉冲 CP 的作用下，可实现串行输入数据自右向左移动。

通过分析可知，这种电路的双向移位寄存器输出是输入的反码。

3. 集成移位寄存器

集成移位寄存器种类繁多，应用也很广泛，下面介绍 74HC194 的功能和应用。它具有双向移位、并行输入、保持数据和清除数据等功能，其逻辑符号和外引线图如图 7-35 所示。

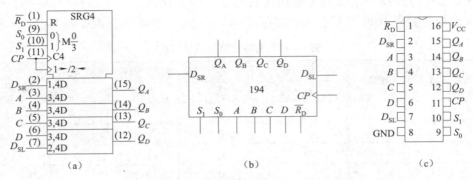

图 7-35　四位双向移位寄存器（74HC194）

（a）国际符号；（b）一般符号；（c）外引线图

在图 7-35 中，$\overline{R}_D$ 为异步清零端，优先级别最高；S_1、S_0 为工作方式控制端；D_{SL}、D_{SR} 为左移、右移数据输入端；A、B、C、D 为并行数据输入端；$Q_A \sim Q_D$ 依次为由高位到低位的四位输出端。

表 7-18 所示为 74HC194 的功能表。

表 7-18　74HC194 的功能表

输入										输出			
$\overline{R}_D$	S_1	S_0	CP	D_{SL}	D_{SR}	A	B	C	D	Q_A	Q_B	Q_C	Q_D
L	×	×	×	×	×	×	×	×	×	L	L	L	L
H	×	×	L	×	×	×	×	×	×	Q_{A0}	Q_{B0}	Q_{C0}	Q_{D0}
H	H	H	↑	×	×	a	b	c	d	a	b	c	d
H	L	H	↑	×	H	×	×	×	×	H	Q_A^n	Q_B^n	Q_C^n
H	L	H	↑	×	L	×	×	×	×	L	Q_A^n	Q_B^n	Q_C^n
H	H	L	↑	H	×	×	×	×	×	Q_B^n	Q_C^n	Q_D^n	H
H	H	L	↑	L	×	×	×	×	×	Q_B	Q_C^n	Q_D^n	L
H	L	L	×	×	×	×	×	×	×	Q_A^n	Q_B^n	Q_C^n	Q_D^n

由表 7-18 可知，74HC194 具有以下功能：

（1）清零。当 $\overline{R}_D = 0$ 时，不论其他输入如何，寄存器清零。

（2）当 $\overline{R}_D = 1$ 时，有四种工作方式：

$S_1 = S_0 = 0$，保持功能。$Q_A \sim Q_D$ 保持不变，且与 CP、D_{SL}、D_{SR} 信号无关。

$S_1 = 0$，$S_0 = 1$（$CP\uparrow$），右移功能。从 D_{SR} 端先串入数据给最高位 Q_A，然后按 $Q_A \rightarrow Q_B \rightarrow Q_C \rightarrow Q_D$ 依次右移。

$S_1 = 1$，$S_0 = 0$（$CP \uparrow$），左移功能。从 D_{SL} 端先串入数据给最低位 Q_D，然后按 $Q_D \rightarrow Q_C \rightarrow Q_B \rightarrow Q_A$ 依次左移。

$S_1 = S_0 = 1$（$CP \uparrow$），并行输入功能。

图 7-36 所示为双向移位寄存器 74HC194 的时序图，从时序图中可以很清楚地看到 74HC194 的工作过程。

一片 74HC194 只能寄存四位数据，如果超过了四位数，就需要用两片或多片 74HC194 级联成多位寄存器。

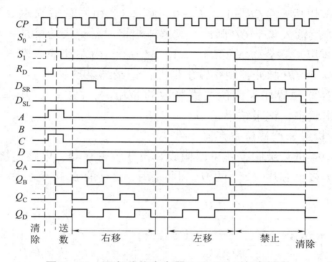

图 7-36　双向移位寄存器 74HC194 的时序图

技能训练　移位寄存器电路

1. 实训目的

（1）掌握移位寄存器 74LS194 的逻辑功能及使用方法。

（2）熟悉 4 位移位寄存器的应用。

2. 实训器材

数字实验箱，2 片 74LS194 移位寄存器，连接导线若干。

3. 实训内容与步骤

1）移位寄存器 74LS194 的测试

移位寄存器是指寄存器中所存的代码能够在移位脉冲的作用下依次左移或右移，是一个 4 位双向移位寄存器，最高时钟脉冲为 36 MHz，其逻辑符号及引脚排列如图 7-37 所示，其中 $D_0 \sim D_3$ 为并行输入端，$Q_0 \sim Q_3$ 为并行输出端，D_{SR} 是右移串引输入端，D_{SL} 是左移串引输入端；M_1、M_0 是操作模式控制端；$\overline{CR}$ 为条件清零端；CP 为时钟脉冲输入端。

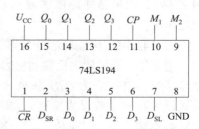

图 7-37　74LS194 逻辑符号及引脚

将 $\overline{CR}$、M_1、M_0、D_{SL}、D_{SR}、D_3、D_2、D_1、D_0 分别接逻辑电平开关输入插孔；$Q_3Q_2Q_1Q_0$ 用 LED 电平显示；CP 接单脉冲源输出插孔。

（1）清零：令 $\overline{CR}=0$，其他输入均为任意值，此时寄存器输出 $Q_3Q_2Q_1Q_0 = \underline{\qquad}$ 清零后，置 $\overline{CR}=1$。

（2）送数：令 $\overline{CR}=M_1=M_0=1$，送入任意四位二进制数 $D_3D_2D_1D_0 = abcd$，观察 $CP = 0$、CP 由 $1\to0$、CP 由 $0\to1$ 的情况下，输出端 $Q_3Q_2Q_1Q_0$ 的变化。状态变化发生在 CP 脉冲的 $\underline{\qquad}$。

（3）右移：清零以后，令 $\overline{CR}=1$，$M_1=0$，$M_0=1$，由右移输入端 S_R 输入二进制数码，如 0100，由 CP 端连续输入 4 个 CP 脉冲，观察输出情况，记录结果是 $\underline{\qquad\qquad}$。

（4）左移：清零以后，令 $\overline{CR}=1$，$M_1=1$，$M_0=0$，由左移输入端 S_L 输入二进制数码，如 1010，连续输入 4 个 CP 脉冲，观察输出情况，记录结果是 $\underline{\qquad\qquad}$。

（5）保持：寄存器预置任意四位二进制数的 $abcd$，令 $\overline{CR}=1$，$M_1=M_0=0$，加 CP 脉冲，观察寄存器输出状态，记录结果是 $\underline{\qquad\qquad}$。

2）用 74LS194 构成 8 位移位寄存器

使用 2 块 74LS194 进行级联，就可以构成 8 位移位寄存器，电路连接如图 7 - 38 所示，只要芯片（1）的 Q_3 接至芯片（2）的 D_{SR}，将芯片（2）的 Q_4 接至芯片（1）的 D_{SL} 即可。

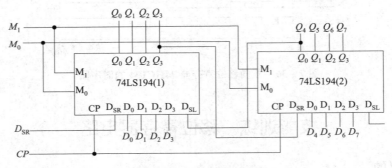

图 7 - 38　8 位移位寄存器

实训时，将 $Q_0 \sim Q_7$ 用 LED 显示。

（1）用并行送数法预置寄存器为某一个二进制数码（$\overline{CR}=M_1=M_0=1$，送 $D_3D_2D_1D_0 = 1101$）。

②设定 M_1M_0 移位模式（如 $M_1M_0=01$ 右移，$M_1M_0=10$ 左移），用单脉冲源依次输入 CP 脉冲，观察 $Q_0 \sim Q_7$ 的变化情况。

3）74LS194 构成环形计数器

把移位存器的输出反馈到它的串行输入端，就可以进行循环移位。设初态为 $Q_3Q_2Q_1Q_0 = 1000$，则在 CP 作用下，模式设为右移（或设为左移），即将 Q_3 端接到右移（或左移）数据输入端 D_{SR}（或 D_{SL}），则可构成如图 7 - 39 所示的右移环形计数器。

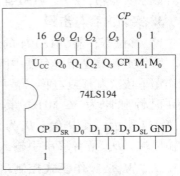

图 7 - 39　右移环形计数器

输出端用 LED 显示，在计数脉冲的作用下，观察输出状态的变化，记入表 7 - 19 中。

表 7 - 19 数据记录

CP	Q_0	Q_1	Q_2	Q_3
0				
1				
2				
3				
4				

5. 实训问题与思考

（1）移位存器 74LS194 的逻辑功能有哪些？

（2）环形计数器如何实现左移位？

任务三 计数器及应用

任务目标

（1）知道计数器的功能，了解计数器的分类。

（2）会分析同步计数器的逻辑功能，会分析异步计数器的逻辑功能。

（3）能用集成计数器构成任意进制计数器。

（4）能看懂集成计数器的引脚功能和逻辑功能图。

相关知识

计数器是能对输入时钟脉冲 CP 的个数进行累计功能的时序逻辑电路，主要由触发器组合构成。计数器通常是数字系统中广泛使用的主要器件，除了计数功能外，还可用于分频、定时、产生节拍脉冲以及进行数字运算等。计数器的输出通常为现态的函数。

计数器累计输入脉冲的最大数目称为计数器的"模"，用 M 表示。M = 6 的计数器，又称六进制计数器。所以，计数器的"模"实际上为电路的有效状态数。

计数器的种类很多、特点各异，其主要分类形式如下。

1）按计数进制分

二进制计数器：按二进制数运算规律进行计数的计数器称作二进制计数器。

十进制计数器：按十进制数运算规律进行计数的计数器称作十进制计数器。

任意进制计数器：二进制计数器和十进制计数器之外的其他进制计数器统称为任意进制计数器。如五进制计数器、六十进制计数器等。

2）按计数增减分

加法计数器：随着计数脉冲的输入做递增计数的计数器称作加法计数器。

减法计数器：随着计数脉冲的输入做递减计数的计数器称作减法计数器。

加/减法计数器：在加/减控制信号的作用下，既可递增计数，也可递减计数的电路，称作加/减计数器，又称可逆计数器。

3）按计数器中触发器翻转是否同步分

同步计数器：计数脉冲同时加到所有触发器的时钟脉冲输入端上，使各触发器的输出状态在计数脉冲到来时同时改变的计数器，称作同步计数器。

异步计数器：计数脉冲只加到部分触发器的时钟脉冲输入端上，而其他触发器的触发信号则由电路内部提供，即各触发器不受同一 CP 脉冲的控制，在不同时刻翻转的触发器，称作异步计数器。

一、同步计数器

1. 同步二进制加法计数器

二进制只有 0 和 1 两个数码，所谓二进制加法，就是"逢二进一"，即 $0 + 1 = 1$，$1 + 1 = 10$，也就是每当本位是 1 再加 1 时，本位便变为 0，而向高位进位，使高位加 1。

同样由于触发器只有两个状态，所以一个触发器只可以表示一位二进制数，如果要表示 n 位二进制数，就要用 n 个触发器。n 位二进制计数器最多可累计的脉冲个数是 $2^n - 1$ 个。例如：三位二进制计数器，$n = 3$，最多可累计的脉冲个数为 $(111)_2$ 个，即十进制数 7 个。这里存在 $7 = 2^3 - 1$ 的关系，其中 3 是计数器的位数 n，而三位二进制计数器的计数范围是 $0 \sim 7$（包括 0，共八个数），所以，它实际上是 2^3 进制（八进制）计数器。由此类推，n 位二进制计数器的进制数为 2^n，所谓二进制计数器是 2^n 进制计数器的总称。

二进制计数器是各种进制计数器中最基本的一种，也是构成其他进制计数器的基础。

图 7 – 40 所示为由 JK 触发器组成的四位同步二进制加法计数器，用下降沿触发。下面分析它的工作原理。

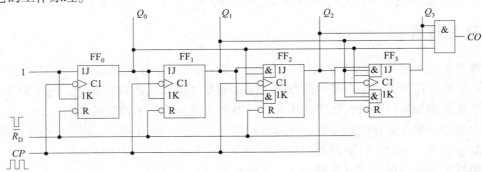

图 7 – 40　由 JK 触发器组成的四位同步二进制加法计数器

1）写方程式

输出方程：

$$CO = Q_3^n Q_2^n Q_1^n Q_0^n \qquad (7-6)$$

驱动方程：

$$\begin{cases} J_0 = K_0 = 1 \\ J_1 = K_1 = Q_0^n \\ J_2 = K_2 = Q_1^n Q_0^n \\ J_3 = K_3 = Q_2^n Q_1^n Q_0^n \end{cases} \qquad (7-7)$$

将驱动方程代入 JK 触发器的特性方程 $Q^{n+1} = J\overline{Q^n} + \overline{k}Q^n$ 中，便得到计数器的状态方程，即

$$\begin{cases} Q_0^{n+1} = J_0\overline{Q_0^n} + \overline{K_0}Q_0^n = \overline{Q_0^n} \\ Q_1^{n+1} = J_1\overline{Q_1^n} + \overline{K_1}Q_1^n = Q_0^n\overline{Q_1^n} + \overline{Q_0^n}Q_1^n \\ Q_2^{n+1} = J_2\overline{Q_2^n} + \overline{K_2}Q_2^n = Q_1^nQ_0^n\overline{Q_2^n} + \overline{Q_1^nQ_0^n}Q_2^n \\ Q_3^{n+1} = J_3\overline{Q_3^n} + \overline{K_3}^nQ_3 = Q_2^nQ_1^nQ_0^n\overline{Q_3^n} + \overline{Q_2^nQ_1^nQ_0^n}Q_3^n \end{cases} \qquad (7-8)$$

2）列状态转换真值表

四位二进制计数器共有 $2^4 = 16$ 种不同的组合。设计数器的现态为 $Q_3^nQ_2^nQ_1^nQ_0^n = 0000$，代入式（7-6）和式（7-8）中进行计算后得 $CO = 0$ 和 $Q_3^{n+1}Q_2^{n+1}Q_1^{n+1}Q_0^{n+1} = 0001$，这说明在输入的第一个计数脉冲 CP 的作用下，电路状态由 0000 翻到 0001。然后再将 0001 作为现态代入式（7-6）和式（7-8）中进行计算，依次类推，可得到表 7-20 所示的状态转换真值表。

（3）逻辑功能。由表 7-20 可以看出，图 7-36 所示电路在输入第十六个计数脉冲 CP 后返回到初始的 0000 状态，同时进位输出端 CO 输出一个进位信号，该计数器为十六进制计数器。

表 7-20 四位二进制计数器的状态转换真值表

计数脉冲序号	现态				次态				输出
	Q_3^n	Q_2^n	Q_1^n	Q_0^n	Q_3^{n+1}	Q_2^{n+1}	Q_1^{n+1}	Q_0^{n+1}	CO
0	0	0	0	0	0	0	0	1	0
1	0	0	0	1	0	0	1	0	0
2	0	0	1	0	0	0	1	1	0
3	0	0	1	1	0	1	0	0	0
4	0	1	0	0	0	1	0	1	0
5	0	1	0	1	0	1	1	0	0
6	0	1	1	0	0	1	1	1	0
7	0	1	1	1	1	0	0	0	0
8	1	0	0	0	1	0	0	1	0
9	1	0	0	1	1	0	1	0	0
10	1	0	1	0	1	0	1	1	0
11	1	0	1	1	1	1	0	0	0
12	1	1	0	0	1	1	0	1	0
13	1	1	0	1	1	1	1	0	0
14	1	1	1	0	1	1	1	1	0
15	1	1	1	1	0	0	0	0	1

例 7-2 要求构成一个四位二进制数的加法器。

解：（1）先列出二进制加法计数器的状态表，如表 7-21 所示。

表 7 – 21　二进制加法计数器的状态表

计数脉冲数	输出二进制数				相应的十进制数
	Q_3	Q_2	Q_1	Q_0	
0	0	0	0	0	0
1	0	0	0	1	1
2	0	0	1	0	2
3	0	0	1	1	3
4	0	1	0	0	4
5	0	1	0	1	5
6	0	1	1	0	6
7	0	1	1	1	7
8	1	0	0	0	8
9	1	0	0	1	9
10	1	0	1	0	10
11	1	0	1	1	11
12	1	1	0	0	12
13	1	1	0	1	13
14	1	1	1	0	14
15	1	1	1	1	15
16	0	0	0	0	0

（2）选用触发器和触发方式。

触发器的选用是任意的，采用不同触发器的逻辑电路可能不同，在这里我们选用 JK 触发器，触发方式选用同步触发。

（3）根据表 7 – 21 列出各位 JK 触发器的逻辑关系。

①第一个触发器 F_0，每来一个计数脉冲就翻转一次，故 $J_0 = K_0 = 1$。

②第二个触发器 F_1，当 $Q_0 = 1$ 时，来一个计数脉冲才翻转一次，故 $J_1 = K_1 = Q_0$。

③第三个触发器 F_2，当 $Q_0 = Q_1 = 1$ 时，来一个计数脉冲才翻转一次，故 $J_2 = K_2 = Q_0 Q_1$。

④第四个触发器 F_3，当 $Q_0 = Q_1 = Q_2 = 1$ 时，来一个计数脉冲才翻转一次，故 $J_3 = K_3 = Q_0 Q_1 Q_2$。

由上述逻辑关系式可得出图 7 – 41 所示的四位同步二进制加法计数器的逻辑电路图。

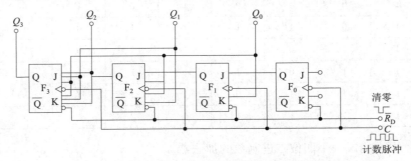

图 7 – 41　JK 触发器构成的四位同步二进制加法计数器逻辑电路

在上述的四位加法计数器中，当输入第十六个计数脉冲时，又返回到起始状态0000，如果还有第五位触发器，则此时就是10000，即十进制数16。但现在这个进位数记不下来，这种情况称为溢出。

因此四位计数器能记的最大十进制数是$2^4 - 1 = 15$。同理，n位计数器能记的最大十进制数是$2^n - 1$。

2. 同步二进制减法计数器

由表7–22所示四位二进制减法计数器状态表可以看出，要实现四位二进制减法计数，必须在输入第一个减法计数脉冲时，电路的状态由0000变为1111。因此，只要将图7–41所示的二进制加法计数器的输出由Q端改变为$\overline{Q}$端后，便成为同步二进制减法计数器了。

表7–22　四位二进制减法计数器状态表

计数顺序	计数器状态			
	Q_3	Q_2	Q_1	Q_0
0	0	0	0	0
1	1	1	1	1
2	1	1	1	0
3	1	1	0	1
4	1	1	0	0
5	1	0	1	1
6	1	0	1	0
7	1	0	0	1
8	1	0	0	0
9	0	1	1	1
10	0	1	1	0
11	0	1	0	1
12	0	1	0	0
13	0	0	1	1
14	0	0	1	0
15	0	0	0	1
16	0	0	0	0

3. 同步十进制加法计数器

二进制计数器结构简单，但不符合人们的日常习惯，因此在数字系统中，凡需直接观察计数结果的地方，差不多都是用二–十进制计数器。它的原理是用四位二进制数代码表示一位十进制数，满足"逢十进一"的进位规律。我们仍采用8421BCD码，与二进制比较，在输入第十个脉冲时不是由"1001"变为"1010"，而是回到"0000"，且要求输出进位信号。

图7–42所示为由JK触发器组成的8421BCD码同步十进制加法计数器的逻辑图，用下降沿触发，下面分析它的工作原理。

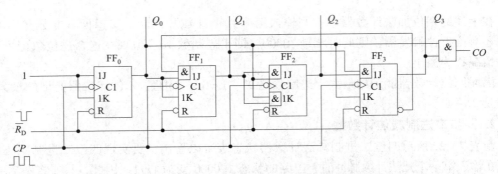

图 7 – 42　8421BCD 码同步十进制加法计数器的逻辑图

JK 端的逻辑关系如下：

（1）第一个触发器 F_0，每来一个计数脉冲就翻转一次，故 $J_0 = K_0 = 1$。

（2）第二个触发器 F_1，当 $Q_0 = 1$ 时，来一个计数脉冲才翻转一次，但在 $Q_3 = 1$ 时不得翻转，故 $J_1 = \overline{Q_3^n} Q_0^n$，$K_1 = Q_0^n$。

（3）第三个触发器 F_2，当 $Q_0 = Q_1 = 1$ 时，来一个计数脉冲才翻转一次，故 $J_2 = K_2 = Q_0 Q_1$。

（4）第四个触发器 F_3，当 $Q_0 = Q_1 = Q_2 = 1$ 时，来一个计数脉冲才翻转一次，故 $J_3 = Q_0 Q_1 Q_2$，$K_3 = Q_0$。

由上述逻辑关系式可得四位同步十进制加法计数器的逻辑电路图（见图 7 – 43），其输出波形如图 7 – 44 所示。

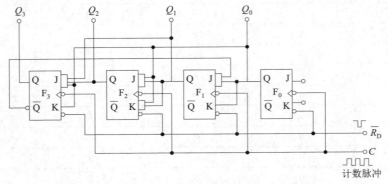

图 7 – 43　四位同步十进制加法计数器的逻辑电路

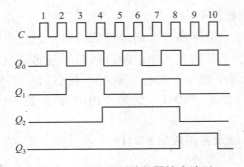

图 7 – 44　十进制计数器输出波形

210

1）写方程式

输出方程：

$$CO = Q_3^n Q_0^n \tag{7-9}$$

驱动方程：

$$\begin{cases} J_0 = 1, \ K_0 = 1 \\ J_1 = \overline{Q_3^n} Q_0^n, \ K_1 = Q_0^n \\ J_2 = Q_1^n Q_0^n, \ K_2 = Q_1^n Q_0^n \\ J_3 = Q_2^n Q_1^n Q_0^n, \ K_3 = Q_0^n \end{cases} \tag{7-10}$$

将驱动方程代入 JK 触发器的特性方程 $Q^{n+1} = J\overline{Q^n} + \overline{k}Q^n$ 中，便得到计数器的状态方程，即

$$\begin{cases} Q_0^{n+1} = J_0 \overline{Q_0^n} + \overline{K_0} Q_0^n = \overline{Q_0^n} \\ Q_1^{n+1} = J_1 \overline{Q_1^n} + \overline{K_1} Q_1^n = \overline{Q_3^n} Q_0^n \overline{Q_1^n} + \overline{Q_0^n} Q_1^n \\ Q_2^{n+1} = J_2 \overline{Q_2^n} + \overline{K_2} Q_2^n = Q_1^n Q_0^n \overline{Q_2^n} + \overline{Q_1^n Q_0^n} Q_2^n \\ Q_3^{n+1} = J_3 \overline{Q_3^n} + \overline{K_3} Q_3^n = Q_2^n Q_1^n Q_0^n \overline{Q_3^n} + \overline{Q_0^n} Q_3^n \end{cases} \tag{7-11}$$

2）列状态转换真值表

设计数器的现态为 $Q_3^n Q_2^n Q_1^n Q_0^n = 0000$，代入式（7-9）和式（7-11）中进行计算，便得输入第一个计数脉冲 CP 后计数器的状态为 $CO = 0$、$Q_3^{n+1} Q_2^{n+1} Q_1^{n+1} Q_0^{n+1} = 0001$。再将 0001 作为现态代入式（7-9）和式（7-11）中进行计算，依此类推，可列出表 7-23 所示的状态转换真值表。

表 7-23　同步十进制加法计数器的状态转换真值表

计数脉冲序号	现态				次态				输出
	Q_3^n	Q_2^n	Q_1^n	Q_0^n	Q_3^{n+1}	Q_2^{n+1}	Q_1^{n+1}	Q_0^{n+1}	CO
0	0	0	0	0	0	0	0	1	0
1	0	0	0	1	0	0	1	0	0
2	0	0	1	0	0	0	1	1	0
3	0	0	1	1	0	1	0	0	0
4	0	1	0	0	0	1	0	1	0
5	0	1	0	1	0	1	1	0	0
6	0	1	1	0	0	1	1	1	0
7	0	1	1	1	1	0	0	0	0
8	1	0	0	0	1	0	0	1	0
9	1	0	0	1	0	0	0	0	1

3）逻辑功能

由表 7-23 可以看出，图 7-45 所示电路在输入第十个计数脉冲后返回到初始的 0000 状态，同时，CO 向高位输出一个下降沿的进位信号。因此，图 7-43 所示电路为同步十进制加法计数器逻辑电路，其工作波形如图 7-45 所示。

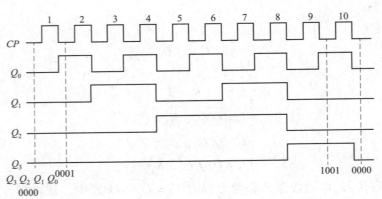

图 7 – 45　8421BCD 码同步十进制加法计数器工作波形

异步计数器

二、异步计数器

1. 异步二进制加法计数器

图 7 – 46（a）所示为由 JK 触发器组成的 4 位异步二进制加法计数器的逻辑图，图中 JK 触发器都接成 T′触发器，用计数脉冲 CP 的下降沿触发。它的工作原理如下。

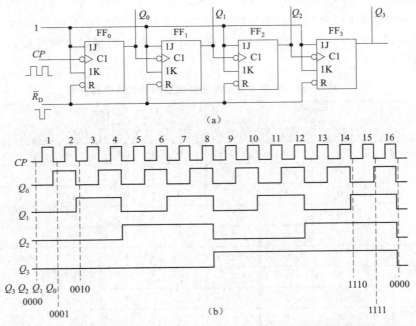

（a）

（b）

图 7 – 46　由 JK 触发器组成的 4 位异步二进制加法计数器逻辑图和工作波形

（a）逻辑图；（b）波形图

计数前在计数器的置 0 端 $\overline{R_D}$ 加负脉冲，使各触发器都为 0 状态，即 $Q_3Q_2Q_1Q_0 = 0000$ 状态。在计数过程中，$\overline{R_D}$ 为高电平。

当输入第一个计数脉冲 CP 时，第一位触发器 FF_0 由 0 状态翻到 1 状态，Q_0 端输出正跃变，FF_1 不翻转，保持 0 状态不变。此时，计数器的状态为 $Q_3Q_2Q_1Q_0 = 0001$。

当输入第二个计数脉冲时，FF_0 由 1 状态翻到 0 状态，Q_0 输出负跃变，FF_1 则由 0 状态翻到 1 状态，Q_1 输出正跃变，FF_2 保持 0 状态不变。此时，计数器的状态为 $Q_3Q_2Q_1Q_0 = 0010$。

当连续输入计数脉冲 CP 时，根据上述计数规律，只要低位触发器由 1 状态翻到 0 状态，相邻高位触发器的状态便改变。四位二进制加法计数器状态表如表 7 – 24 所示。

表 7 – 24　四位二进制加法计数器状态表

计数顺序	计数器状态			
	Q_3	Q_2	Q_1	Q_0
0	0	0	0	0
1	0	0	0	1
2	0	0	1	0
3	0	0	1	1
4	0	1	0	0
5	0	1	0	1
6	0	1	1	0
7	0	1	1	1
8	1	0	0	0
9	1	0	0	1
10	1	0	1	0
11	1	0	1	1
12	1	1	0	0
13	1	1	0	1
14	1	1	1	0
15	1	1	1	1
16	0	0	0	0

由表 7 – 24 可看出：当输入第 16 个计数脉冲 CP 时，4 个触发器都返回到初始的 $Q_3Q_2Q_1Q_0 = 0000$ 状态，同时，计数器的 Q_3 输出一个负跃变的进位信号。从输入第 17 个计数脉冲 CP 开始，计数器又开始了新的计数循环。可见，图 7 – 46（a）所示计数器为十六进制计数器。

图 7 – 46（b）所示为 4 位二进制加法计数器的工作波形，由该图可以看出：输入的计数脉冲每经一级触发器，其周期便增加一倍，即频率降低一半。因此，一位二进制计数器就是一个 2 分频器，所以，图 7 – 46（a）所示计数器是一个 16 分频计数器。

图 7 – 47 所示为由 D 触发器组成的 4 位异步二进制加法计数器的逻辑图。由于 D 触发器用输入脉冲的上升沿触发，因此，每个触发器的进位信号由 $\bar{Q}$ 端输出。

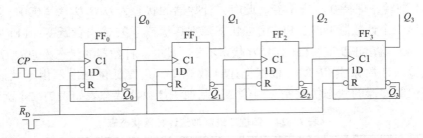

图 7 – 47　由 D 触发器组成的 4 位异步二进制加法计数器

2. 异步十进制加法计数器

异步十进制加法计数器是在 4 位异步二进制加法计数器的基础上经过适当修改获得的。它跳过了 1010 ~ 1111 六个状态，利用自然二进制的前十个状态 0000 ~ 1001 实现十进制计数。十进制计数器状态表见表 7 – 25。

表 7 – 25　十进制计数器状态表

计数顺序	计数器状态			
	Q_3	Q_2	Q_1	Q_0
0	0	0	0	0
1	0	0	0	1
2	0	0	1	0
3	0	0	1	1
4	0	1	0	0
5	0	1	0	1
6	0	1	1	0
7	0	1	1	1
8	1	0	0	0
9	1	0	0	1
10	0	0	0	0

图 7 – 48（a）所示为 4 个 JK 触发器组成的 8421BCD 码异步十进制计数器的逻辑图。它的工作原理如下。

设计数器从 $Q_3Q_2Q_1Q_0 = 0000$ 状态开始计数。由图 7 – 48（a）可知，FF_0 和 FF_2 为 T′触发器。在 FF_3 为 0 状态，$\overline{Q_3} = 1$ 时，$J_1 = \overline{Q_3} = 1$。FF_1 也为 T′触发器，因此，输入前 8 个计数脉冲时，计数器按异步二进制加法计数规律计数。在输入第 7 个计数脉冲时，计数器的状态为 $Q_3Q_2Q_1Q_0 = 0111$，此时，$J_3 = Q_2Q_1 = 1$，$K_3 = 1$。

在输入第 8 个计数脉冲时，FF_0 由 1 状态翻到 0 状态，Q_0 输出的负跃变一方面使 FF_3 由 0 状态翻到 1 状态；与此同时，Q_0 输出的负跃变也使 FF_1 由 1 状态翻到 0 状态，FF_2 也随之翻到 0 状态。此时计数器的状态为 $Q_3Q_2Q_1Q_0 = 1000$，$\overline{Q_3} = 0$，使 $J_1 = \overline{Q_3} = 0$，因此，在 $Q_3 = 1$ 时，FF_1 只能保持在 0 状态，不可能再次翻转。所以，输入第 9 个计数脉冲时，计数器的状态为 $Q_3Q_2Q_1Q_0 = 1001$，此时，$J_3 = 0$、$K_3 = 1$。

当输入第 10 个计数脉冲时，计数器从 1001 状态返回到初始的 0000 状态，电路从而跳过了 1010～1111 六个状态，实现了十进制计数，同时 Q_3 端输出一个负跃变的进位信号。图 7 - 48（b）所示为十进制计数器的工作波形。

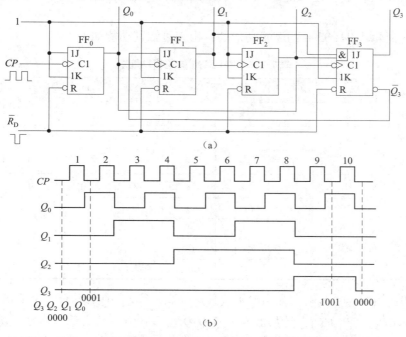

图 7 - 48 8421BCD 码异步十进制加法计数器逻辑图和工作波形

（a）逻辑图；（b）波形图

3. 集成计数器

要实现任意进制计数器，必须选择使用一些集成二进制或十进制计数器的芯片。

1）集成二 – 五 – 十进制异步计数器 74LS290

图 7 - 49 所示为集成 74LS290 异步计数器的逻辑符号及外引线图，$S_{9(1)}$、$S_{9(2)}$ 称为直接置 "9" 端，$R_{0(1)}$、$R_{0(2)}$ 称为直接置 "0" 端；$\overline{CP_0}$、$\overline{CP_1}$ 端为计数脉冲输入端，$Q_3Q_2Q_1Q_0$ 为输出端；NC 表示空脚。

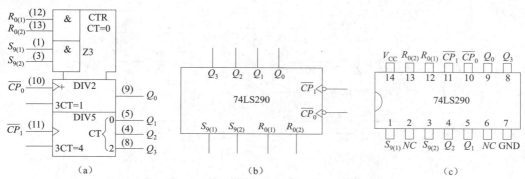

图 7 - 49 异步二 – 五 – 十进制计数器 74LS290

（a）国际符号；（b）一般符号；（c）外引线图

74LS290 内部分为二进制和五进制计数器两个独立的部分，其中二进制计数器从 $\overline{CP_0}$ 输入计数脉冲，从 Q_0 端输出；五进制计数器从 $\overline{CP_1}$ 输入计数脉冲，从 $Q_3Q_2Q_1$ 端输出。这两个部分既可单独使用，也可连接起来使用构成十进制计数器，二－五－十进制计数器由此得名。

表 7－26 所示为 74LS290 的逻辑功能表，由表可知其功能如下：

表 7－26　74LS290 的逻辑功能表

$S_{9(1)}$	$S_{9(2)}$	$R_{0(1)}$	$R_{0(2)}$	$\overline{CP_0}$	$\overline{CP_1}$	Q_3	Q_2	Q_1	Q_0
H	H	L	×	×	×	1	0	0	1
H	H	×	L	×	×	1	0	0	1
L	×	H	H	×	×	0	0	0	0
×	L	H	H	×	×	0	0	0	0
$S_{9(1)} \cdot S_{9(2)} = 0$ $R_{0(1)} \cdot R_{0(2)} = 0$				$CP\downarrow$	0	二进制			
				0	$CP\downarrow$	五进制			
				$CP\downarrow$	Q_0	8421 十进制			
				Q_3	$CP\downarrow$	5421 十进制			

直接置 9：当 $S_{9(1)}$、$S_{9(2)}$ 全为高电平（H），$R_{0(1)}$、$R_{0(2)}$ 中至少有一个低电平（L）时，不论其他输入 $\overline{CP_0}$、$\overline{CP_1}$ 如何，计数器输出 $Q_3Q_2Q_1Q_0 = 1001$，故又称异步置 9 功能。

直接置 0：当 $R_{0(1)}$、$R_{0(2)}$ 全为高电平，$S_{9(1)}$、$S_{9(2)}$ 中至少有一个低电平时，不论其他输入状态如何，$Q_3Q_2Q_1Q_0 = 0000$，故又称异步清零功能或复位功能。

计数：当 $R_{0(1)}$、$R_{0(2)}$ 及 $S_{9(1)}$、$S_{9(2)}$ 不全为 1，输入计数脉冲 CP 时，开始计数。图 7－50 所示为 74LS290 的几种基本计数方式。

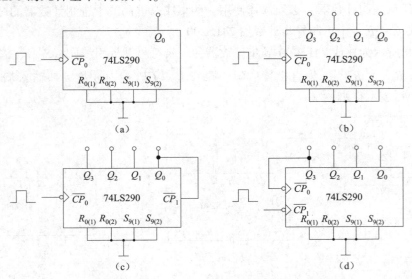

图 7－50　74LS290 的基本计数方式

（a）二进制；（b）五进制；（c）十进制（8421 码）；（d）十进制（5421 码）

（1）二、五进制计数。当由CP_0输入计数脉冲CP时，Q_0输出，构成二进制计数器，如图7-50（a）所示；当由$\overline{CP_0}$输入计数脉冲CP时，$Q_3Q_2Q_1$输出，则构成异步五进制计数器，如图7-50（b）所示。

（2）十进制计数。若将Q_0与$\overline{CP_1}$连接，计数脉冲CP由$\overline{CP_0}$输入，先进行二进制计数，再进行五进制计数，这样即构成2×5的十进制计数器，其状态$Q_3Q_2Q_1Q_0$输出8421BCD码，如图7-50（c）所示，这种计数方式最为常用；若将Q_3与$\overline{CP_0}$连接，计数脉冲CP由$\overline{CP_1}$输入，先进行五进制计数，再进行二进制计数，即构成5×2十进制计数器，其状态$Q_3Q_2Q_1Q_0$输出5421BCD码，如图7-50（d）所示。

技能训练　计数、译码和显示电路

1. 实训目的

（1）掌握集成计数器、显示译码器和半导体发光数码管。

（2）能熟练运用上述组件组成计数、译码和显示电路。

2. 实训器材

数字实验箱，集成计数器74LS290（或CC40192、74LS192、CC4511、BS202、CC4011、CC4012等。

3. 实训内容及步骤

1）74LS290计数器功能测试

74LS290是一种常见的中规模集成二-五-十进制异步加法计数器，可实现异步置0、异步置9及计数功能，其管脚示意图如图7-51所示。74LS290芯片有14个引脚，其中2、6引脚为空引脚；时钟CP采用下降沿触发的方式；R_{0A}和R_{0B}是置0端；S_{0A}和S_{0B}是置9端。74LS290的逻辑功能表如表7-27所示，将表中的各个输入端分别接逻辑开关，输出端接电平指示灯，验证其逻辑功能。

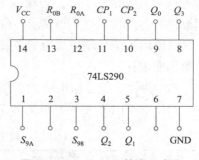

图7-51　74LS290管脚示意图

表7-27　LS290逻辑功能表

复位输入		置位输入		时钟		输出				功能说明
R_{0A}	R_{0B}	S_{0A}	S_{0B}	CP_0	CP_1	Q_3	Q_2	Q_1	Q_0	
1	1	0	×	×	×	0	0	0	0	置0
1	1	×	0	×	×	0	0	0	0	
×	0	1	1	×	×	1	0	0	1	置9
0	×	1	1	×	×	1	0	0	1	
×	0	×	0	↓	0	二进制数，Q_0输出				计数
0	×	0	×	↓	0					

217

续表

复位输入		置位输入		时钟		输出				功能说明
R_{0A}	R_{0B}	S_{0A}	S_{0B}	CP_0	CP_1	Q_3	Q_2	Q_1	Q_0	
×	0	×	0	0	↓	五进制数，$Q_3Q_2Q_1$输出				计数
0	×	0	×	0	↓	五进制数，$Q_3Q_2Q_1$输出				计数
×	0	×	0	↓	Q_0	8421BCD 码十进制计数，$Q_3Q_2Q_1Q_0$输出				计数
0	×	0	×	↓	Q_0	8421BCD 码十进制计数，$Q_3Q_2Q_1Q_0$输出				计数
×	0	×	0	Q_3	↓	5421BCD 码十进制计数，$Q_3Q_2Q_1Q_0$输出				计数
0	×	0	×	Q_3	↓	5421BCD 码十进制计数，$Q_3Q_2Q_1Q_0$输出				计数

2）74LS248 显示译码器功能测试

74LS248 是一种 BCD 七段显示译码器/驱动器，可用于驱动共阴极的 LED 数码管，其管脚示意图如图 7-52 所示。

A、B、C、D 为 4 个数据输入端，a、b、c、d、e、f、g 为 7 个输出端，高电平有效。

测试输入端 $\overline{LT}$ 用来测试七段数码管发光段的好坏。$\overline{LT}=0$ 时，各段应全亮，显示字形 B，否则说明数码管有故障。正常工作时该端应接高电平。灭零输入信号端 $\overline{RBI}$ 为 0 时，若输入数码 $DCBA=0000$，则数码管各段均不亮；当显示一位十进制数时，$\overline{LT}$ 端应接高电平。

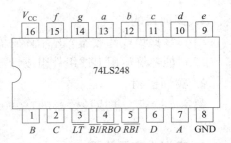

图 7-52　74LS248 管脚示意图

消隐输入信号端 $\overline{BI}$ 是为了降低显示电路的功耗而设置的，可利用该端使数码管按照要求显示或熄灭。

$\overline{RBO}$ 为灭零信号输出端，它与 $\overline{RBI}$ 配合可消去混合小数的前零和无用的尾零。

74LS28 的主要逻辑功能如表 7-28 所示。

表 7-28　74LS28 的主要逻辑功能

输入							输出						
$\overline{LT}$	$BI/\overline{ROB}$	$\overline{RBI}$	D	C	B	A	a	b	c	d	e	f	g
0	1	×	×	×	×	×	1	1	1	1	1	1	1
×	0	×	×	×	×	×	0	0	0	0	0	0	0
1	1	1	0	0	0	0	1	1	1	1	1	1	0
1	1	1	0	0	0	1	0	1	1	0	0	0	0
1	1	1	0	0	1	0	1	1	0	1	1	0	1
1	1	1	0	0	1	1	1	1	1	1	0	0	1
1	1	1	0	1	0	0	0	1	1	0	0	1	1
1	1	1	0	1	0	1	1	0	1	1	0	1	1
1	1	1	0	1	1	0	1	0	1	1	1	1	1
1	1	1	0	1	1	1	1	1	1	0	0	0	0
1	1	1	1	0	0	0	1	1	1	1	1	1	1
1	1	1	1	0	0	1	1	1	1	0	0	1	1

通常可将74LS248的四个数据输入端分别接四个逻辑开关，七个输出端分别接七个电平指示灯，按照其逻辑功能表验证其逻辑功能。

3）BS201半导体发光数码管测试

BS201是一种共阴极的LED数码管，是由七个条状的发光二极管排成8字形，加上小数点"."构成。其内部结构和外形示意图如图7-53所示。当a、b、c、d、e、f、g各段中的某段接高电平时，该段就发光，七段的组合可显示0~9十个数字。

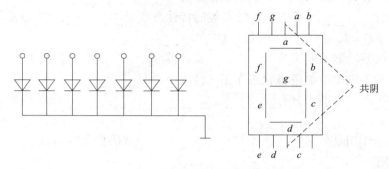

图7-53　BS201半导体发光数码管

按图7-54接线，可构成各计数、译码和显示电路，将CP端接在单次或连续脉冲上，观察数码管的显示规律，测试整个电路的逻辑功能。

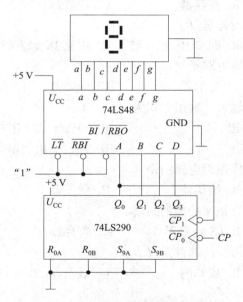

图7-54　计数、译码和显示电路

4. 实训问题与要求

（1）若要用74LS290构成10以内的其他进制计数器，该怎么连线？

（2）若在实训过程中数码管显示不正常，可能是什么原因？

自我评测

一、填空题

1. 时序逻辑电路按状态转换情况可分为_____时序电路_____和时序电路两大类。

2. 按计数进制的不同，可将计数器分为_____、_____和 N 进制计数器等类型。

3. 用来累计和寄存输入脉冲个数的电路称为_____。

4. 触发器有_____个稳态，D 触发器的特性方程是_____，JK 触发器的特性方程是_____。当 $Q=1$，$J=1$，$K=0$ 时，$Q^{n+1}=$ _____。

5. 寄存器按照功能不同可分为_____寄存器和_____寄存器两类。

6. 触发器两个输出端的逻辑状态在正常情况下总是_____。

7. 触发器按逻辑功能来分有_____、_____、_____；按结构形式的不同，又可分为_____、_____、_____。

8. 寄存器的作用是_____、_____、_____数码指令等信息。

二、选择题

1. 用来累计和寄存输入脉冲数目的部件称为（　　　）。

A. 触发器　　　　　　B. 寄存器　　　　　　C. 计数器　　　　　　D. 555 定时器

2. 能以二进制数码形式存放数或指令的部件称为（　　　）。

A. 触发器　　　　　　B. 寄存器　　　　　　C. 计数器　　　　　　D. 555 定时器

3. 存在空翻问题的触发器是（　　　）。

A. D 触发器　　　　　B. 同步 RS 触发器　　C. 主从 JK 触发器　　D. 集成触发器

4. 具有记忆功能的逻辑电路是（　　　）。

A. 加法器　　　　　　B. 显示器　　　　　　C. 译码器　　　　　　D. 计数器

5. 数码寄存器采用的输入、输出方式为（　　　）。

A. 并行输入、并行输出　　　　　　　　　　B. 串行输入、串行输出

C. 并行输入、串行输出　　　　　　　　　　D. 并行输出、串行输入

6. 下列电路不属于时序逻辑电路的是（　　　）。

A. 数码寄存器　　　　B. 编码器　　　　　　C. 触发器　　　　　　D. 可逆计数器

7. 下列逻辑电路不具有记忆功能的是（　　　）。

A. 译码器　　　　　　B. RS 触发器　　　　C. 寄存器　　　　　　D. 计数器

8. 构成计数器的必不可少的部件是（　　　）。

A. 与非门　　　　　　B. 或非门　　　　　　C. 触发器　　　　　　D. 异或门

三、判断题

1. 时序逻辑电路具有记忆功能，是由门电路构成的。　　　　　　　　　　（　　　）

2. JK 触发器是一种功能比较全面、种类较多的触发器。　　　　　　　　（　　　）

3. 构成计数器电路的器件必须具有记忆能力。　　　　　　　　　　　　　（　　　）

4. 移位寄存器既能串行输出，也能并行输出。　　　　　　　　　　　　　（　　　）

5. 计数器、寄存器都是组合门电路。　　　　　　　　　　　　　　　　　（　　　）

6. 移位寄存器每输入一个时钟脉冲，电路中只有一个触发器翻转。　　　　（　　　）

7. 时序逻辑电路在结构方面的特点是：由具有控制作用的逻辑门电路和具有记忆作用的触发器两部分组成。　　　　　　　　　　　　　　　　　　　　（　　　）

8. 使用 3 个触发器构成的计数器最多有 6 个有效状态。　　　　　　（　　　）

四、综合题

1. 对于主从 RS 触发器，CP、R、S 的波形如图 7 – 55 所示，试画出 Q 端的波形图。（设初态 $Q = 0$。）

2. 如图 7 – 56（a）所示的主从 JK 触发器中，CP、J、K 的波形如图 7 – 56 所示，试画出 Q 端的波形图。（设初态 $Q = 0$。）

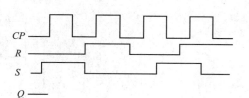

图 7 – 55　习题四 – 1 图

3. 画出图 7 – 57 所示的 D 触发器的 Q 端输出波形。

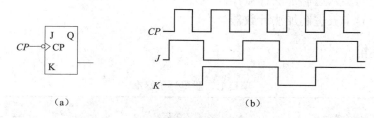

（a）　　　　　　　　　　　　　　（b）

图 7 – 56　习题四 – 2 图

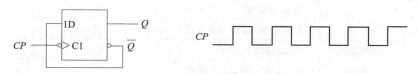

图 7 – 57　习题四 – 3 图

4. 如图 7 – 58 所示各边沿 JK 触发器、D 触发器的初始状态都为 0 态，对应 CP 输入波形画出输出端的波形。

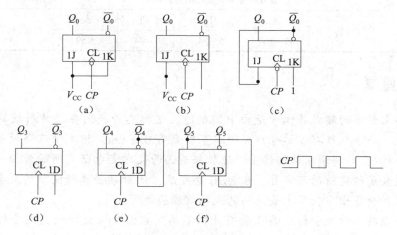

（a）　　　　　（b）　　　　　（c）

（d）　　　　　（e）　　　　　（f）

图 7 – 58　习题四 – 4 图

5. 如图 7 – 59 所示的电路，写出驱动方程及次态方程，画出状态转换图，说明该电路的逻辑功能。

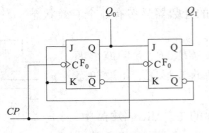

图 7 – 59　习题四 – 5 图

6. 用同步 4 位二进制计数器 74LS161 组成八进制计数器。

7. 设计一个同步六进制加法计数器。

8. 设计一个异步五进制加法计数器。

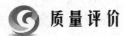 质量评价

项目七　质量评价标准

评价项目	评价指标	评价标准	评价结果			
			优	良	合格	差
触发器及应用	理论知识	1. 触发器的作用、结构和工作原理				
		2. 常用触发器的逻辑功能				
	技能水平	集成触发器的应用				
寄存器及应用	理论知识	寄存器的功能及工作原理				
	技能水平	会分析寄存器的逻辑功能				
计数器及应用	理论知识	计数器的功能及工作原理				
	技能水平	1. 会分析同步计数器的逻辑功能				
		2. 会分析异步计数器的逻辑功能				
总评	评判	优	良	合格	差	总评得分
		85 ~ 100	75 ~ 84	60 ~ 74	≤59	

课后阅读

　　目前世界上最薄的鳍式晶体管是由中国制造，这标志着我国在芯片科技的研发上实现了又一项突破。而它到底有多薄呢？其沟道宽度只有 0.6 nm，相当于三个原子的厚度。这项成果属于一位 85 后科学家韩拯博士，他担任着山西大学光电研究所的教授一职，同时还是中国科学院金属研究所的研究员。在 2020 年年底，他带领金属研究所的成员与湖南大学合作，最终成功制备出了世界上最薄的鳍式场效应晶体管。

　　鳍式场效应晶体管又和传统晶体管有什么不同？它由加州大学伯克利分校的胡正明教授在 1999 年研发而成。传统晶体管的源极和漏极是平面状态，而它的半导体沟道是竖起来排列的，就好像一片片鱼鳍，源极、漏极、栅极以及栅极介电层都覆盖在鱼鳍沟道上，这

也是它名字中"鳍式"的由来。

相较于传统晶体管的平面形态，鳍式的设计克服了短沟道效应，栅极的长度也就是栅长极大地缩短了，集成度增加，电路控制情况获得了很大的改善。因此，鳍式场效应晶体管被广泛使用，最终全面取代了传统晶体管。那沟道宽度又是什么呢？像一片片鱼鳍一样竖起来的半导体阵列，其厚度就是沟道宽度。

图 7-60 所示为 32 nm 平面晶体管及 22 nm 三栅极晶体管的平面形态。

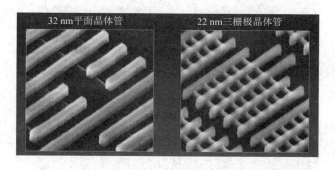

图 7-60　32 nm 平面晶体管及 22 nm 三栅极晶体管的平面形态

做完了名词解释，我想大家一定很好奇，世界上最薄的鳍式晶体管是如何诞生的？

韩拯带领团队采用全新的材料替代了原本的沟道材料，这是一种单层二维原子晶体半导体。在呈台阶状的高度为数百纳米的模板牺牲层上，团队使用了自下而上的湿法化学沉积方式，让该半导体不断保形生长。最终该材料的宽度缩小到了单原子层极限的尺度，也就是 0.6 nm。在此基础上，团队还结合了多重刻蚀等微纳加工工艺，使单原子层鳍片阵列的最小间距也仅有 50 nm。这一成果可以说是几乎接近了物理极限。

鳍式晶体管的发展如图 7-61 所示。

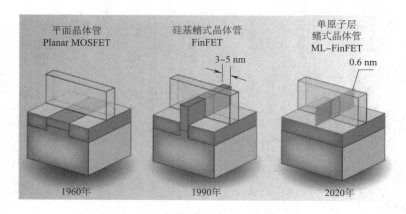

图 7-61　鳍式晶体管的发展

而采用主流硅基半导体工艺的鳍式晶体管，其沟道宽度最小也有 3~5 nm，0.6 nm 还不到这个数据的零头。越薄的晶体管，就能为芯片节省出更多的储存空间，这有益于芯片缩减尺寸，从而提升性能，如图 7-62 所示。

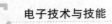

韩拯团队的研究，为我国芯片事业的发展做出了重大的贡献。如今，世界科技已经迈入了后摩尔时代，我国也丝毫不落后。

图 7 - 62　鳍式晶体管的形式

项目八

脉冲波形的变换与产生

项目描述

在数字电路中，常常需要各种脉冲波形，例如时序电路中的时钟脉冲、控制过程中的定时信号等。这些脉冲波形的获取通常有两种方法：一种是将已有的非脉冲波形通过波形变换电路获得；另一种则是采用脉冲信号产生电路直接得到。

知识目标

（1）了解单稳态触发器的功能及工作原理，掌握单稳态触发器的应用。
（2）了解施密特触发器的功能及工作原理，掌握施密特触发器的应用。
（3）了解多谐振荡器的功能及工作原理，掌握多谐振荡器的应用。
（4）掌握 555 定时器的结构和功能。

能力目标

（1）能识读单稳态触发器、多谐振荡器和施密特触发器的引脚排列。
（2）会分析和测试集成触发器的逻辑功能。
（3）能正确应用单稳态触发器、多谐振荡器和施密特触发器。
（4）能识读 555 定时器的引脚排列，会应用 555 定时器。

知识导图

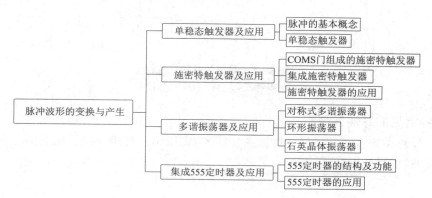

任务一　单稳态触发器及应用

任务目标

（1）知道脉冲的基本概念和脉冲波形。
（2）熟悉单稳态触发器的结构和工作原理。
（3）掌握单稳态触发器的基本应用。

相关知识

一、脉冲的基本概念

1. 脉冲的概念

脉冲是指瞬间突变、作用时间极短的电压或电流，即脉冲信号，简称脉冲。广义上讲，凡是非正弦规律变化的电压或电流都可称为脉冲。它可以是周期性变化的，也可以是非周期性的或单次的。

图 8 - 1 所示为一个简单的脉冲信号发生器。设开关 S 原来是接通的，它将 R_2 短接，输出电压 $u_o = 0$；当 $t = t_1$ 时，将开关 S 打开，电源 U_{CC} 通过 R_1、R_2 的分压作用，此时的输出电压 $u_o = U_{CC} \dfrac{R_2}{R_1 + R_2}$；当 $t = t_2$ 时，开关再闭合，于是 R_2 又被短路，输出电压 u_o 又降为 0。

如此反复接通和断开开关 S，在电阻 R_2 上得到的输出电压 u_o 就按图 8 - 1（b）所示的波形变化，这就是一串脉冲波。

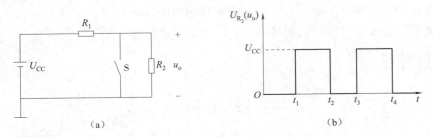

图 8 - 1　简单的脉冲发生器
（a）脉冲产生电路；（b）电压波形

2. 几种常见的脉冲波形

脉冲信号种类繁多，常见的脉冲波形如图 8 - 2 所示，有矩形波、锯齿波、钟形波、尖峰波、梯形波、阶梯波等。

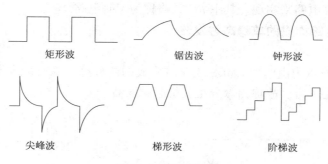

图8-2 脉冲波形

3. 矩形脉冲波形参数

在脉冲技术中，最常应用的是矩形脉冲波，如图8-3所示。下面以矩形脉冲为例，介绍主要的波形参数。

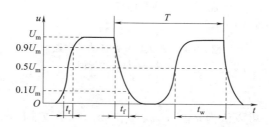

图8-3 矩形脉冲波常用参数

（1）脉冲幅度 U_m——脉冲电压的最大变化幅度。

（2）脉冲上升沿时间 t_r——脉冲上升沿从 $0.1U_m$ 上升到 $0.9U_m$ 所需要的时间。

（3）脉冲下降沿时间 t_f——脉冲下降沿从 $0.9U_m$ 下降到 $0.1U_m$ 所需要的时间。

（4）脉冲宽度 t_p——脉冲前、后沿 $0.5U_m$ 处的时间间隔，说明脉冲出现后持续时间的长短。

（5）脉冲周期 T——周期性脉冲中，相邻的两个脉冲波形对应点之间的时间间隔。它的倒数就是脉冲重复频率 f，即有 $f=\dfrac{1}{T}$。

二、单稳态触发器

单稳态触发器
及应用

单稳态触发器是一种只有一个稳定状态的触发器。单稳态触发器具有以下工作特性：

（1）没有触发脉冲作用时电路处于一种稳定状态。

（2）在触发脉冲的作用下，电路由稳态翻转到暂稳态。暂稳态是一种不能长久保持的状态。

（3）由于电路中 RC 延时环节的作用，电路的暂稳态在维持一段时间后会自动返回到稳态。暂稳态的持续时间决定于电路中的 RC 参数值。

单稳态触发器可以由 TTL 或 CMOS 门电路与外接 RC 电路组成，也可以通过单片集成

单稳态电路外接 RC 电路来实现。其中 RC 电路称为定时电路。

1. 用集成门电路构成的单稳态触发器

1) 电路组成

图 8 - 4（a）所示为由两个 CMOS 或非门构成的微分型单稳态触发器，图中 D_1、D_2 之间采用 RC 微分电路耦合，故称为微分型单稳态触发器。

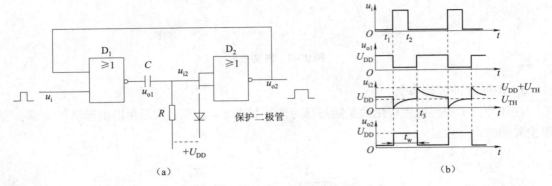

图 8 - 4　微分型单稳态触发电路

（a）电路图；（b）波形图

2) 工作原理

在 CMOS 门电路中，可以认为 $u_{oH} \approx U_{DD}$，$u_{oL} \approx 0$，两个或非门的阈值电压 $u_{TH} \approx 1/2 U_{DD}$，工作波形如图 8 - 4（b）所示。

（1）稳态。

门 D_1 截止（输出高电平），门 D_2 导通（输出低电平），$u_i = 0$，$u_{i2} = U_{DD}$，因此有 $u_{o1} = U_{DD}$，$u_{o2} = 0$，电容上 C 的电压 u_C 为 0。

（2）暂稳态。

当输入正触发脉冲 u_i 且大于门 D_1 的阈值电压 U_{TH} 时，门 D_1 输出电压 u_{o1} 产生负跃变，由于电容 C 两端的电压不能突变，使门 D_2 的输入电压 u_{i2} 产生负跃变，又促使门 D_2 输出电压 u_{o2} 产生正跃变，门 D_2 的输出又反馈到门 D_1 的输入端，因此产生以下的正反馈过程：

$$u_i \uparrow \rightarrow u_{o1} \downarrow \rightarrow u_{i2} \downarrow \rightarrow u_{o2} \uparrow$$

正反馈的结果使门 D_1 迅速导通，输出 u_{o1} 变为低电平，门 D_2 的输出 u_{o2} 迅速变为高电平。于是，电容 C 开始充电，充电回路为：$U_{DD} \rightarrow R \rightarrow C \rightarrow$ 门 D_1 的输出电阻 $\rightarrow$ 地，电路进入暂稳态。在此期间输入脉冲又回到低电平状态。

（3）自动翻转回到稳态。

随着电容 C 的充电，电容上的电压 u_C 逐渐升高，u_{i2} 逐渐升高，当 $u_{i2} = U_{TH}$ 时，使 u_{o2} 下降，由于 u_{o2} 反馈到门 D_1 的输入端，又使 u_{o1} 上升，u_{i2} 进一步增大，电路进入另一个正反馈过程。

$$电容\ C\ 充电 \rightarrow u_{i2} \uparrow \rightarrow u_{o2} \downarrow \rightarrow u_{o1} \uparrow$$

这个正反馈的结果使门 D_1 迅速截止，输出 u_{o1} 变到高电平，门 D_2 的输出 u_{o2} 迅速变到低电平，电路的暂稳态结束而返回稳态。

与此同时，电容 C 通过电阻 R 和门 D_2 输入回路的保护二极管放电，放电时间常数很小，所以以电容 C 上的电压 u_C 因迅速放电很快下降为 0 V 而使电路恢复到稳定状态。

单稳态触发器输出脉冲的宽度实际上是暂稳态持续时间 t_W，为电容 C 上电压由低电平充电上升到门 D_2 的阈值电压 U_{TH} 所需的时间，其大小可用下式估算：

$$t_W = RC\ln2 \approx 0.7RC$$

在使用微分型单稳态触发器时，输入脉冲的宽度应小于输出脉冲 t_W 的宽度，否则电路将无法正常工作。

2. 集成单稳态触发器

集成化的单稳态触器与普通门电路构成的单稳态触发器相比，具有很多显著的优点：集成电路稳定性好，输出脉冲宽度范围广，抗干扰能力强。下面以 CT1121 集成单稳态触发器为例，介绍其电路的结构和功能。

1）电路结构

图 8-5（a）所示为 CT1121 集成单稳态触发器的电路原理图。电路由四部分组成：G_1、G_2 门构成触发输入，$G_3 \sim G_5$ 门组成单脉冲发生器，G_6、G_7 连同 R、C 组成微分触发输入，Q、$\overline{Q}$ 是互补输出。图 8-5（b）所示为外引线排列，图 8-5（c）所示为逻辑符号。

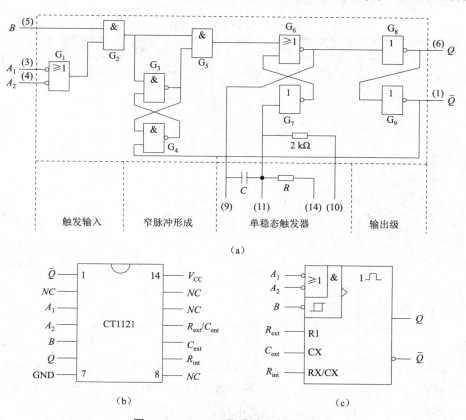

（a）

（b）　　　　　　　　　　（c）

图 8-5　CT1121 集成单稳态触发器

（a）电路图；（b）外引线排列；（c）逻辑符号

图 8 - 6（a）和图 8 - 6（b）所示为用 CT1121 组成单稳态触发器的连接图。其中图 8 - 6（a）所示为利用内部电阻 R（ =2 kΩ）和外接电容 C 组成的单稳态电路，图 8 - 6（b）所示为利用外接阻 R 和电容 C 组成的单稳态电路。产品手册规定外接电阻限制在 1.4 ~ 40 kΩ，外接电容不超过 1 000 μF，因此 CT1121 脉宽调节节围为 30 ns ~ 28 s。

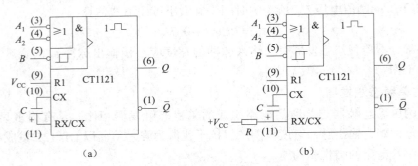

（a）   （b）

图 8 - 6　CT1121 接成单稳态触发器

（a）采用内定时电阻接法；（b）采用外接 R、C 接法

2）逻辑功能

CT1121 逻辑功能如表 8 - 1 所示。

表 8 - 1　CT1121 逻辑功能

输入			输出		备注
A_1	A_0	B	Q	$\overline{Q}$	
0	×	1	0	1	稳态输出
×	0	1	0	1	
×	×	0	0	1	
1	1	×	0	1	
⌐	1	1	⊓	⊔	暂稳态输出
⌐	1	1	⊓	⊔	
⌐	⌐	1	⊓	⊔	
0	×	⌐	⊓	⊔	
×	0	⌐	⊓	⊔	

（1）表 8 - 1 所示的功能表中，前 4 行为静态情况，即 A_1、A_0、B 三个输入信号无跳变，输出状态不变，即 $Q=0$，$\overline{Q}=1$，因此电路处于稳态。

（2）表 8 - 1 所示的功能表中，后 5 行是暂稳态情况。第 5 ~ 7 行表明，在三个输入信号中，若 A_1 和 A_0 有一个或两个下降沿触发，且 B 端为高电平，则电路被触发翻转，Q 端输出高电平脉冲，$\overline{Q}$ 输出低电平脉冲；第 8～9 行表明，A_1 和 A_0 中至少有一个为低电平，当 B 端出现上升沿触发时，电路也被触发翻转，Q 端输出高电平脉冲，$\overline{Q}$ 端输出低电平脉冲。

3）输出脉冲宽度

输出脉冲宽度 $t_{Po} = 0.7RC$。R 可以是外接电阻，也可以是内部电阻（2 kΩ），C 是外接电容。

3. 单稳态触发器的应用

1）定时

单稳态触发器可产生一个宽度为 t_{po} 的矩形脉冲，利用这个脉冲去控制某电路使它在 t_{po} 时间内动作或不动作，这就是脉冲的定时作用。图 8 – 7（a）所示为用与门来在所要求的限定时间内传送脉冲信号的例子。显然，只有在 u_B 为高电平的 t_{po} 时间内，信号才能通过与门，这就是定时控制，其波形如图 8 – 7（b）所示。

2）脉冲的整形

整形就是将不规则或因传输受干扰而使脉冲波形变坏的输入脉冲信号，通过单稳态电路后，可获得具有一定宽度和幅度的前后比较陡峭的矩形脉冲，如图 8 – 8 所示。

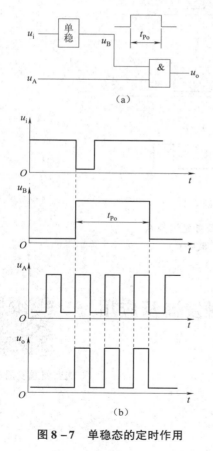

图 8 – 7 单稳态的定时作用

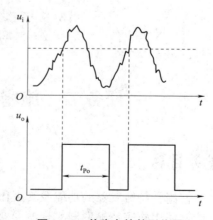

图 8 – 8 单稳态的整形作用

3）脉冲的延时作用

一般用两个单稳态可组成一个较理想的脉冲延迟电路，其连接方法如图 8 – 9（a）所示。图 8 – 9（b）画出了输入电压 u_i 和输出电压 u_o 的波形。可以看出 u_o 滞后 u_i 的时间 t_D 等于第 1 个单稳态触发器输出脉冲的宽度 t_{Po1}（t_{Po1} 由 R_1 和 C_1 决定）和第 2 个单稳态触发器输出脉冲的宽度 t_{Po2}（t_{Po2} 由 R_2 和 C_2 决定）之和，可以分别调整 t_{Po1} 和 t_{Po2} 而互不影响。

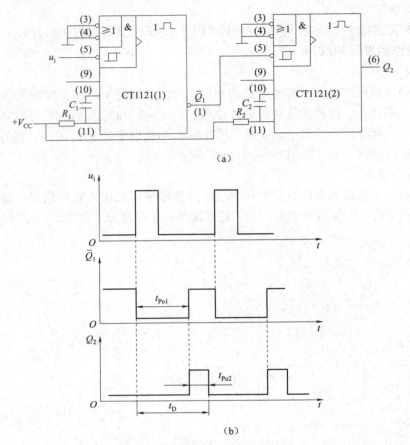

图 8-9　单稳态组成脉冲延迟电路

（a）电路图；（b）波形图

任务二　施密特触发器及应用

施密特触发器及应用

任务目标

（1）掌握施密特触发器的功能及其工作原理。

（2）能够使用施密特触发器实现波形变换。

相关知识

施密特触发器是一种具有回差特性的双稳态电路，其特点是：电路具有两个稳态，且两个稳态依靠输入触发信号的电平大小来维持，由第一稳态翻转到第二稳态及由第二稳态翻回第一稳态所需的触发电平存在差值。

一、CMOS 门组成的施密特触发器

1. 电路组成

由 CMOS 门组成的施密特触发器电路如图 8 – 10（a）所示，它是将两级反相器串联起来，同时通过分压电阻把输出端的电压反馈到输入端，其波形如图 8 – 10（b）所示。

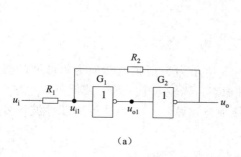
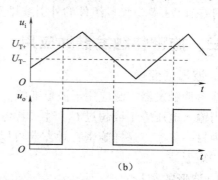

（a）   （b）

图 8 – 10   CMOS 门组成的施密特触发器电路

（a）电路图；（b）波形图

2. 工作原理

当 u_i 为低电平时，门 G_1 截止，G_2 导通，则 $u_o = U_{oL} = 0$，触发器处于 $Q = 0$，$\overline{Q} = 1$ 的稳定状态。

当 u_i 上升时，u_{i1} 也上升，在 u_{i1} 仍低于 U_T 的情况下，电路维持原态不变。

当 u_i 继续上升并使 $u_{i1} = U_T$ 时，G_1 开始导通，G_2 截止，触发器翻转 $Q = 1$，$\overline{Q} = 0$，则 $u_o = U_{oH}$。此时的输入电压称为上限触发电压 U_{T+}，显然 $U_{T+} > U_T$。

当 u_i 从高电平下降时，u_{i1} 也下降，$u_i \leqslant U_T$ 以后，G_1 截止，G_2 导通，电路返回到前一稳态，即 $Q = 0$，$\overline{Q} = 1$，$u_o = U_{oL} = 0$。电路状态翻转时对应的输入电压称为下限触发电压 U_{T-}。

3. 电压传输特性

电压传输特性指输出电压 u_o 与输入电压 u_i 的关系，即 $u_o = f(u_i)$ 的关系曲线。

由原理分析可知，当 u_i 上升到 U_{T+} 时，u_o 从高电平变为低电平，而当 u_i 下降到 U_{T-} 时，u_o 从低电平变到高电平，如图 8 – 11 所示。上限阈值电压与下限阈值电压之差称为回差电压，用 $\Delta U = U_{T+} - U_{T-}$ 表示。图 8 – 12 表示在 R_2 固定的情况下，改变 R_1 值可改变回差电压的大小。

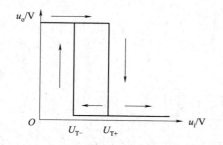
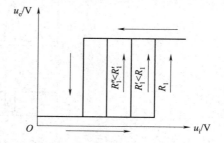

图 8 – 11   施密特触发器的电压传输特性

图 8 – 12   改变 R_1 的电压传输特性曲线

二、集成施密特触发器

目前集成施密特触发器得到广泛应用，因为它们的触发阈值电平稳定，而性能一致性也很好。TTL 集成施密特触发器型号有六反相器（缓冲器）CT5414/CT7414、7414/74L514，四–二输入与非门 CT54132/CT74132、74132/74L5132，二–四输入与非门 CT5413/CT7413、7413/74LS13 三大类型。CMOS 集成施密特触发器典型产品有六反相器 CC40106 和四–二输入与非门 CC4093 等。集成组件的外引线排列和功能可查阅有关器件手册。

三、施密特触发器的应用

1. 波形的变换

施密特触发器广泛应用于波形变换。图 8–13 所示为将正弦波转换为矩形波的波形转换，当输入电压等于或超过 U_{T+} 时，电路为一种稳态；当输入电压等于或低于 U_{T-} 时，电路翻转为另一稳态。这样施密特触发器可以很方便地将正弦波、三角波等周期性波形变换成规则的矩形波。

2. 波形的整形

将不规则的波形变换成规则的矩形波称为整形。如图 8–14 所示电路，输入电压为受干扰的波形，通过施密特电路可变为规则的矩形波。

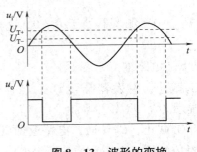

图 8–13　波形的变换

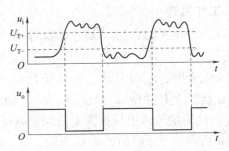

图 8–14　波形的整形

3. 脉冲幅度鉴别

利用施密特触发器，可以在输入幅度不等的一串脉冲中，把幅度超过 U_{T+} 的脉冲鉴别出来。图 8–15 所示为脉冲鉴别器的输入、输出波形，只有幅度大于 U_{T+} 的脉冲，输出端才会有脉冲信号。

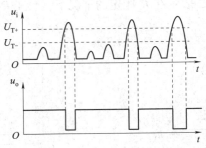

图 8–15　脉冲幅度鉴别

技能训练 集成单稳态触发器和集成施密特触发器

1. 实训目的

（1）掌握常用集成单稳态触发器和集成施密特触发器的基本工作原理。

（2）了解常用集成单稳态触发器和集成施密特触发器的应用。

2. 实训器材

数字逻辑实验仪1台，数字万用表2块，双踪示器1台，TTL 可重触发单稳1块，电阻和电容各1只，连接导线若干。

3. 实训内容及步骤

1）集成单稳态触发器74LS123

（1）利用集成单稳态触发器74LS123实现一个脉冲宽度一定的单稳态触发器，设计出原理电路图。

（2）改变实验仪上连续脉冲发生器的频率，观察可重触发现象，并记录输入输出波形。

2）集成施密特触发器 CC40106

（1）利用集成施密特触发器 CC40106 实现波形变换。

（2）利用集成施密特触发器 CC40106 实现单稳态触发器。

（3）利用施密特触发器实现多谐振荡器。

4. 实训问题与要求

（1）设计出实验电路，列出具体实验步骤，整理实验测试结果，画出各实验波形，说明单稳态触发器和施密特触发器的功能。

（2）计算实验中各待测值的理论值，并与实测值进行比较。

任务三 多谐振荡器及应用

多谐振荡器及应用

🎯 任务目标

（1）掌握多谐振荡器的功能及其工作原理。

（2）能够使用多谐振荡器实现波形变换。

多谐振荡器是一种自激振荡器，在接通电源以后，不需要外加触发信号便能自动产生矩形脉冲。由于矩形波中含有丰富的高次谐波分量，所以习惯上又把矩形波振荡器称为多谐振荡器。

一、对称式多谐振荡器

图8-16所示电路是一个对称式多谐振荡器的典型电路，它由两个 TTL 反相器经过电容 C_1、C_2 交叉耦合所组成。图中，$C_1 = C_2 = C$，$R_1 = R_2 = R_F$。为了使静态时反相转折区具有较强的放大能力，应满足 $R_{OFF} < R_F < R_{ON}$ 的条件。

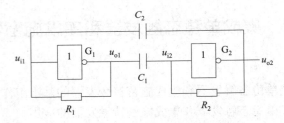

图 8 – 16　对称式多谐振荡器

下面分析电路的工作原理。

假定接通电源后，由于某种原因使 u_{i1} 有微小正跳变，则必然会引起以下的正反馈过程：

$$u_{i1} \uparrow \rightarrow u_{o1} \downarrow \rightarrow u_{i2} \downarrow \rightarrow u_{o2} \uparrow$$

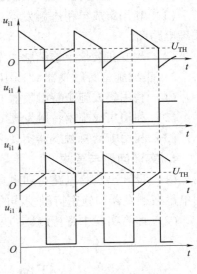

使 u_{o1} 迅速跳变为低电平、u_{o2} 迅速跳变为高电平，电路进入第一暂稳态。此后，u_{o2} 的高电平对 C_1 电容充电使 u_{i2} 升高，电容 C_2 放电使 u_{i1} 降低。由于充电时间常数小于放电时间常数，所以充电速度较快，u_{i2} 首先上升到 G_2 的阈值电压 U_{TH}，并引起以下的正反馈过程：

$$u_{i2} \uparrow \rightarrow u_{o2} \downarrow \rightarrow u_{i1} \downarrow \rightarrow u_{o1} \uparrow$$

使 u_{o2} 迅速跳变为低电平、u_{o1} 迅速跳变为高电平，电路进入第二暂稳态。此后，C_1、C_2 充电，C_2 充电使 u_{i1} 上升，会引起又一次正反馈过程，电路又回到第一暂稳态。周而复始，电路不停地在两个暂稳态之间振荡，输出端产生了矩形脉冲。电路的工作波形如图 8 – 17 所示。

图 8 – 17　对称式多谐振荡器
电路的工作波形

从电路的工作波形可以计算出矩形脉冲的振荡周期为

$$T \approx 1.4RC$$

二、环形振荡器

1. 最简单的环形振荡器

利用集成门电路的传输延迟时间，将奇数个反相器首尾相连便可构成最简单的环形振荡器，具体电路如图 8 – 18（a）所示。不难看出，该电路没有稳定状态。假定由于某种原因使 u_{i1} 产生一个正跳变，在经过 G_1 的延迟 t_{pd} 之后，u_{i2} 产生一个负跳变；再经过 G_2 的延迟 t_{pd} 之后，u_{i3} 产生一个正跳变；然后经过 G_3 的延迟 t_{pd} 之后，u_o 产生一个负跳变，并反馈到 G_1 输入端。因此，经过 3 个 t_{pd} 时间之后，u_{i1} 又自动跳变为低电平。可以推想，再经过 3 个 t_{pd} 时间，u_{i1} 又会跳变为高电平。如此周而复始，便产生了自激振荡。

图 8 – 18（b）所示为根据以上分析得到的工作波形。由图可知，振荡周期 $T = 6t_{pd}$。

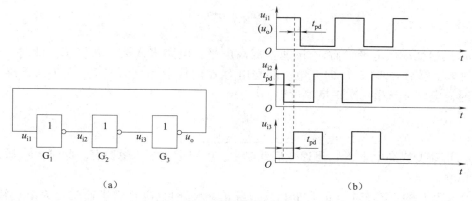

图 8 – 18　最简单的环形振荡器

（a）环形振荡器；（b）环形振荡器工作波形

2. RC 环形振荡器

最简单的环形振荡器构成十分简单，但是并不实用。因为集成门电路的延迟时间 t_{pd} 极短，而且振荡周期不便调节。为了克服上述缺点，可以在图 8 – 18（a）所示电路的基础上增加 RC 延迟环节，即可组成如图 8 – 19 所示的 RC 环形振荡器。图中，R_S 是限流电阻，是为保护 G_3 而设置的，通常选 100 Ω 左右。

RC 环形振荡器的基本原理就是利用电容 C 的充放电，改变 u_{i3} 的电平（因为 R_S 很小，在分析时往往忽略它）来控制 G_3 周期性的导通和截止，在输出端产生矩形脉冲。电路的工作波形如图 8 – 20 所示。

根据工作波形可以计算出电路的振荡周期为

$$T \approx 2.2RC$$

改变 R、C 的值，可以调节 RC 环形振荡器的振荡周期 T。但是，R 不能选得太大（一般 1 kΩ 左右），否则电路不能正常振荡。

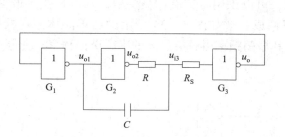

图 8 – 19　RC 环形振荡器

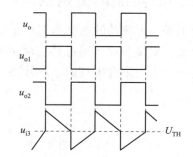

图 8 – 20　RC 环形振荡器工作波形

3. CMOS 反相器构成的多谐振荡器

CMOS 反相器构成的多谐振荡器如图 8 – 21 所示。图中 R 的选择应使 G_1 工作在电压传输特性的转折区。此时，由于 u_{o1} 即为 u_{i2}，G_2 也工作在电压传输特性的转折区，若 u_i 有正向扰动，则必然引起下述正反馈过程：

$$u_i \uparrow \rightarrow u_{o1} \downarrow \rightarrow u_{o2} \uparrow$$

使 u_{o1} 迅速变成低电平，而 u_{o2} 迅速变成高电平，电路进入第一暂稳态。此时，电容 C 通过 R 放电，然后 u_{o2} 向 C 反向充电。随着电容 C 的放电和反向充电，u_i 不断下降，达到 $u_i = U_{TH}$ 时，电路又产生一次正反馈过程：

$$u_i \downarrow \rightarrow u_{o1} \uparrow \rightarrow u_{o2} \downarrow$$

从而使 u_{o1} 迅速变成高电平，u_{o2} 迅速变成低电平，电路进入第二暂稳态。此时，u_{o1} 通过 R 向电容 C 充电。

随着电容 C 的不断充电，u_i 不断上升，当 $u_i \geqslant U_{TH}$ 时，电路又迅速跳变为第一暂稳态。如此周而复始，电路不停地在两个暂稳态之间转换，电路将输出矩形波。图 8 – 22 所示为电路的工作波形，根据工作波形可以求出该电路的振荡周期为

$$T = 1.4RC$$

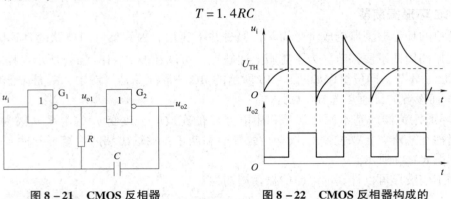

图 8 – 21　CMOS 反相器
构成的多谐振荡器

图 8 – 22　CMOS 反相器构成的
多谐振荡器的工作波形

三、石英晶体振荡器

为了提高振荡器的振荡频率稳定度，可以采用石英晶体振荡器。在对称式多谐振荡器的基础上，串接一块石英晶体，就可以构成一个如图 8 – 23 所示的石英晶体振荡器电路。该电路将产生稳定度极高的矩形脉冲，其振荡频率由石英晶体的串联谐振频率 f_0 决定。

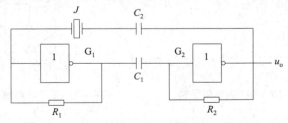

图 8 – 23　石英晶体振荡器电路

目前，家用电子钟几乎都采用具有石英晶体振荡器的矩形波发生器。由于它的频率稳定度很高，所以走时很准。通常选用振荡频率为 32 768 Hz 的石英晶体谐振器，因为 32 768 = 2^{15}，故将 32 768 Hz 经过 15 次二分频，即可得到 1 Hz 的时钟脉冲作为计时标准。

技能训练　利用集成逻辑门构成脉冲电路

1. 实训目的

（1）掌握用集成门构成多谐振荡器和单稳电路的基本工作原理。

（2）了解电路参数变化对振荡器波形的影响。

（3）了解电路参数变化对单稳电路输出脉冲宽度的影响。

2. 实训器材

数字逻辑实验仪 1 台，数字万用表 1 块，双踪示器 1 台，TTL 四 2 输入与非门 1 块，石英晶体 1 只，电阻和电容若干只，连接导线若干。

3. 实训内容及步骤

（1）非对称型多谐振荡器。

（2）对称型 TTL 多谐振荡器。

（3）*RC* 环形多谐振荡器。

（4）石英晶体振荡器（选做内容）。

（5）积分型单稳电路。

（6）微分型单稳电路。

4. 实训问题与要求

（1）画出实验电路及相应的波形图，整理各测量结果。

（2）将实验所得数据与理论计算值相比较，分析不一致的原因。

（3）总结、归纳元件参数的改变对电路参数的影响。

（4）回答思考题。

①振荡器输出波形的周期主要由什么决定？

②单稳电路中电阻如果取得过大，会出现什么现象？

任务四　集成 555 定时器及应用

集成 555 定时器
及应用

🎯 任务目标

（1）熟悉 555 定时器的结构和 555 定时器的引脚功能。

（2）深入理解 555 定时器的逻辑功能。

（3）会用 555 定时器构成施密特触发器、单稳态触发器和多谐振荡器。

🎯 相关知识

一、555 定时器的结构及功能

555 定时器是一种电路结构简单、使用方便灵活、应用广泛的多功能电路，只要外接少数阻容元件即可构成施密特触发器、单稳态触发器、多谐振荡器等电路。555 定时器有双极型和 CMOS 型两种类型。其电源电压范围宽，双极型为 5 ~ 15 V，CMOS 型为 3 ~ 18 V。555 定时器在脉冲波形的产生与变换、仪器与仪表、测量与控制、家用电器及电子玩具领域具有广泛的应用。

1. 555 定时器的结构

双极型 555 定时器的内部逻辑电路图如图 8 – 24 所示。

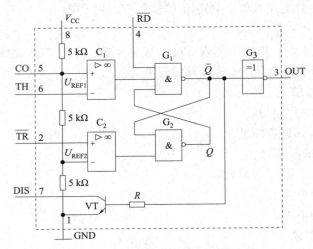

图 8 – 24 双极型 555 定时器的内部逻辑电路图

它的内部由两个高精度的电压比较器、一个基本 RS 触发器、一个晶体三极管和几个电阻组成。内部有三个均为 5 kΩ 的精密电阻串联构成基准电压分压电路，分别为两个电压比较器提供基准电压，在 5 脚悬空时比较器的基准电压分别为 $U_{REF1} = \frac{2}{3} V_{CC}$ 和 $U_{REF2} = \frac{1}{3} V_{CC}$。低电平触发的基本 RS 触发器的 $\overline{Q}$ 端分为两路：一路接到三极管 VT 的基极，另一路经反相器（驱动器）缓冲输出。增加驱动器的目的是使 555 电路的最大输出驱动电流达 200 mA，以便直接驱动继电器、小电动机、指示灯和扬声器等负载。

2. 555 定时器的引脚功能

555 定时器共有 8 个引脚，各引脚及功能如下：

（1）接地端（GND）。

（2）置位端（$\overline{TR}$）。当 $U_{TR} < U_{REF2}$ 时，引起触发使输出置 1。

（3）输出端（OUT）。

（4）直接复位端（$\overline{RD}$）。在该端加负电平可以使 555 电路复位（$Q = 0$，$\overline{Q} = 1$），输出为低电平。

（5）电压控制端（CO）。当 CO 悬空时，参考电压 $U_{REF1} = \frac{2}{3} V_{CC}$，$U_{REF2} = \frac{1}{3} V_{CC}$；当 CO 端接某一固定电压 U_{CO} 时，则 $U_{REF1} = U_{CO}$、$U_{REF2} = U_{CO}/2$，可见 U_{CO} 的值可以改变上下触发电平。当此端不用时，为了提高电路的稳定性，通常在它与地之间接一只 0.1 μF 的电容。

（6）复位端（TH），当 $U_{TH} > U_{REF2}$ 时引起触发。

（7）放电端（DIS），也可以作为集电极开路三极管的输出端使用。

（8）正电源端（V_{CC}）。

3. 555 定时器的逻辑功能

下面分析 555 的逻辑功能。设 TH 和 $\overline{TR}$ 的输入电压分别为 u_{i1} 和 u_{i2}。

（1）当 $u_{i1} > U_{REF1}$、$u_{i2} > U_{REF2}$ 时，比较器 C_1、C_2 的输出 $u_{C1} = 0$、$u_{C2} = 1$，基本 RS 触发器被置 0；$Q = 0$，$\overline{Q} = 1$，输出 $u_o = 0$，同时 VT 导通。

（2）当 $u_{i1} < U_{REF1}$、$u_{i2} < U_{REF2}$ 时，比较器 C_1、C_2 的输出 $u_{C1} = 1$、$u_{C2} = 0$，基本 RS 触发器被置 1；$Q = 1$，$\overline{Q} = 0$，输出 $u_o = 1$，同时 VT 截止。

（3）当 $u_{i1} < U_{REF1}$、$u_{i2} > U_{REF2}$ 时，比较器 C_1、C_2 的输出 $u_{C1} = 1$、$u_{C2} = 1$，基本 RS 触发器保持原状态不变。

综上所述，555 定时器的逻辑功能如表 8 - 2 所示。

表 8 - 2 555 定时器的逻辑功能表

输入			输出	
u_{i1}	u_{i2}	$\overline{RD}$	u_o	VT 状态
×	×	0	0	导通
$> \frac{2}{3}V_{CC}$	$> \frac{1}{3}V_{CC}$	1	0	导通
$< \frac{2}{3}V_{CC}$	$< \frac{1}{3}V_{CC}$	1	1	截止
$< \frac{2}{3}V_{CC}$	$> \frac{1}{3}V_{CC}$	1	不变	不变

二、555 定时器的应用

1. 用 555 定时器构成施密特触发器

图 8 - 25 所示为用 555 定时器组成施密特触发器的逻辑电路。将 555 定时器的 TH 端与 $\overline{TR}$ 端连在一起，作为触发信号 u_i 的输入端，并从 OUT 端输出信号 u_o。为了提高基准电压 U_{REF1} 和 U_{REF2} 的稳定性，在控制端 CO 对地接一只 $0.01\ \mu F$ 的滤波电容，此时 $U_{REF1} = \frac{2}{3}V_{CC}$，$U_{REF2} = \frac{1}{3}V_{CC}$。对照图 8 - 26 所示的输入、输出波形分析电路工作原理。

555 定时器
的应用

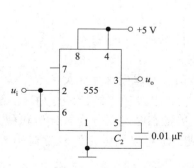

图 8 - 25 用 555 定时器组成施密特触发器的逻辑电路

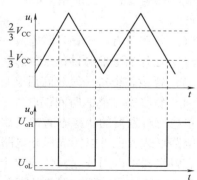

图 8 - 26 施密特触发器输入、输出波形图

（1）当输入电压 $u_i < \frac{1}{3}V_{CC}$，$Q = 1$，$\overline{Q} = 0$ 时，输出 $u_o = 1$。

（2）当输入电压为 $\frac{1}{3}V_{CC} < u_i < \frac{2}{3}V_{CC}$ 时，输出 $u_o = 1$。

（3）当输入电压 $u_i > \frac{2}{3}V_{CC}$ 时，输出 $u_o = 0$。

（4）当输入电压上升到 $\frac{2}{3}V_{CC}$ 时，电路的输出状态发生跃变，因此施密特触发器的正向阈值电压 $U_{T+} = \frac{2}{3}V_{CC}$。此时 u_i 继续增大，输出状态不变。

（5）当输入电压由高电平逐渐下降，且 $\frac{1}{3}V_{CC} < u_i < \frac{2}{3}V_{CC}$ 时，输出 $u_o = 0$。

（6）当输入电压 $u_i < \frac{1}{3}V_{CC}$ 时，输出 $u_o = 1$。可见当 u_i 下降到 $\frac{1}{3}V_{CC}$ 时，电路的输出状态又一次发生跃变，所以电路的负向阈值电压 $U_{T-} = \frac{1}{3}V_{CC}$。

该施密特触发器的回差电压为

$$\Delta U_T = U_{T+} - U_{T-} = \frac{1}{3}V_{CC} \tag{8-1}$$

由上分析可得该电路的电压传输特性如图 8-27 所示。

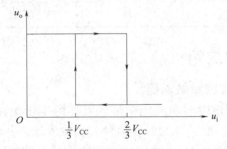

图 8-27　施密特触发器电压传输特性

2. 用 555 定时器构成单稳态触发器

单稳态触发器广泛应用于数字电路，可以用于整形、延迟和定时。单稳态触发器有以下特点。

（1）电路只有一个稳定状态和一个暂稳状态。

（2）在外加触发脉冲信号的作用下，电路能从稳态翻转到暂稳态。

（3）暂稳态维持一段时间后又自动返回到稳态。

（4）暂稳态维持的时间仅取决于电路本身的参数，与触发脉冲无关。

单稳态触发器的暂稳态通常是靠 RC 电路的充、放电过程来维持的。RC 电路可以接成微分电路形式，也可以接成积分电路形式，所以，单稳态触发器分为微分型和积分型两种。单稳态触发器可以用分立元件或单个的门电路构成，也可以用施密特触发器构成。下面介绍用 555 电路构成的积分型单稳态触发器。

图 8 – 28 所示为用 555 定时器组成的单稳态触发器逻辑电路，$\overline{TR}$作为触发信号 u_i 的输入端，VT 的集电极通过电阻 R_1 接 V_{CC}，组成一反相器，并通过电容 C 接地。该电路中 R、C 作为定时器件。

下面参照图 8 – 29 所示的波形图分析单稳态触发器的工作原理。

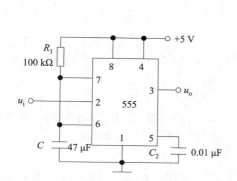

图 8 – 28　用 555 定时器构成
单稳态触发器的逻辑电路

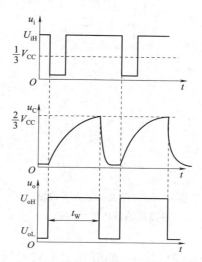

图 8 – 29　单稳态触发器输入输出波形图

（1）稳定状态。接通电源后，V_{CC} 经过电阻 R 对电容 C 充电，当电容 C 上的电压 $\geq$ $\frac{2}{3}V_{CC}$ 时，输出 $u_o = 0$。与此同时，三极管 VT 导通，电容 C 经过内部放电管快速放完电，$u_C \approx 0$，内部电压比较器 C_1 输出 $u_{C1} = 1$，基本 RS 触发器的两个输入信号都为高电平 1，保持原状态不变。

所以，在稳定状态时，$u_C = u_o = 0$。

（2）触发器进入暂稳态。当输入 u_i 由高电平 U_{iH} 跃到小于 $\frac{1}{3}V_{CC}$ 的低电平时，输出 u_o 由低电平跃到高电平 U_{oH}。同时 VT 截止，电源 V_{CC} 通过 R 对 C 充电，电路进入暂稳态，在暂稳态期间输入电压 u_i 回到了高电平。

（3）自动返回稳定状态。随着 C 的充电，电容 C 上的电压逐渐增大，当 u_C 上升到 $u_C \geq$ $\frac{2}{3}V_{CC}$ 时，输出 u_o 由高电平 U_{oH} 跃变到低电平 U_{oL}。同时三极管 VT 导通，C 经 VT 迅速放完电，$u_C = 0$，电路返回稳定状态。

单稳态触发器输出脉冲的宽度为暂稳态持续的时间，即电容 C 的电压由 0 充到 $\frac{2}{3}V_{CC}$ 所需的时间，估算式为

$$T = RC\ln3 \approx 1.1RC \tag{8-2}$$

3. 用 555 定时器构成多谐振荡器

多谐振荡器是用来产生矩形波的自激振荡器，由于矩形波包含了基波和较多的高次谐

243

波成分，因此称为多谐振荡器。另外，这种电路不存在稳定的状态，所以又称为无稳态振荡器。图 8-30 所示为用 555 定时器组成多谐振荡器的逻辑电路。放电管 V 集电极通过电阻 R_1 接 V_{CC}，同时通过 R_2、C 接地，TH、$\overline{TR}$ 端连接在一起接在 R_2、C 之间。

对照图 8-31 所示输入输出波形讨论多谐振荡器的工作原理。

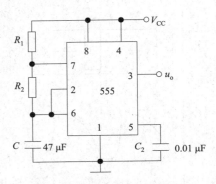

图 8-30 用 555 定时器构成
多谐振荡器的逻辑电路

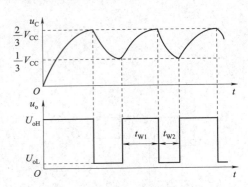

图 8-31 多谐振荡器的输入
输出波形图

接通电源后，V_{CC} 通过 R_1、R_2 对 C 充电，当 u_C 增大到 $\frac{2}{3}V_{CC}$ 时，输出跃至低电平，与此同时，放电管 V 导通，电容 C 经电阻 R_2 和放电管放电，电路进入暂稳态。

随着电容 C 的放电，u_C 随之下降。当 u_C 下降到 $\frac{1}{3}V_{CC}$ 时，输出转为高电平，与此同时，放电管截止，电源 V_{CC} 经电阻 R_1、R_2 对电容 C 进行充电，电路返回到前一个暂稳态。因此，电容 C 上的电压 u_C 在 $\frac{1}{3}V_{CC}$ 与 $\frac{2}{3}V_{CC}$ 之间来回充电和放电，从而使电路产生了振荡，输出矩形脉冲。

根据振荡原理分析，该电路输出矩形波的周期取决于电容充、放电的时间常数，其充电和放电时间常数分别为 (R_1+R_2) C 和 R_2C，输出波形周期的估算值为

$$T = t_{W1} + t_{W2} = 0.7 \ (R_1+R_2) \ C + 0.7 R_2 C = 0.7 \ (R_1+2R_2) \ C \tag{8-3}$$

通过改变充、放电时间常数就可以改变矩形波的周期和脉冲宽度。

技能训练　555 集成定时器的应用

1. 实训目的
（1）熟悉 555 集成定时器的结构、特点及工作原理。
（2）掌握 555 集成定时器的基本应用。

2. 实训器材
直流稳压电源 1 台，万用表 1 块，信号发生器 1 台，双踪示波器 1 台，电子技术试验箱 1 台，秒表，555 定时器，电阻，电容，导线，发光二极管。

3. 实训电路及原理
555 电路又称集成定时器，内部使用了三个 5 kΩ 的精密电阻，故称为 555 定时器。555

定时器有双极型和 CMOS 型两种类型。其电源电压范围宽，双极型为 5～15 V，CMOS 型为 3～18 V。555 定时器的内部电路框图如图 8－32（a）所示，由两个高精度的电压比较器、一个基本 RS 触发器、一个晶体三极管和几个电阻组成。三个均为 5 kΩ 的精密电阻串联构成基准电压分压电路，分别为两个电压比较器提供基准电压，在 5 脚悬空时比较器的基准电压分别为 $U_{REF1} = 2/3V_{CC}$ 和 $U_{REF2} = 1/3V_{CC}$。低电平触发的基本 RS 触发器的 $\overline{Q}$ 端分为两路：一路接到三极管 VT 的基极，另一路经反相器（驱动器）缓冲输出。555 定时器的引脚排列如图 8－32（b）所示。

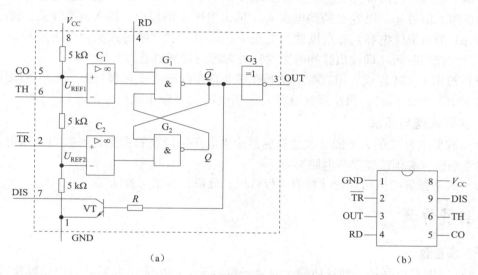

(a)　　　　　　　　　　　　　　　　(b)

图 8－32　555 定时器的内部电路框图及引脚排列

（a）555 定时器的内部电路框图；（b）555 定时器的引脚排列

（1）555 电路构成单稳态触发器。图 8－33 所示为 555 定时器和外接元件 R、C 构成的单稳态触发器。触发电路由 C_1、R_1、VD 组成，其中 VD 为钳位二极管，使稳态时输入端输入为电源电压。当输入信号 u_i 输入一低电平触发信号时，根据单稳态触发电路的工作原理，将从输出端输出一定宽度的高电平脉冲，其脉冲宽度由外接元件 R、C 决定，大小为 $t_W = 1.1RC$。

（2）555 电路构成多谐触发器。图 8－34 所示为 555 定时器和外接元件 R_1、R_2、C 构

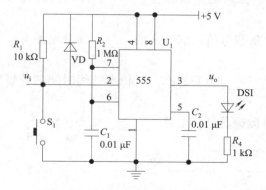

图 8－33　555 电路构成单稳态触发器

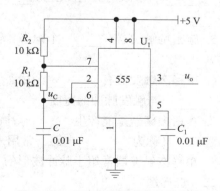

图 8－34　555 电路构成多谐触发器

成的多谐振荡器。置位端 2 与复位端 6 直接相连，电路没有稳定的状态，只有两个暂稳态，电路无须外加触发信号。利用电源经过 R_1、R_2 对电容 C 充电，以及电容 C 通过 R_2 向放电端放电，使电路产生振荡。多谐振荡器输出矩形波信号的周期为

$$T = 0.7\ (R_1 + 2R_2)\ C$$

4. 实训内容及步骤

（1）按图 8-33 连线（先不接入按键开关），输入信号通过信号发生器产生。调节信号发生器，使输入的信号为低电平且持续时间很短的脉冲信号（即占空比很大），用双踪示波器观察输入信号 u_i、电容 C 两端电压 u_C、输出电压 u_o 的波形。接入按键开关，将电容 C_1 改为 10 μF 的有极性电容，注意极性为上正下负，用手触发按键开关，同时用秒表记录发光二极管发光的时间（即输出脉冲的宽度）并与理论计算值进行对比。

（2）按图 8-34 连线，用双踪示波器观察电容 C 两端电压 u_C 及输出电压 u_o 的波形。将电容 C 的值改为 0.1 μF，再次观察电容 C 两端电压 u_C 及输出电压 u_o 的波形。

5. 实训问题与要求

（1）改变电容 C 的大小能够改变振荡器输出电压的周期和占空比系数吗？试说明要想改变占空系数，必须改变哪些电路参数。

（2）将测量值与电路理论计算值进行对比、分析，总结实验结果。

自我评测

一、填空题

1. 555 定时器电路是一种将功能_____和_____功能结合起来的中规模集成电路，外接少量阻容元件就可以构成各种脉冲波形产生和整形电路，如_____、_____和_____。

2. 555 定时器含有两个_____ A_1 和 A_2、一个与非门组成的_____、一个_____以及由_____组成的分压器。

3. 集成单稳态触发器分为两种类型：一种是_____触发型，另一种是_____触发型。

4. 施密特触发器能将缓慢变化的波形变换为边沿陡峭的_____脉冲，上限门槛电压值为_____，下限门槛电压值为_____，二者的差值称为_____，计算公式为 $\Delta U_T =$ _____。

5. 施密特触发器有_____个稳态，输出状态与输入信号 u_i 的_____和电路的_____有关。

6. 单稳态触发器有_____个稳态、_____个暂稳态。暂稳态持续时间的长短取决于_____，与触发脉冲的宽度_____。

7. 多谐振荡器是能产生_____脉冲的自激振荡器，电路_____稳态，只有_____个暂稳态，又称为_____电路，常用来做_____。

8. 单稳态触发器常用于脉冲波形的_____、_____和_____。

二、选择题

1. 单稳态触发器的输出脉冲宽度在时间上等于（　　）。

A. 稳态　　　　　　　　　　　　　　B. 暂稳态

C. 稳态和暂稳态时间之和　　　　　　D. 输入脉冲宽度

2. 施密特触发器一般不适用于（　　）电路。

A. 延时　　　　　B. 波形变换　　　　C. 波形整形　　　　D. 幅度鉴定

3. 555 定时器为了提高振荡频率，对外接元件 R、C 的改变应该是（　　）。

A. 增大 R、C 的取值　　　　　　　B. 减少 R、C 的取值

C. 增大 R，减少 C 的取值　　　　　D. 减少 R，增大 C 的取值

4. 555 定时器的输出具有（　　）特性，其回差电压为（　　）。

A. 滞回，$1/3V_{CC}$　　B. 滞回，$1/2V_{CC}$　　C. 回差，$2/3V_{CC}$　　D. 反相

5. 555 定时器的 TH 端电平小于 $2U_{DD}/3$，$\overline{TR}$ 端电平大于 $U_{DD}/3$ 时，定时器的输出状态是（　　）。

A. 0 态　　　　　B. 1 态　　　　　C. 原态　　　　　D. 不确定

6. 改变 555 定时电路的电压控制端（管脚 5）CO 的电压值，可改变（　　）。

A. 555 定时电路的高、低输出电平　　B. 开关放电管的开关电平

C. 高输入端、低输入端的电平值　　　D. 置"0"端 $\overline{R}$ 的电平值

7. 用 555 定时器构成的施密特触发器，调节电压控制端 CO（即引脚 5）外接的电压，可以改变（　　）。

A. 输出电压幅度　　B. 回差电压大小　　C. 负载能力　　　D. 工作频率

8. 集成 555 定时器属于（　　）。

A. 小规模集成电路　　　　　　　　　B. 中规模集成电路

C. 大规模集成电路　　　　　　　　　D. 超大规模集成电路

三、判断题

1. 用 555 定时器构成的多谐振荡器的占空比都不能调节。　　　　　　　（　　）

2. 在单稳态触发器中，加大输入脉冲低电平部分的宽度可以加大输出脉冲的宽度。

（　　）

3. 改变施密特触发器的回差电压，输出脉冲宽度不受影响。　　　　　　（　　）

4. 多谐振荡器可以称为多稳态电路。　　　　　　　　　　　　　　　　（　　）

5. 施密特触发器可以用于脉冲幅度鉴别。　　　　　　　　　　　　　　（　　）

6. 施密特触发器采用的是电平触发方式，不是脉冲触发方式。　　　　　（　　）

7. 施密特触发器在输入信号为 0 时，其状态可以是 0，也可以是 1。　　（　　）

8. 555 定时电路的输出只能出现两个状态稳定的逻辑电平之一。　　　　（　　）

四、综合题

1. 555 定时器有什么特点？它是如何得名的？

2. CMOS 型 555 定时器电源电压在什么范围？其型号 7555 和 7556、7558 的区别是什么？

3. 施密特触发器主要应用于哪些方面？

4. 单稳态触发器的暂稳态持续时间取决于哪些因素？

5. 多谐振荡器的特点是什么？两个暂稳态的持续时间如何计算？振荡频率如何计算？

6. 如图 8-35 所示的由 555 定时器构成的单稳态触发器电路中，要求输出脉冲宽度为

0.11 ms 时，定时电阻 $R = 10\ \text{k}\Omega$，试计算定时电容 C 的大小。

7. 图 8-36 所示为 555 定时器构成的单稳态触发器，V_{CC}、R_1、R_2、C 参数如图 8-36 所示，试求：输出电压 u_o 的脉冲宽度并画出 u_i、u_C、u_o 的波形。

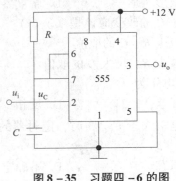 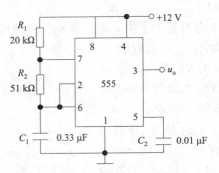

图 8-35　习题四-6 的图　　　　图 8-36　习题四-7 的图

8. 用 555 定时器组成多谐振荡器，要求输出电压 U_o 的方波周期为 1 ms，试选择电阻与电容的数值，并画出电路图。

 质量评价

项目八　质量评价标准

评价项目	评价指标	评价标准	评价结果			
			优	良	合格	差
单稳态触发器	理论知识	单稳态触发器的电路组成、特点				
	技能水平	单稳态触发器的应用				
施密特触发器	理论知识	施密特触发器的电路组成、特点				
	技能水平	施密特触发器的应用				
多谐振荡器	理论知识	多谐振荡器的电路组成、特点				
	技能水平	多谐振荡器的应用				
555 定时器	理论知识	555 定时器的组成及工作原理				
	技能水平	会分析 555 定时器的逻辑功能				
总评	评判	优	良	合格	差	总评得分
		85~100	75~84	60~74	≤59	

课后阅读

在电子领域中，555 定时器集成芯片是著名集成芯片之一，然而很多人并不知道它是如何被发明的。

555 芯片具有多种功能，可以用作定时器、振荡器以及脉冲产生电路，在电子领域它是一个最重要、最流行的芯片，在单个晶体制作的集成芯片如同运算放大电路一样可靠、便宜。它能够产生稳定的方波信号，占空比为 50%~100%。

Hans R. Camenzind，在 1971 年设计了第一款 555 定时器集成芯片，当时他任职于美国 Signetics 公司。这个设计也成为 Hans R. Camenzind 在集成电路技术领域中最重要的一段经历。在 1971 年夏天，第一版设计方案被审定，集成有恒流源电路，总共有 9 个管脚。

　　方案被通过后，Camenzind 又提出了一个新的注意，将原来的恒流源直接替换成一个电阻，这样所需要的芯片管脚就可以减少到 8 个，进而可以封装在 8PIN 电路封装里，而不需要使用 14PIN 的封装。在 1971 年 10 月份，新版的设计方案被通过，它总共包含 25 个三极管、2 个二极管以及 15 个电阻，通过外部的电阻、电容来确定定时器的时间周期。

　　在 1972 年，Signetic 公司发布了第一款 555 定时器电路，有两款封装形式：8PIN 的 DIP 封装以及 8PIN 的 TO5 金属罐封装。芯片信号为 SE/NE555，是当时唯一商业化的芯片。由于这款芯片价格低廉，但功能强大，故一经问世就火爆畅销。后来，其他十二家公司也生产 555 集成芯片，使其成为畅销集成芯片。

　　一直有人认为 555 芯片之所以取名为 555，是因为芯片中存在三个 5 kΩ 串联分压电阻。而 Hans R. Camnenzind 在他的 "Designing Analogue Chips" 书中讲到，芯片是由当时 Segnetics 公司主管——ArgFury 给起的名字，而 ArgFury 最喜欢的数字就是 555。

项目九

D/A 和 A/D 转换器

🌀 项目描述

随着数字电子技术以及计算机技术的广泛应用，数字信号的传输与处理日趋普遍。利用计算机进行数据处理时，通常需要对许多参量进行采集，这些参量多数是以模拟量的形式存在的，如温度、压力、速度、流量等。当计算机要处理这些模拟量时，必须将其转换为计算机能识别的数字信号。当计算机处理完数字信号后，通常需要将它们转换成模拟信号进行输出。将模拟信号到数字信号的转换称为模数转换（或 A/D 转换），实现模数转换的电路称为 A/D 转换器，简称 ADC。将数字信号到模拟信号的转换称为数模转换（或 D/A 转换），实现数模转换的电路称为 D/A 转换器，简称 DAC。

🌀 知识目标

（1）掌握 D/A 转换器和 A/D 转换器的含义、主要参数。
（2）掌握 D/A 转换器和 A/D 转换器的工作原理。
（3）掌握集成 D/A 转换器和 A/D 转换器的应用。

🌀 能力目标

（1）会分析 D/A 转换器和 A/D 转换器的工作原理。
（2）会计算输出电压和分辨率。
（3）会测试 DAC0832、ADC0804、CC14433 的逻辑功能。

🌀 知识导图

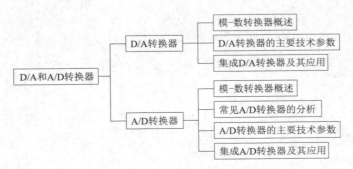

任务一 D/A 转换器

任务目标

（1）掌握 D/A 转换器的概念及主要参数指标。

（2）能正确识别 D/A 转换器件并能理解其管脚含义。

相关知识

数/模转换器

一、数/模转换器概述

1. 数/模转换器的定义、原理及组成

1）数/模转换器的定义

数/模转换即 D/A 转换，是将数字量转换为模拟量（电流或电压），使输出的模拟量与输入的数字量成正比。实现这种转换功能的电路称为数/模转换器，即 D/A 转换器（DAC）。

2）基本原理

一个 n 位二进制数可以表示为 $D = D_{n-1}D_{n-2}\cdots D_1 D_2$，其中最高有效位为 MSB，最低有效位为 LSB，权依次为 2^{n-1}、2^{n-2}、$\cdots$、2^1、2^0。为了将数字量转换为模拟量，将二进制数的每一位按权的大小转换为相应的模拟量，然后将代表各位的模拟量相加，就得到与该数字量成正比的模拟量。

设输入数字量为 D，输出模拟量为 u_o，则 D/A 转换的关系可表示为

$$u_o = kD = k\sum_{i=0}^{n-1} D_i \cdot 2^i$$
$$= k\left(2^{n-1}D_{n-1} + 2^{n-2}D_{n-2} + \cdots + 2^1 D_1 + 2^0 D_0\right)$$

式中 k——比例系数，又称为转换系数；

D——输入的 n 位二进制数。

D/A 转换器输入数字量与输出模拟量的对应关系称为 D/A 转换器的转换特性。

图 9-1 所示为 3 位二进制数 D/A 转换器的转换特性。

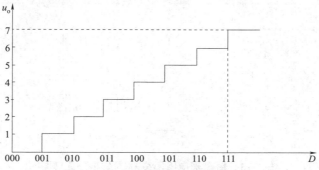

图 9-1 3 位二进制数 D/A 转换器的转换特性

设输出电压的满度值为 $U_{omax} = 7\text{ V}$，则 3 位二进制 D/A 转换器有 8 个输出的模拟电压，即 $0 \sim 7\text{ V}$。由图 9 – 1 可见，输出模拟量可以分为 $2^n - 1$ 个阶梯等级，当最大输出电压 U_{omax} 确定后，输入数字量的位数越多，输出模拟量的阶梯间隔越小，相邻两组代码转换出来的模拟量之差越小，阶梯越接近为一条直线，这表明转换器的转换精度越高。

例 9 – 1 在 5 位 D – A 转换器中，已知 $k = 0.2\text{ V}$，当输入为 11100 时，输出 u_o 为多少？

解：
$$u_o = kD = k \sum_{i=0}^{n-1} D_i \cdot 2^i = 0.2 \times (2^4 + 2^3 + 2^2)\text{V} = 5.6\text{ V}$$

3）D/A 转换器的电路组成与分类

（1）D/A 转换器的电路组成：n 位二进制 D/A 转换器一般由数字寄存器、模拟开关、基准电压源、电阻网络和求和放大器等部分组成，如图 9 – 2 所示。

（2）分类：可分为权值电阻网络 D/A 转换器、T 形电阻网络 D/A 转换器、倒 T 形电阻网络 D/A 转换器、权电流 D/A 转换器等。

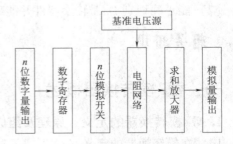

图 9 – 2 n 位二进制 D/A 转换器的组成框图

2. 倒 T 形电阻网络 D/A 转换器

4 位倒 T 形电阻网络 D/A 转换器原理图如图 9 – 3 所示，电路由 $R - 2R$ 构成的倒 T 形电阻网络、模拟开关、求和放大器和基准电源组成。

DAC 基本原理

电路中，U_{REF} 是基准参考电压；4 个双向模拟开关 $S_3 \sim S_0$ 分别受 4 个输入数字量 $D_3 \sim D_0$ 的控制，例如当 $D_1 = 1$ 时 S_1 与运算放大器的反相输入端接通，当 $D_1 = 0$ 时 S_1 与运算放大器的同相输入端接通，即与地接通；求和放大器由集成运算放大器构成。由于集成运算放大器的电流求和点为（运算放大器的反相输入端）虚地，所以不论模拟开关接在哪个位置，对于倒 T 形电阻网络来说，每个 $2R$ 电阻的上端都相当于接地，即从网络的 A、B、C、D 点分别向右看的对地电阻都是 $2R$。由于电路的这个特性，由参考电压 U_{REF} 流出的电流经过 D 点分流后，电流各为 $I/2$；当电流流经 C 点，经分流后电流各为 $I/4$；当电流流经 B 点，经分流后电流各为 $I/8$；当电流流经 A 点，经分流后电流各为 $I/16$。流入集成运算放大器反相输入端的总电流由四个模拟开关 S 的状态来决定。

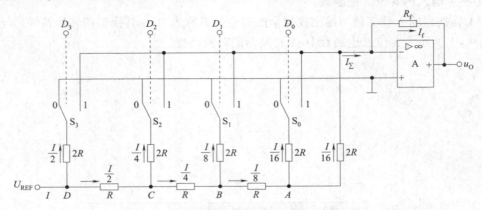

图 9 – 3 倒 T 形电阻网络 D/A 转换器原理图

由于从基准电压 U_{REF} 向网络看进去的等效电阻是 R，因此从基准电压流出电流为

$$I_{\Sigma} = \frac{I}{2}D_3 + \frac{I}{4}D_2 + \frac{I}{8}D_1 + \frac{I}{16}D_0$$

$$= \frac{I}{2^4}(D_3 \times 2^3 + D_2 \times 2^2 + D_1 \times 2^1 + D_0 \times 2^0)$$

代入 I_{Σ} 公式，可得

$$I_{\Sigma} = \frac{U_{\text{REF}}}{2^4 R}(D_3 \times 2^3 + D_2 \times 2^2 + D_1 \times 2^1 + D_0 \times 2^0)$$

因此输出电压可表示为

$$u_{\text{o}} = -I_f R_f = -I_{\Sigma} R_f = \frac{-U_{\text{REF}} R_f}{2^4 R}(D_3 \times 2^3 + D_2 \times 2^2 + D_1 \times 2^1 + D_0 \times 2^0)$$

同理，对于 n 位的倒 T 形电阻网络 D/A 转换器，则有

$$u_{\text{o}} = \frac{-U_{\text{REF}} R_f}{2^n R}(D_n \times 2^{n-1} + D_{n-2} \times 2^{n-2} + \cdots + D_1 \times 2^1 + D_0 \times 2^0)$$

由此可见，输出模拟电压 u_{o} 与输入数字量成正比，实现了数/模转换。由于该电路只有 R 和 $2R$ 两种规格的电阻，故有利于生产制造；各支路电流直接流入运算放大器的输入端，它们之间不存在传输上的时间差，提高了转换速度；输出端采用集成运算放大器，减少了动态过程中输出端可能出现的尖脉冲，因此这种形式的 D/A 转换器电路目前应用较为广泛。为进一步提高 D/A 转换器的转换精度，可采用权电流型 D/A 转换器。

二、D/A 转换器的主要技术参数

1. 分辨率

D/A 转换器的分辨率是指 D/A 转换器电路所能分辨的最小输出电压（U_{LSB}）与满量程输出电压（U_{FSR}）之比。最小输出电压是指输入数字量只有最低有效位为 1 时的输出电压，满量程输出电压是指输入数字量各位全为 1 时的输出电压。分辨率与 D/A 转换器的位数有关，位数越多，该值越小，分辨能力就越高。分辨率也可用输入二进制数的有效位数表示。在分辨率为 n 位的 D/A 转换器中，输出电压能区分 2^n 个不同的输入二进制代码状态，能给出 2^n 个不同等级的输出模拟电压。

$$\text{分辨率} = \frac{U_{\text{LSB}}}{U_{\text{FSR}}} = \frac{1}{2^n - 1}$$

式中　n——输入数字量的位数。

可见，分辨率与 D/A 转换器的位数有关，位数 n 越大，能够分辨的最小输出电压变化量就越小，即分辨最小输出电压的能力也就越强。

例如：当 $n = 10$ 时，D/A 转换器的分辨率为

$$\text{分辨率} = \frac{1}{2^{10} - 1} = 0.000\ 978$$

而当 $n = 12$ 时，D/A 转换器的分辨率为

$$\text{分辨率} = \frac{1}{2^{12} - 1} = 0.000\ 244$$

很显然，12 位 D/A 转换器的分辨率比 10 位 D/A 转换器的分辨率高得多。但在实践中我们应该记住，分辨率是一个设计参数，不是测试参数。

2. 建立时间

建立时间是指输入数字量变化后，输出模拟量稳定到相应数值范围所经历的时间，是描述 D/A 转换器转换速度快慢的一个重要参数。建立时间越小，工作速度就越高。

3. 转换精度

转换精度是指电路实际输出的模拟电压值和理论输出的模拟电压值之差，常用最大误差与满量程输出电压之比的百分数表示。转换精度是个综合指标，包括零点误差、失调误差、噪声和增益误差等。

三、集成 D/A 转换器及其应用

集成 D/A 转换器有很多产品，一般按输出是电流还是电压、能否作乘法运算等进行分类。例如：电压输出型（TLC5620）、电流输出型（DAC0832）、乘算型（AD7533）。这里仅对 DAC0832 作简单介绍。

1. DAC0832 逻辑功能框图及引脚图

DAC0832 逻辑功能框图及引脚图如图 9 - 4 所示，它由 8 位输入寄存器、D/A 寄存器和 8 位 D/A 转换器组成，其中 8 位 D/A 转换器由倒 T 形电阻网络和电子开关组成。

集成 DAC0832

DAC0832 采用双列直插封装，引脚排列如图 9 - 4（b）所示，引脚功能说明如下：

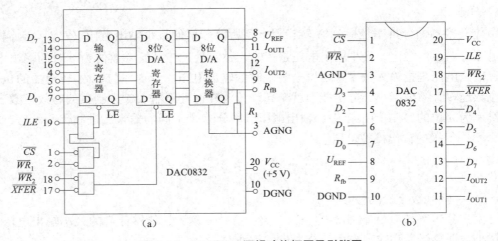

图 9 - 4   DAC0832 逻辑功能框图及引脚图

（a）DAC0832 逻辑功能框图；（b）DAC0832 引脚图

$D_0 \sim D_7$：8 位数字信号输入端。

ILE：输入寄存器允许信号端，高电平有效。

$\overline{CS}$：片选信号输入，低电平有效。

$\overline{WR_1}$：写信号 1，低电平有效。

$\overline{WR_2}$：写信号2，低电平有效。

$\overline{XFER}$：传送控制信号输入端，低电平有效。

$I_{OUT1} - I_{OUT2}$：D/A 转换器电流输出端，电流输出转换为电压输出时，该端应与运算放大器的反相端一起连接。$I_{OUT1} + I_{OUT2} =$ 常数。

R_{fb}：集成在片内的外接运算放大器的反馈电阻。

U_{REF}：基准电压输入端（$-10 \sim 10$ V）。

V_{CC}：电源电压（$+5 \sim +15$ V）。

AGND：模拟地。

DGND：数字地，可与 AGND 接在一起使用。

2. DAC0832 的工作方式

DAC0832 进行 D/A 转换，可以采用两种方法对数据进行锁存，即：输入锁存器工作在锁存状态，而 D/A 寄存器工作在直通状态；输入锁存器工作在直通状态，而 D/A 寄存器工作在锁存状态。根据对 DAC0832 的输入锁存器和 D/A 寄存器不同的控制方法，DAC0832 有以下 3 种工作方式：

（1）直通方式：直通方式是 8 位输入寄存器、8 位 D/A 寄存器不锁存，即 $\overline{CS}$、$\overline{WR_1}$、$\overline{WR_2}$、$\overline{XFER}$ 均接地，ILE 接高电平。数字量一旦输入，就直接进入 D/A 转换器，进行 D/A 转换。该方式适用于输入数字量变化缓慢的场合。

（2）单缓冲方式：单缓冲方式是在输入数字量送入 D/A 转换器进行转换的同时，将该数字量锁存在 8 位输入寄存器，以保证 D/A 转换器输入稳定，转换正常。此方式适用于只有一路模拟量输出或几路模拟量异步输出的情形。

（3）双缓冲方式：双缓冲方式是输入数字量在进入 D/A 转换器之前，需经过两个独立控制的寄存器。此方式适用于多个 D/A 转换器同步输出的情形。

3. DAC0832 的应用

DAC0832 的应用电路如图 9 – 5（a）所示，该电路是由二进制计数器、D/A 转换器和集成运算放大器组成的锯齿波发生器。

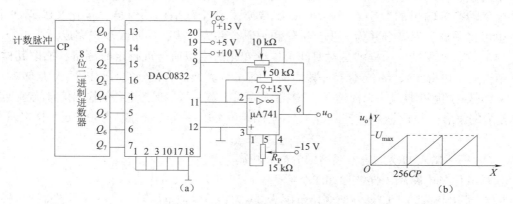

图 9 – 5　DAC0832 的应用电路图及波形图

（a）电路图；（b）波形图

随着计数脉冲的增加，8 位二进制计数器输出状态在 00000000 ～ 11111111 之间循环变化

（8 位二进制计数器可由两片 74LS161 构成，具体电路可自行设计）。DAC0832 将计数器输出的 8 位二进制信息转换为模拟电压，当计数器为 11111111 时，输出电压 $u_o = U_{max}$；在下一个计数器脉冲来时，计数器为 00000000，输出电压 $u_o = 0$。计数器输出从 00000000 到 11111111，D/A 转换器就有 $2^8 = 256$ 个模拟电压输出。用示波器观察输出波形，如图 9 − 5（b）所示，输出锯齿波的周期 $T = 256CP$，幅值与参考电压 U_{REF} 成正比，当 U_{REF} 升高时，锯齿波的幅值也随之增大。

任务二　A/D 转换器

任务目标

（1）掌握 A/D 转换器的概念及主要参数指标。
（2）能正确识别 A/D 转换器件并能理解其管脚含义。

相关知识

模/数转换器

一、模/数转换器概述

1. 模/数转换器的定义和原理

1）模/数转换器的定义

模/数转换即 A/D 转换，是将模拟量转换为数字量，使输出的数字量与输入的模拟量成正比。实现这种转换的电路称为模/数转换器，即 A/D 转换器（ADC）。

2）基本原理

在 A/D 转换中，因为输入的模拟信号在时间上是连续变化的，而输出的数字信号在时间上是离散的，所以进行转换时只能按一定的时间间隔对输入的模拟信号进行采样，然后把采样值转换为输出的数字量。通常 A/D 转换需要经过采样、保持、量化及编码四个步骤；也可将采样和保持合并为一步，量化和编码合并为一步，共两大步来完成。

（1）采样和保持。采样就是对时间上连续变化的模拟信号进行定时测量，抽取其样值。采样结束后，再将此采样信号保持一段时间，使 A/D 转换器有充分的时间进行 A/D 转换。其中，采样脉冲的频率越高，采样越密，采样值就越多，其采样 – 保持电路的输出信号就越接近于输入信号的波形。为了使输出信号不失真，对采样频率就有一定的要求，必须满足采样定理，即

$$f_S \geq 2f_{imax}$$

式中　f_{imax}——输入的模拟信号频谱中的最高频率。

采样 – 保持电路和采样波形如图 9 – 6（a）和图 9 – 6（b）所示。

（2）量化和编码。如果要把变化范围为 0 ~ 7 V 的模拟电压转换为 3 位二进制代码的数字信号，由于 3 位二进制代码只有 2^3 即 8 个数值，因此必须将模拟电压按变化范围分成 8 个等级，每个等级规定一个基准值，如 0 ~ 0.5 V 为一个等级，基准值为 0 V，二进制代码为 000；6.5 ~ 7 V 也是一个等级，基准值为 7 V，二进制代码为 111。其他各等级分别为此

两级的中间值，为基准值。凡属于某一等级范围内的模拟电压值，都可取整用该级的基准值表示。如 3.3 V，它在 2.5 ~ 3.5 V 之间，就用该级的基准值 3 V 来表示，代码是 011。显然，相邻两级间的差值就是 $\Delta = 1$ V，而各级基准值是 Δ 的整数倍。模拟信号经过以上处理，就转换为以 Δ 为单位的数字量了。上述过程可用图 9 - 6（c）表示出来。

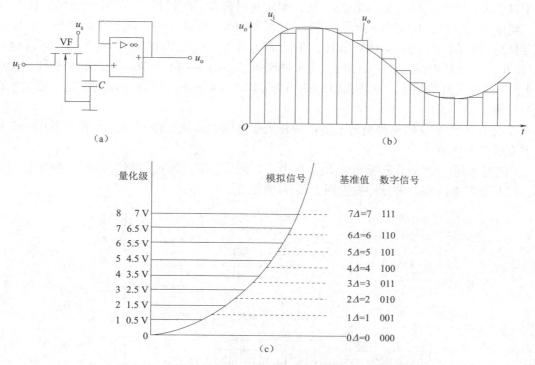

图 9 - 6　采样 - 保持电路、采样波形及量化和编码示意图
（a）采样 - 保持电路；（b）采样波形；（c）量化和编码示意图

所谓量化，就是把采样电压转换为某个最小单位电压 Δ 的整数倍的过程，分成的等级称为量化级，Δ 称为量化单位。所谓编码，就是用二进制代码来表示量化后的量化电平。

采样后得到的采样值不可能正好是某个量化基准值，总会有一定的误差，这个误差称为量化误差。显然，量化级越细，量化误差就越小，但是所用的二进制代码的位数就越多，电路也将越复杂。

二、常见 A/D 转换器的分析

ADC 基本原理

A/D 转换器的种类很多，按其工作原理不同可分为直接 A/D 转换器和间接 A/D 转换器两种。直接 A/D 转换器中有并行比较法、反馈计数法和逐次逼近法等；间接 A/D 转换器中有 $U - f$（电压→频率）转换法和 $U - t$（电压→时间）转换法等多种。下面主要介绍集成芯片中用得最多的逐次逼近型和双积分型 A/D 转换器电路。

1. 逐次逼近型 A/D 转换器

逐次逼近型 A/D 转换器是一种常用的 A/D 转换器，其转换速度比双积分型快得多，每秒钟采样高达几十万次。

逐次逼近型 A/D 转换器的工作原理很像人们量体重的过程，即假如你的体重为 76 kg，把标准砝码设置为与 8 位二进制数码相对应的权码值，砝码质量依次为 128 kg、64 kg、32 kg、16 kg、8 kg、4 kg、2 kg、1 kg，相当于数码最高位为 $D_7 = 2^7 = 128$，最低位为 $D_0 = 2^0 = 1$，称重过程为：先放砝码 128，因 128 > 76，则此砝码舍去，D_7 记为 0；再放砝码 64，因 64 < 76，则此砝码保留，D_6 记为 1；再放砝码 32，因（64 + 32）> 76，则此砝码舍去，D_5 记为 0；再放砝码 16，因（64 + 16）> 76，则此砝码舍去，D_4 记为 0；再放砝码 8，因（64 + 8）< 76，则此砝码保留，D_3 记为 1；再放砝码 4，（64 + 8 + 4）= 76，则此砝码保留，D_2 记为 1，至此称重过程结束。这样保留的砝码为 64 + 8 + 4 = 76，与称量体重相等，相当于转换的数码为 $D_7 \sim D_7 = 01\,001\,100$。

逐次逼近型 A/D 转换器被转换的电压相当于称量的体重，而所转换的数字量相当于保留下来的砝码质量。

4 位逐次逼近型 A/D 转换器电路如图 9 – 7 所示，由电压比较器、D/A 转换器、寄存器、控制逻辑电路和时钟脉冲发生器 5 部分组成。

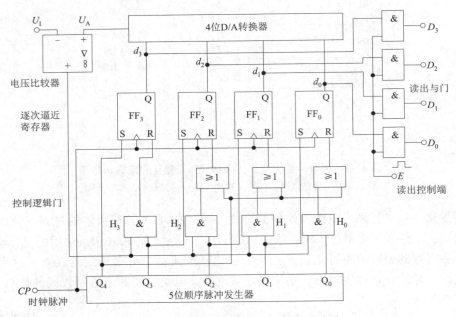

图 9 – 7　4 位逐次逼近型 A/D 转换器电路

电路工作过程如下：

（1）当启动信号的正边沿到达后，电路被初始化为以下状态：寄存器 $FF_0 \sim FF_3$ 清零为 $d_3 d_2 d_1 d_0 = 0\,000$，从而 D/A 转换器的模拟输出 $U_A = 0$ V；脉冲发生器组成的环形计数器的状态为 $Q_4 Q_3 Q_2 Q_1 Q_0 = 10\,000$，数字输出 $D_3 D_2 D_1 D_0 = 0\,000$。

（2）第 1 个 CP 脉冲到达时，如果输入的采样保持信号 $u_1 \neq 0$ V，则 $u_I > u_o = 0$ V，$FF_0 \sim FF_3$ 被置为 $d_3 d_2 d_1 d_0 = 1\,000$，此数码经 D/A 转换变为满量程电压的一半左右；与此同时，环形移位寄存器状态下移 1 位变为 $Q_4 Q_3 Q_2 Q_1 Q_0 = 01\,000$。

（3）第 2 个 CP 脉冲到达时，若 $u_1 < u_o$，使 FF_3 的 $R = 1$，其 $S = 0$，所以 FF_3 将被复位，

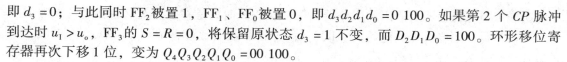

即 $d_3 = 0$；与此同时 FF$_2$ 被置 1，FF$_1$、FF$_0$ 被置 0，即 $d_3 d_2 d_1 d_0 = 0100$。如果第 2 个 CP 脉冲到达时 $u_I > u_o$，FF$_3$ 的 $S = R = 0$，将保留原状态 $d_3 = 1$ 不变，而 $D_2 D_1 D_0 = 100$。环形移位寄存器再次下移 1 位，变为 $Q_4 Q_3 Q_2 Q_1 Q_0 = 00100$。

（4）类似地，第 3 个 CP 脉冲到达后，$D_1 D_0 = 10$，$Q_4 Q_3 Q_2 Q_1 Q_0 = 00010$；第 4 个 CP 脉冲到达后，$D_0 = 1$，$Q_4 Q_3 Q_2 Q_1 Q_0 = = 00001$。

（5）第 5 个 CP 脉冲用于输出数字码。第 5 个 CP 脉冲到达后，$Q_4 Q_3 Q_2 Q_1 Q_0 = 00001$，数字 $d_3 d_2 d_1 d_0$ 经与门送 $D_3 D_2 D_1 D_0$ 端输出。

（6）第 6 个 CP 脉冲用于电路初始化，寄存器 FF$_0$ ~ FF$_7$ 清零，A/D 转换全过程结束。

（7）逐次逼近型 A/D 转换器的优点是电路结构简单，分辨率较高，误差较低，转换速度较快，所以在集成 A/D 芯片中用得最多。

2. 双积分型 A/D 转换器

双积分型 A/D 转换器是间接转换型的一种，属于 $U - t$ 型 A/D 转换器。双积分型 A/D 转换器原理电路如图 9 – 8 所示，其由积分器、比较器、计数器和部分控制电路组成。

双积分型 A/D 转换器的电路工作过程如下：

1）第一次积分

开关 S$_1$ 接通 u_i，此时积分器对采样电路取得的模拟电压 u_i 进行积分。由于 $u_i > 0$，故在积分期间，其输出 $u_o < 0$，经过比较器输出为 $u_C = 1$，该信号使与非门开放，使得计数脉冲 CP 进入计数器开始计数。第一次积分时间 T_1 是固定不变的，即 n 位计数器计满 2^n，假设计数脉冲 CP 的周期为 T_C，因此可知第一次积分时间 $T = 2^n T_C$。积分器输出为

$$u_0 = (t_1) = -\frac{1}{C} \int_0^{T_1} \frac{u_i}{R} dt = -\frac{T_1}{RC} u_i = -\frac{2^n T_C}{RC} u_i$$

由于 T_1 为不变的固定值，因此第一次积分后 u_o 的值与 u_i 成正比，输出电压 u_o 波形如图 9 – 8（b）所示。

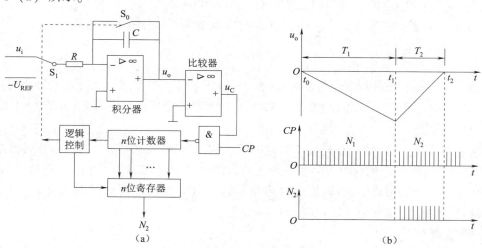

图 9 – 8 双积分型 A/D 转换器原理电路

（a）电路原理图；（b）工作波形

2）第二次积分

当 n 位计数器计满 2^n 时，通过控制电路，使开关 S$_1$ 接通 $-U_{REF}$，要求基准电压极性总

是与被转换电压极性相反。因此积分器在第二次积分时，是在电容上有初始电压的基础上进行反向积分。当电容上电压达到 0 时，使 $u_o \geqslant 0$，此时比较器输出 $u_C = 0$，与非门封锁，计数器停止计数。在 t_2 时刻，有

$$u_0 = (t_2) = -\frac{1}{C}\int_{t_1}^{t_2} -\frac{U_{REF}}{R}dt + u_0(t_1) = 0$$

在 $t_1 - t_2$ 期间，计数器的计数值为 N，而 $T_2 = t_2 - t_1 = NT_C$，得

$$T_2 = \frac{u_i}{U_{REF}}T_1 = \frac{T_1}{U_{REF}}u_i$$

即

$$N = \frac{2^n}{U_{REF}}u_i$$

由上述过程可知，第二次积分期间，由于 U_{REF} 不变，因此积分斜率不变。如图 9 - 8 (b) 所示波形表示出了使 u_o 到达零值所需要的时间 T_2 与 u_i 成正比。当输入电压 u_i 较小时，对应的输出电压 u_o 也减少，T_2 也将缩短，故该电路属于 $U - t$ 型 A/D 转换器。

双积分型 A/D 转换器的最大优点是电路结构简单、工作稳定、抗干扰能力强。双积分型 A/D 转换器的数字输出与积分电阻 R、积分电容 C、时钟频率 f_{cp} 无关。

双积分型 A/D 转换器的最大缺点是速度较慢，所以主要用于数字电压表等低速测试系统中。

三、A/D 转换器的主要技术参数

1. 分辨率

分辨率是 A/D 转换器能够分辨最小信号的能力，指数字量变化一个最小量时模拟信号的变化量，一般用输出的二进制位数来表示。如 ADC0809 的分辨率为 8 位，表明它能分辨满量程输入的 $1/2^8$。一般来说，A/D 转换器的位数越多，其分辨率则越高。

$$分辨率 = \frac{u_i}{2^n}$$

例如，输入模拟电压的变化范围为 0 ~ 5 V，输出 8 位二进制数可以分辨的最小模拟电压为 $5\ V \times 2^{-8} = 20\ mV$，而输出 12 位二进制数可以分辨的最小模拟电压为 $5\ V \times 2^{-12} \approx 1.22\ mV$。

2. 转换速度

转换速度是完成 1 次 A/D 转换所需的时间，故又称为转换时间。它是 A/D 转换启动时刻起到输出端输出稳定的数字信号止所经历的时间。如 ADC0801，当 CP 的频率为 640 kHz 时，转换速度为 100 μs。一般转换速度越快越好，常见有高速（转换时间 < 1 μs）、中速（转换时间 < 1 ms）和低速（转换时间 < 1 s）等。

3. 转换误差

转换误差是指在零点和满度都校准以后，在整个转换范围内，分别测量各个数字量所对应的模拟输入电压实测范围与理论范围之间的偏差，取其中的最大偏差作为转换误差的指标。转换误差通常以相对误差的形式出现，并以 LSB 为单位表示，如 AD571 的转换误差 $\leqslant \frac{1}{2}$ LSB 等。

四、集成 A/D 转换器及其应用

集成 A/D 转换器的规格品种繁多，常见的有 ADC0804、ADC0809、ICL7106、MC14433 等。下面主要介绍 ADC0804 及其应用电路。

集成 ADC0809

ADC0804 是一种逐次比较型 A/D 转换器，因其价格低廉而在要求不高的场合得到广泛应用。该 A/D 转换器是一个 8 位、单通道 A/D 转换器，模/数转换时用时约为 100 μs，单电源工作时（0 ~ 5 V）输入信号电压范围为 0 ~ 5 V。其特点包括：具有方便的 TTL 或 CMOS 标准接口、可以满足差分电压输入、具有参考电压输入端、内含时钟发生器、不需要调零、可直接与微机芯片的数据总线相连接等。

1. ADC0804 引脚排列图

ADC0804 引脚排列图如图 9 – 9 所示。

ADC0804 各引脚功能如下：

$\overline{CS}$：片选信号输入端，低电平有效。

$U_{REF}/2$：基准电压输入端。

$\overline{WR}$：用来启动转换的控制，当 $\overline{WR}$ 自 1 变为 0 时，转换器被清除；当 $\overline{WR}$ 回到 1 时，转换正式启动。

$\overline{RD}$：读信号输入端，低电平有效。当 $\overline{CS}$、$\overline{RD}$ 均有效时，可读取转换后的输出数据。

$\overline{INTR}$：转换结束信号输出端，低电平有效。转换开始后，$\overline{INTR}$ 为高电平；转换结束时，该信号变为低电平。

AGND：模拟信号接地。

DGND：数字信号接地。

CLK IN：时钟信号输入端。

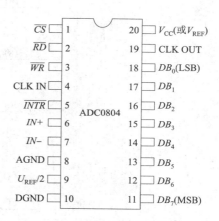

图 9 – 9 ADC0804 引脚排列图

CLK OUT：内部时钟发生器外接电阻端，与 CLK IN 配合可由芯片产生时钟脉冲，频率限制在 100 ~ 1 460 kHz。

$IN +$，$IN -$：模拟信号输入端，可接收单极性、双极性、差模输入信号。输入单端正电压时，$IN -$ 接地。

$DB_0 \sim DB_7$：8 位数字输出，有三态功能，总与微机总线相连。

2. ADC0804 的主要电气特性

工作电压：+5 V，即 $V_{CC} = +5$ V。

模拟输入电压范围：0 ~ +5 V，即 $0 \leqslant u_i \leqslant +5$ V。

分辨率：8 位，即分辨率为 $1/2^8 = 1/256$，转换值介于 0 ~ 255 之间。

转换时间：100 μs（$f_{CK} = 640$ kHz 时）。

转换误差：±1 LSB。

参考电压：2.5 V，即 $U_{REF} = 2.5$ V。

3. ADC0804 的应用

ADC0804 的应用电路如图 9 – 10 所示，该电路由模拟输入电压、A/D 转换器、电阻、电容及发光二极管组成。

该电路是 ADC0804 连续转换工作状态：使$\overline{CS}$和$\overline{WR}$端接地，允许电路开始转换；因为不需要外电路取转换结果，故也使$\overline{RD}$和$\overline{INTR}$端接地，此时在时钟脉冲的控制下，对输入电压 u_i 进行 A/D 转换。8 位二进制输出端 $DB_0 \sim DB_7$ 接至 8 个发光二极管的阴极，若输出为高电平的输出端，则其对应的发光二极管不亮；若输出为低电平的输出端，则其对应的发光二极管点亮。通过发光二极管的亮、灭，即可知 A/D 转换的结果。改变输入模拟电压的值，可以得到不同的二进制输出值。

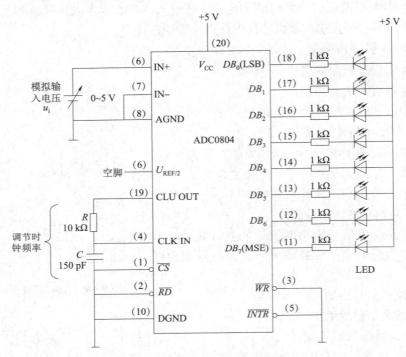

图 9 – 10　ADC0804 的应用电路

技能训练　数/模转换与模/数转换集成电路的使用

1. 实训目的

（1）掌握数/模和模/数转换集成电路的典型应用电路的工作原理。

（2）观察现象，并测试相关数据。

2. 实训器材

数字万用表 1 块，双踪示器 1 台，ADC0804，DAC0832，连接导线若干。

3. 实训内容及步骤

1）工作原理及电路原理图

在数字电路中往往需要把模拟量转换成数字量或把数字量转换成模拟量，完成这些转换功能的转换器有多种型号。本实训采用 ADC0804 实现模/数转换，用 DAC0832 实现数/模转换。

（1）模/数转换。

图 9-11 所示为 ADC0804 的一个典型应用电路图，转换器的时钟脉冲由外接 10 kΩ 电阻和 150 pF 电容形成，时钟频率约为 640 kHz。基准电压由其内部提供，大小是电源电压 U_{CC} 的一半。为了启动 A/D 转换，应先将开关 S 闭合一下，使 $\overline{INTR}$ 输出端接地（变为低电平），然后再把开关 S 断开，于是转换就开始进行。模/数转换器一经启动，被输入的模拟量就按一定的速度转换成 8 位二进制数码，从数字量输出端输出。

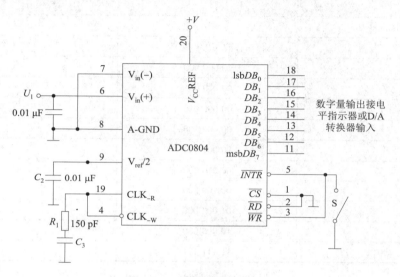

图 9-11 模数转换原理图

（2）数/模转换。

DAC0832 是 8 位的电流输出型数/模转换器，为了把电流输出变成电压输出，可在数/模转换器的输出端接一运算放大器（LM324），输出电压 U_o 的大小由反馈电阻 R 决定，整个线路如图 9-12 所示。图 9-12 中 U_{REF} 接 5 V 电源。

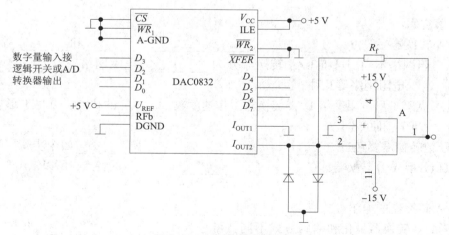

图 9-12 数模转换原理图

263

4. 调试、测量

（1）接通模数转换电路，U_{CC}用 5 V 直流电源，输入模拟量 u_i 在 0~5 V 范围内可调，输出数字量用板上电平指示器指示。调节 u_i 使输出数字量按表 9-1 所示变化，用数字式万用表测量相应的模拟量，填入表 9-1 中左方。

（2）再接通数模转换电路，输出电压 U_o 用数字万用表测量并记录在表 9-1 右方。

表 9-1　测量记录表

A/D 转换		D/A 转换
输入模拟量 U_i	输出数字量	输出模拟量 U_O
	输入数字量	
	00 000 000	
	00 000 001	
	00 000 010	
	00 000 100	
	00 001 000	
	00 010 000	
	00 100 000	
	01 000 000	
	10 000 000	
	11 111 111	

4. 实训问题与要求

（1）影响 D/A 转换器精度的主要因素有哪些？

（2）12 位 D/A 转换器的分辨率是多少？当输出模拟电压的满量程值时，能分辨出的最小电压值是多少？当该 D/A 转换器的输出是 0.5 V 时，输入的数字量是多少？

🌀 自我评测

一、填空题

1. D/A 转换器一般由_____、_____、_____、_____和_____等组成。

2. 按电阻网络不同，可将 D/A 转换器分为_____电阻网络、_____电阻网络、_____电阻网络等几种。

3. 为了克服 T 形电阻网络 D/A 转换器工作速度较_____的缺点，可将 T 形电阻网络改成_____形电阻网络。

4. 模/数转换需要经过_____、_____、_____和_____四个步骤。

5. 双积分型 A/D 转换器具有_____、_____、_____的特点，所以常用于_____的场合。

6. D/A 转换器的输出方式有_____和_____。

7. 按 A/D 转换器量化和编码方式不同，可分为_____型、_____型和_____型，其中速度最快的是_____型 A/D 转换器，速度最慢的是_____型 A/D 转换器。

8. D/A 转换器的转换_____越多, 共分辨率和转换精度就越_____。

二、选择题

1. 在 A/D 转换器中, 量化级越细, 则量化误差 (　　)。

A. 越小　　　　　　　B. 越大　　　　　　　C. 不影响　　　　　　D. 视具体情况而定

2. 在 $R-2R$ 倒 T 形 D/A 转换器中, 各节点对地的等效电阻都为 (　　)。

A. R　　　　　　　　B. $2R$　　　　　　　C. $3R$　　　　　　　D. $R/2^n$

3. A/D 转换器的分辨率用输出二进制代码的位数表示, 位数越多, 则转化精度 (　　)。

A. 越低　　　　　　　B. 越高　　　　　　　C. 无关　　　　　　　D. 不一定

4. DAC 的功能是 (　　)。

A. 把模拟信号转换为数字信号　　　　　　B. 把数字信号转换为模拟信号

C. 把十进制信号转换为二进制信号　　　　D. 把二进制信号转换为十进制信号

5. 在 D/A 转换电路中, 输出模拟电压数值与输入数字量之间 (　　) 关系。

A. 成正比　　　　　　B. 成反比　　　　　　C. 成积分　　　　　　D. 成微分

6. 为了能将模拟电流转换成模拟电压, 通常在集成器件的输出端外加 (　　)。

A. 译码器　　　　　　B. 编码器　　　　　　C. 触发器　　　　　　D. 运算放大器

7. ADC0809 是一种 (　　) 的 A/D 集成电路。

A. 并行比较型　　　　　　　　　　　　　B. 逐次逼近型

C. 双积分型　　　　　　　　　　　　　　D. 梯型电阻网络型

8. 对 n 位 DAC, 分辨率表达式为 (　　)。

A. $\dfrac{1}{2^n-1}$　　　　　B. $\dfrac{1}{2^n}$　　　　　C. $\dfrac{1}{2n-1}$　　　　　D. $\dfrac{1}{2^{n-1}}$

三、判断题

1. A/D 转换器的精度是指转换器的理论输出值与实际输出值之差。(　　)

2. 倒 T 形电阻网 D/A 转换器不会引起输出端动态误差。(　　)

3. 由于模拟电压不能被量化单位整除, 所以量化误差不可避免。(　　)

4. 为了保证使采样信号能够恢复为原来被采样信号, 采样频率必须满足 $f_s \geqslant 2f_{imax}$。

(　　)

5. D/A 转换器分辨率相同, 则转换精度相同。(　　)

6. 并行比较型 A/D 转换器适用于低速度、高精度的场合。(　　)

7. 双积分型 A/D 转换器是 $U-t$ 变换 A/D 转换器。(　　)

8. A/D 转换器的量化误差是因转换位数有限而引起的。(　　)

四、综合题

1. 比较并行比较型、逐次比较型和双积分型 A/D 转换器各自的特点。

2. 一个 5 位 D/A 转换器中, 已知 $k=0.2$ V, 当输入代码为 11100 时, 输出电压 u_o 为多少?

3. 倒 T 形电阻网络 D/A 转换器的转换位数为 8 位, 若 $U_{REF}=10$ V, $R=10$ kΩ, 输入 8 位二进制数 10101010, 试求其输入总电流 $I_Σ$。当 $R_F=R=10$ kΩ 时, 求其输出电压 u_o。

4. 已知倒 T 形电阻网络 D/A 转换器, 基准电压 $U_{REF}=5$ V, $R=10$ kΩ, 试求:

(1) I, I_0, I_1, I_2, I_3;

（2）若 $D = D_3D_2D_1D_0 = 1011$，求其输出电压 u_o。

5. 已知双积分型 8 位转换器中，$R = 51$ kΩ，$C = 1$ nF，$f = 1$ MHz， $-U_{REF} = -5$ V。试求：

（1）当 $u_i = 3.75$ V 时，第一次积分时间 T_1 和第二次积分时间 T_2；

（2）当 $T_1 = 520$ μs，$T_2 = 240$ μs 时，求输入模拟电压 u_i。

6. 在 4 位逐次比较型 A/D 转换器中，若将位数 n 扩大为 10，已知时钟频率为 1 MHz，则完成一次转换所需时间是多少？如果要求完成一次转换的时间小于 100 μs，问时钟频率应选多大？

7. 在双积分型 A/D 转换器中，设时钟脉冲频率为 f_{CP}，其分辨率为 n 位，写出最高的转换频率的表达式。

8. 在双积分型 A/D 转换器中，输入电压 u_i 与参考电压 U_{REF} 在极性和数值上应满足什么关系？如果 $| u_i | > | U_{REF} |$，电路能完成模数转换吗？为什么？

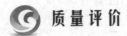 质量评价

项目九　质量评价标准

项目	评价指标	评价标准	评价结果			
			优	良	合格	差
D/A 转换器	理论知识	D/A 转换器的概念及主要参数指标				
	技能水平	正确识别 D/A 转换器件并能理解其管脚含义				
A/D 转换器	理论知识	A/D 转换器的概念及主要参数指标				
	技能水平	正确识别 A/D 转换器件并能理解其管脚含义				
总评	评判	优　　　　良　　　　合格　　　　差	总评得分			
		85～100　　75～84　　60～74　　≤59				

课后阅读

钱学森在 20 世纪 40 年代就已经成为航空航天领域内最为杰出的代表人物之一，成为 20 世纪众多学科领域的科学群星中极少数的巨星之一；钱学森也是为中华人民共和国的成长做出无可估量贡献的老一辈科学家团体之中，影响最大、功勋最为卓著的杰出代表人物，是中华人民共和国爱国留学归国人员中最具代表性的国家建设者，是中华人民共和国历史上伟大的人民科学家。1999 年，中共中央国务院、中央军委决定，授予钱学森"两弹一星功勋奖章"。

钱学森一生默默治学，但无论在什么时代、什么地方，他所选择的，既是一个科学家的最高职责，也是一个炎黄子孙的最高使命。他一生的经历和成就，在中国的国家史、华人的民族史和人类的世界史上，同时留下了耀眼的光芒，照亮了来路。作为中国航天事业的先行人，他不仅是知识的宝藏、科学的旗帜，而且是民族的脊梁、全球华人的典范，他向世界展示了华人的风采。

1956 年年初，钱学森向中共中央、国务院提出《建立我国国防航空工业的意见书》。

同时，钱学森组建了中国第一个火箭、导弹研究所——国防部第五研究院并担任首任院长。他主持完成了"喷气和火箭技术的建立"规划，参与了近程导弹、中近程导弹和中国第一颗人造地球卫星的研制，直接领导了用中近程导弹运载原子弹"两弹结合"试验，参与制定了中国近程导弹运载原子弹"两弹结合"试验、中国第一个星际航空的发展规划，发展建立了工程控制论和系统学等。在钱学森的努力带领下，1964 年 10 月 16 日中国第一颗原子弹爆炸成功，1967 年 6 月 17 日中国第一颗氢弹空爆试验成功，1970 年 4 月 24 日中国第一颗人造卫星发射成功。

钱学森在力学的许多领域都做过开创性工作。他在空气动力学方面取得很多研究成果，最突出的是提出了跨声速流动相似律，并与卡门一起，最早提出高超声速流的概念，为飞机在早期克服热障、声障提供了理论依据，为空气动力学的发展奠定了重要的理论基础。高亚声速飞机设计中采用的公式即是以卡门和钱学森名字命名的卡门 - 钱学森公式。此外，钱学森和卡门在 20 世纪 30 年代末还共同提出了球壳和圆柱壳的新的非线性失稳理论。

钱学森在应用力学的空气动力学方面和固体力学方面都做过开拓性工作；与冯·卡门合作进行的可压缩边界层的研究，揭示了这一领域的一些温度变化情况，创立了卡门 - 钱近似方程。与郭永怀合作最早在跨声速流动问题中引入上下临界马赫数的概念。

钱学森在 1946 年将稀薄气体的物理、化学和力学特性结合起来的研究，是先驱性的工作。1953 年，他正式提出物理力学概念，大大节约了人力、物力，并开拓了高温高压的新领域。1961 年他编著的《物理力学讲义》正式出版。1984 年钱学森向苟清泉建议，把物理力学扩展到原子、分子设计的工程技术上。

从 20 世纪 40 年代到 60 年代初期，钱学森在火箭与航天领域提出了若干重要的概念：在 40 年代提出并实现了火箭助推起飞装置（JATO），使飞机跑道距离缩短；在 1949 年提出了火箭旅客飞机概念和关于核火箭的设想；在 1953 年研究了跨星际飞行理论的可能性；在 1962 年出版的《星际航行概论》中，提出了用一架装有喷气发动机的大飞机作为第一级运载工具。

项目十

综合实训

项目描述

本项目提供了音频功率放大器、自动报时数字钟、篮球比赛计时器、智力竞赛抢答器4个案例，供同学们学习，并给出了项目案例的设计、制作与调试。

知识目标

（1）能够熟读、看懂音频功率放大器的电路原理图及装配图。

（2）能够熟读、看懂和了解自动报时数字钟的电路原理图及装配图。

（3）能够熟读、看懂和了解篮球比赛计时器的电路原理图及装配图。

（4）能够熟读、看懂和了解智力竞赛抢答器的电路原理图及装配图。

技能目标

（1）具备识别、检测和正确选用常用元器件的能力。

（2）具备电子产品说明书的阅读和理解能力。

（3）提高综合运用理论知识解决实际问题的能力。学生应能通过电路分析、设计、安装、调试等环节，初步掌握电子产品设计、制作、调试的一般程序和方法。

（4）养成严谨、细致、求实的学习作风，认真负责的学习态度，以及良好的职业道德素养，提高安全意识。

任务一　音频功率放大器的设计与制作

任务目标

（1）具备识别、检测和正确选用常用元器件的能力。

（2）熟悉元器件手册，掌握查阅元器件手册的方法。

（3）掌握正确使用万用表、直流稳压电源、信号发生器、示波器、交流毫伏表等常用仪器仪表、设备，以及电烙铁、镊子、螺丝刀等工具的方法。

（4）具备典型音频功率放大器的分析和初步设计能力。

（5）具备阅读典型音频功率放大器电路原理图的能力。

（6）具备音频功率放大器设计、制作、调试及排除一般电路故障的能力。

一、音频功率放大器的设计

1. LM386 简介

LM386 是一种集成功率放大器，具有自身功耗低、电压增益可调整、电源电压范围大、外接元器件少和总谐波失真小等优点，广泛应用于收音机、对讲机和信号发生器。LM386 采用 8 引脚双列直插式塑料封装，其外形及引脚排列如图 10 – 1 所示，其引脚的功能如表 10 – 1 所示。LM386 – 4 的典型应用参数：直流稳压电源电压范围为 5 ~ 18 V，电源电压为 6 V 时的静态工作电流为 4 mA，电源电压为 16 V，负载电阻为 32 Ω 时的输出功率为 1 W，带宽为 300 kHz（1 号引脚和 8 号引脚开路时），输入阻抗为 50 kΩ。

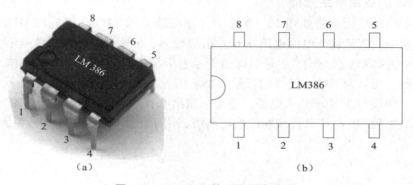

图 10 – 1　LM386 外形及引脚排列

（a）LM386 外形；（b）LM386 的引脚排列

表 10 – 1　LM386 引脚的功能表

引脚号	1	2	3	4	5	6	7	8
功能	增益设定	反相输入	同相输入	接地	输出	电源	旁路电容	增益设定

LM386 的内部电路如图 10 – 2 所示，该电路由输入级、中间级和输出级构成。输入级为差分放大电路。信号从 VT_1 和 VT_6 的基极输入，VT_1 和 VT_6 构成射极输出器，用于提高输入电阻；R_1、R_7 为偏置电阻；VT_2 和 VT_4 构成双端输入、单端输出的差分放大电路，VT_3 和 VT_5 构成镜像电流源，作为 VT_2 和 VT_4 的有源负载，信号从 VT_4 的集电极输出；R_4、R_5 是差分放大电路的发射极负反馈电阻。中间级为共射极放大电路，由 VT_7 和恒流源负载构成，是 LM386 的主要增益级。输出级为由 VT_8 和 VT_{10} 复合等效而成的 PNP 型三极管与 VT_9 构成的准互补对称功率放大电路，VD_1、VD_2 为 VT_8、VT_9 提供静态偏置电压，以消除交越失真。R_6 是级间反馈电阻，与 R_4、R_5 构成反馈网络，引入电压串联负反馈，稳定输出电压。

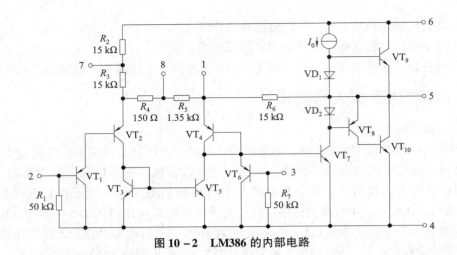

图 10 - 2　LM386 的内部电路

2. LM386 的应用电路分析

LM386 的典型应用电路如图 10 - 3 所示，该电路是用 LM386 组成的 OTL 功率放大电路。在该电路中，直流稳压电源电压从 6 号引脚输入，6 号引脚外接滤波电容 C_3，用以滤除电源电压中的高频交流成分。2 号引脚和 4 号引脚接地。信号从 3 号引脚输入，R_{W1} 为音量调节电位器，用以调节输入信号的音量大小。信号从 5 号引脚输出，输出端通过电容 C_5 接至扬声器，构成 OTL 功率放大电路，静态时输出电容 C_5 上的电压为 $U_{CC}/2$，故 C_5 的耐压值应高于 $U_{CC}/2$。R 和 C_4 串联构成相位校正网络，用于防止电路自激。7 号引脚与地之间外接电解电容 C_1。

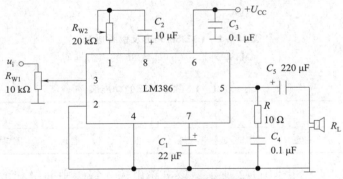

图 10 - 3　LM386 的典型应用电路

由 LM386 的内部电路可知，当 1 号引脚和 8 号引脚开路时，R_5 位于 R_4 与 VT_4 的发射极之间，负反馈作用最强，整个电路的电压放大倍数为 20，电路接法如图 10 - 4 所示。电压放大倍数的计算方法如下：

$$A_{uf} \approx \frac{2R_6}{R_4 + R_5} = 20$$

在实际应用中，往往在 1 号引脚和 8 号引脚之间外接阻容串联电路，如图 10 - 3 所示，由 R_{W2} 和 C_2 构成增益调整电路，通过调节 R_{W2} 的阻值可使 LM386 的电压放大倍数在 20 到 200 之间变化，R_{W2} 的阻值越小，电压放大倍数越大，当 R_{W2} 的阻值为零时，电压放大倍数最大，为 200，即

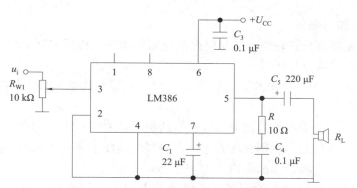

图 10 - 4 LM386 电压增益最小时的电路

$$A_{uf} \approx \frac{2R_6}{R_4} = 200$$

由 LM386 构成的音频功率放大器的最大不失真输出电压的峰值约为电源电压的一半，设负载电阻的阻值为 R_L，则最大输出功率为

$$P_{om} \approx \frac{\left(\dfrac{U_{CC}}{2\sqrt{2}}\right)^2}{R_L} = \frac{U_{CC}^2}{8R_L}$$

输入信号电压的最大有效值为

$$U_{im} \approx \frac{\dfrac{U_{CC}}{2\sqrt{2}}}{A_{uf}}$$

3. 电路板的选择

本实训可选用万能板进行装配。如图 10 - 5 所示，万能板是一种通用设计的电路板，板上布满了圆形焊盘，孔间距为 2.54 mm，具有操作方便、扩展灵活的优点。根据焊盘形状不同，万能板可分为单孔板和连孔板两大类。单孔板如图 10 - 5（a）所示，其焊盘是单孔圆形的，焊盘之间相互独立；连孔板如图 10 - 5（b）所示，其多个焊盘连在一起。一般的万能板由覆铜板腐蚀而成，可直接插装电阻、电容、集成电路等各种元器件。单面板是一种常用的万能板，在使用时将元器件安装在元器件面一侧，引脚位于焊接面一侧，通过焊盘将元器件引脚、导线等焊接连通。

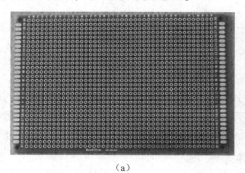

（a）

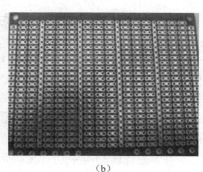

（b）

图 10 - 5 万能板

（a）单孔板；（b）连孔板

4. 元器件布局与布线

本实训所用元器件数量较少，布局时按照电路原理图，根据实际元器件的大小和特点，可直接画出初步的排版设计图。

（1）以 LM386 为中心排布其他元器件，且 LM386 应与其他元器件保持适当的距离，整体布局要合理。

（2）输入端、输出端沿信号流通路径在电路板上从左向右顺序排列，以便于信号流通。

（3）若电路中有电位器，则在布置电位器时要使其便于调节且重心平衡、稳定。

（4）元器件到万能板边缘的距离应大于 2 mm。

（5）先放置占用面积较大的元器件，后放置占用面积较小的元器件；先放集成电路，后放分立电路。

（6）对于单面板，每个元器件引脚单独占用一个焊盘，元器件不可上下交叉，相邻元器件应保持一定的间距。

（7）元器件的排列应均匀、整齐、紧凑、美观。

5. 音频功率放大器设计所用元器件及其作用

音频功率放大器设计所用元器件及其作用如表 10 - 2 所示。

表 10 - 2 音频功率放大器设计所用元器件及其作用

序号	元器件	型号或数值	数	作用
1	电位器 R_{W1}	10 kΩ	1	音量调节
2	电容 C_1	22 μF	1	旁路
3	电位器 R_{W2}	20 kΩ	1	增益调节
4	电容 C_2	10 μF	1	
5	电容 C_3	0.1 μF	1	滤除电源电压中的高频交流成分
6	电阻 R	10 Ω	1	相位补偿，防止电路自激
7	电容 C_4	0.1 μF	1	
8	电容 C_5	220 μF	1	输出耦合电容
9	集成功率放大器	LM386	1	音频功率放大
10	扬声器	8 Ω	1	将电信号转变为声信号

二、音频功率放大器的制作

1. 元器件的检测

在使用元器件前必须对其进行检测。

对于电阻和电位器，先检查外观，观察引线有无松动、折断，再使用万用表的欧姆挡测量电阻值，观察测量值与标称值的差值是否在允许的误差范围内。在检测电位器时，将万用表的一个表笔与一定端相接，另一个表笔与动端相接，电位器旋钮应能灵活转动且松紧适当，万用表表针转动应平稳且无跳跃现象。

在检测电容时，先观察引线有无折断，型号、规格是否符合要求，然后用万用表检测其是否有短路、断路或漏电现象。

在检测 LM386 时，先检查外观，如表面有无缺损、引脚有无折断、型号是否符合要求等，再测量其各引脚之间的直流电阻值。

在检测扬声器时，先检查外观是否完好，再用万用表的欧姆挡检测其音圈。在检测时，将万用表置于"R×1"挡，先进行欧姆挡调零，再用万用表的两个表笔断续触碰扬声器的两个接线端，扬声器应发出"咔、咔"声，声音越清晰、越响，表明扬声器越好，若无声，则说明扬声器已损坏。用万用表的欧姆挡测出的扬声器音圈的直流电阻值应为标称值的 80% 左右。

2. 元器件的安装

本实训中元器件在安装时有以下要求：

（1）安装顺序是先低后高、先轻后重。

（2）安装高度符合规定要求，同一规格的元器件保持在同一高度上。

（3）安装后元器件的标志应易于观察，且要便于识别、调试与检修。

（4）有极性的电容不能装反。

（5）注意 LM386 的标志，不能将方向装错。

（6）元器件的外壳和引线不得相碰，应有 1 mm 左右的安全间隙。

（7）电位器必须安装牢固，且应安装在便于调节的地方。安装在电位器轴端的旋钮不要过大，应与电位器的尺寸相匹配。在将电位器装入电路时，要注意 3 个引脚的正确连接。焊接时加热时间不得过长。

（8）元器件分布均匀、排列整齐。

3. 电路焊接

焊接是组装电子产品的重要工艺，焊接质量将直接影响成品性能。在进行手工焊接时，要注意以下一些方法和要领：

（1）保持电烙铁头的清洁，方法是用碎布擦拭电烙铁头。

（2）左手拿焊锡丝，右手握电烙铁，用电烙铁将工件被焊部位加热，当被焊部位的温度升高到焊接温度时，送上焊锡丝，使之熔化并浸润焊点，形成焊料层后移去焊锡丝和电烙铁。不可用电烙铁头作为运载焊料的工具。

（3）加热时间要合适。若加热时间不够，则焊锡无法充分熔化，容易造成虚焊；若加热时间过长，则容易造成焊料过多。

（4）电烙铁撤离的角度和方向会影响焊点的形成。

（5）在焊锡凝固之前，应使焊件固定，以免焊点变形，造成虚焊。

（6）元器件引脚应清洁好后再上锡，否则焊接时焊锡不能浸润元器件引脚，容易造成虚焊。

（7）在焊接过程中，电烙铁应安全放置（置于烙铁架上）。注意电源线不可搭在电烙铁头上，以防烫坏绝缘层。

（8）电烙铁使用结束后，应及时拔下电源插头，切断电源，待冷却后再放回工具箱。

4. 电路检查

在制作完 LM386 后，应对其进行直观检查。根据电路原理图和装配图检查元器件的选用及安装是否正确，如检查元器件的安装位置、电阻的阻值、电容的容量和极性、LM386 的引脚位置等是否正确；查看电路是否有短路、断路现象；检查焊接质量，如元器件是否牢固、焊点是否符合要求等。如果发现问题，应及时处理。

三、音频功率放大器的调试

使用 LM386 应注意以下几点：

（1）在使用前应认真查阅元器件手册，了解 LM386 的引脚排列及各引脚的功能，特别注意电源端、输出端和接地端不可接错（尤其不能相互短路），否则可能损坏元器件。

（2）要保证电路接触良好，否则电路不能正常工作。

（3）注意极限参数。

（4）电源电压不能超过允许值且电源正、负极一定不能接反。

（5）在安装电路或插拔元器件时一定要断开电源。

1. 测量静态工作电压

电路经检查无误后，接通 +6 V 直流稳压电源，用万用表测量 LM386 各引脚处的直流电压，将测量数据记录入表 10 – 3 中。

表 10 – 3　静态工作电压

引脚号	1	2	3	4	5	6	7	8
静态工作电压/V								

2. 测量静态功耗

将输入信号对地短路，接通直流稳压电源，测量静态电源电流，求出静态功耗。

3. 调试电压放大倍数

用低频信号发生器在音频功率放大器的输入端输入 $f = 1$ kHz、$U_i = 10$ mV 的正弦波信号。调节电位器 R_{W1} 和 R_{W2} 的阻值，扬声器中应有声音发出，且随着电位器阻值的变化，声音的强弱有所变化。

4. 测试动态参数

若固定电压放大倍数，则可按图 10 – 4 所示连接电路。输入 $f = 1$ kHz、$U_i = 10$ mV 的正弦波信号，用示波器观察输出波形，调节电位器 R_{W1} 的阻值，逐渐加大输入信号的幅度，使输出波形达到最大不失真状态。

（1）测量此时电源的输出电流，求出电源供给功率。

（2）用交流毫伏表测量输入信号、输出信号的电压，求出电路的电压放大倍数和最大不失真输出功率，并与理论估算值进行比较。

（3）求出该音频功率放大器的效率，并与理论估算值进行比较。

5. 测试幅频特性

保持输入信号的幅值不变，改变输入信号的频率，读出不同频率时的输出电压，绘出幅频特性曲线。

四、音频功率放大器的检修

音频功率放大器出现故障的原因一般有接触不良、接线错误、断路、短路、元器件损坏等，下面介绍对音频功率放大器进行检修的一些方法。

1. 直观检查

通过目测，对安装好的音频功率放大器进行初步检查，可发现一些明显的故障。检查范围包括电路接触是否良好，焊接质量是否符合要求，元器件安装位置是否正确，电阻的阻值是否正确，电容的容量与极性是否正确，LM386 的安装方向是否正确，电路有无错接、漏接、断开现象，尤其是电源线和地线、输入线和输出线的连接是否正确等。

2. 测试引脚的直流电压

判断 LM386 是否正常，可测试其各引脚对地的直流电压，并将其与典型值进行比较。主要使用万用表对 LM386 进行检测。

LM386 的 6 号引脚是电源引脚，该引脚的电压在 LM386 各引脚电压中应该是最高的。若电源引脚的电压为 0 V 或偏低于电源电压，则应检查电源电压供给电路是否正常，C_3 是否短路或漏电，LM386 的性能是否良好。5 号引脚是 LM386 的输出引脚，C_5 是输出端耦合电容，5 号引脚的电压应为电源电压的一半，这是 OTL 功率放大电路的特征之一，也是检修电路故障的重要依据，若检测出 5 号引脚的电压为电源电压的一半，则说明 LM386 正常。若在接线可靠的情况下，输出电压始终等于电源电压，则说明 LM386 已损坏。7 号引脚的电压若低于正常值，则应检查 C_1 的性能，如有无漏电现象等。2 号引脚和 4 号引脚接地，其电压应为 0 V，若测试结果不是 0 V，则应检查连线是否接触良好，焊点质量是否符合要求，以及有无虚焊、假焊问题等。

3. 故障现象为电压放大倍数不可调或输出无声

当出现电压放大倍数不可调或输出无声现象时，应检测直流工作电压是否正常，电压放大倍数调整电路是否正常（如电位器 R_{W2} 的阻值及电容 C 的容量和极性是否正确），扬声器是否正常工作，电位器 R_{W2} 的阻值是否为最小值且是否可调，电位器、电容、扬声器和 LM386 的性能是否良好等。

4. 替换法检测

在上述检测过程中，有些元器件的故障不明显或不易判断，如电容是否漏电、LM386 的性能是否良好等，可以用相同规格的、经过检验且工作正常的元器件逐一替换，从而确定故障位置和原因。但使用替换法检测，应在排除电路其他故障的情况下进行，否则替换上的元器件有可能被损坏。

任务二 自动报时数字钟

任务目标

（1）会用触发器构成同步/异步、加法/减法计数器。
（2）能正确绘制计数器的电路图。
（3）会灵活使用集成计数器构成各种计数电路并能正确分析这类电路。
（4）能正确使用寄存器进行电路分析和设计电路。
（5）能用集成计数器构成任意进制计数器。

一、任务和要求

（1）用数字显示时、分、秒，12 h 循环一次。

（2）可以在任意时刻校准时间，只用一个按钮开关实现，要求可靠方便。

（3）能以音响形式自动进行整点报时，要求第一响为整点，以后每隔一秒或半秒钟响一下，几点钟就响几声。

（4）秒信号不必考虑时间精度，可利用实验仪上所提供的连续脉冲（方波）信号。

二、原理框图

根据设计任务与要求，可初步将系统分为三大功能模块：主电路、校时电路和自动报时电路。进一步细分，可将主电路分为两个六十进制、一个十二进制的计数、译码、显示电路；校时电路分为防抖动开关电路、校时控制器；自动报时电路分为音频振荡器、响声计数器、响声次数比较器、报时控制器、扬声器电路。这样即把总体电路划分为若干相对独立的单元。自动报时数字钟的原理框图如图 10 - 6 所示。

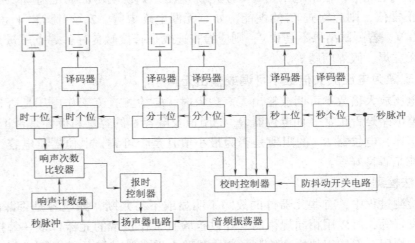

图 10 - 6　自动报时数字钟的原理框图

三、设计原理及参考电路

1. 时、分、秒计数器

秒信号经秒计数器、分计数器、时计数器之后，分别得到"秒""分""时"的个位、十位的计时输出信号，然后送至译码显示电路，以便用数字显示。"秒"和"分"计数器应为六十进制，而"时"计数器应为十二进制，所有计数器皆用 8421 BCD 码计数。要实现这一要求，可选用的 MSI 计数器较多，这里推荐 74LS90、74LS290、74LS160、74LS192，由读者自行选择。

1）六十进制计数器

由两块 MSI 计数器构成，一块实现十进制计数，另一块实现六进制计数，合起来构成六十进制计数器。其参考电路如图 10 - 7 所示。

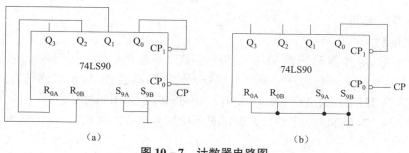

图 10-7　计数器电路图

（a）六进制计数器；（b）十进制计数器

2）十二进制计数器

该十二进制计数器使用 8421BCD 码，因此产生的是 5 位二进制数。作为"时"计数器，该计数器的计数顺序较特殊，为 1→2→3→…→11→12→1。可由一块 MSI 计数器实现十进制计数器，由触发器实现二进制计数器，合起来实现二十进制计数器。在此基础上，用脉冲反馈法实现十二进制计数。

在图 10-8（a）中，当计数器计到第 13 个 CP 脉冲时，即状态一旦为"10011"，就通过外加的控制电路输出一个信号（注意：该信号的电平应视计数器的功能而定，有时应为高电平，有时应为低电平）去控制计数器的异步置数端和触发器的异步置 0 端，将计数器的状态强制变为"00001"状态，从而实现从 1→…→12→1 的十二进制计数。图 10-8（b）所示为另一种实现方案。

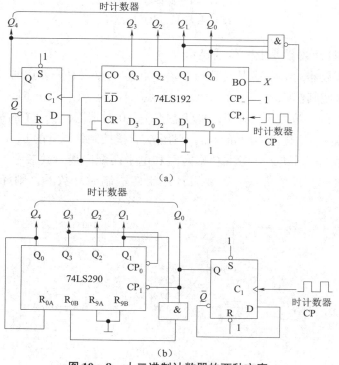

图 10-8　十二进制计数器的两种方案

（a）由 74LS192 和触发器实现；（b）由 74LS290 和触发器实现

2. 译码显示电路

1）译码显示

选用元器件时应注意译码器和显示器的匹配。一是功率匹配，即驱动电流要足够大。因数码管工作电流较大，故应选用驱动电流较大的译码器或 OC 输出的译码器。二是电平匹配。例如，共阴型的 LED 数码管应采用高电平有效的译码器。推荐使用的译码器有 74LS48、74LS49、74LS249、CC4511。译码显示电路如图 10 – 9 所示。

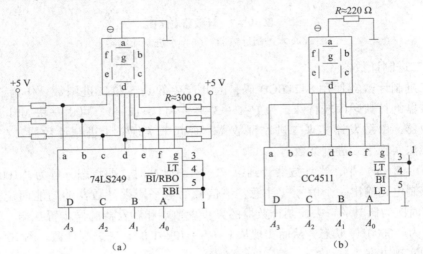

图 10 – 9 译码显示电路

（a）电路 1；（b）电路 2

2）十二进制时计数器"十"位的显示

十二进制时计数器的显示有其特殊性：在 1 点至 9 点（$Q_4 = 0$）时，对于"时"的十位，我们习惯上是使其消隐的；而在 10 点、11 点、12 点（$Q_4 = 1$）时，"时"的十位显示"1"。可见，"时"的十位显示只处于两种状态：$Q_4 = 0$ 时消隐，$Q_4 = 1$ 时显示"1"（可令数码管的 b、c 两段亮）。这样可不用译码器，只用 Q_4 直接控制数码管的 b、c 两段即可。因数码管的工作电流较大，故同样必须考虑功率匹配和电平匹配问题。其参考电路如图 10 – 10 所示，图中给出了两种实现的方法。若要设计二十四进制时计数器，则译码显示电路与分、秒计数器的相同。

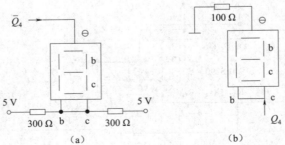

图 10 – 10 时计数器的"十"位显示电路

（a）控制共阴极；（b）控制 b、c 端

3. 校时原理及校时电路

在刚接通电源或者时钟走时出现误差时，要进行时间校准。通常可在整点时刻利用电台或电视台的报时信号进行校时，也可在其他时刻利用别的时间标准进行校时。必须注意，增加校时电路不能影响时钟的正常计时。

实现校时的具体方法各有不同。可通过两个开关（时开关和分开关）进行校时。当时（分）开关置于有效位置时，时（分）计数器数值不断自动加1，当加到当前时刻的瞬间，迅速将开关置于无效位置，结束校时。如果不用遵照"只用一个按钮开关实现校时"的要求，两个开关也可设为按钮开关，每按一次按钮，对应时（分）计数器数值加1。这种方案不易将校时的时刻精确到秒。

本任务要求只用一个按钮开关实现校时，每按一次按钮，电路自动进入下一工作状态，这种设计思想广泛应用于家用电器的数字电路中。校时总在选定标准时间到来之前进行，一般分为以下步骤：首先使时计数器不断加1，直到加到要预置的小时数，立即按下按钮，时计数器暂停计数；同时分计数器开始不断加1，直到加到要预置的分钟数，再按下按钮，分计数器暂停计数。此时秒计数器应置0，时钟暂停计数，处于等待启动阶段。当选定的标准时刻到达的瞬间，按下按钮，电路则从所预置时刻开始计时。这种方案可将校时精确到秒。由此可知，校时电路应具有预置小时、预置分钟、秒置0等待、启动计时四个阶段。

1）防抖动开关电路

因为机械开关的机械抖动不适合对反应速度极快的门电路进行控制（会发生误操作），所以机械开关应加防抖动电路，以产生稳定的上升沿或下降沿单脉冲输出。

防机械抖动的方案有多种。

（1）可以利用 *RC* 电路中电容的延迟效应。电容两端电压不能突变，快速变化的机械抖动将会被滤除。此电路要求合理选择时间常数，若时间常数太大，开关反应就太慢，且同等质量的电容，一般电容量越大，漏电流越大，使得低电平升高到允许的范围之外，无法满足要求；若时间常数太小，则机械抖动又不能被滤除。利用 *RC* 电路防抖动的电路如图 10-11（a）所示。

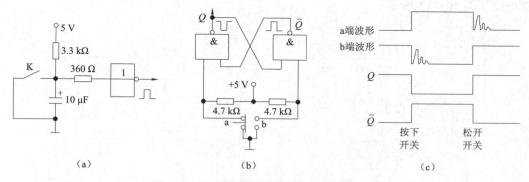

图10-11 防机械抖动开关电路及工作波形
（a）利用 *RC* 电路防抖动；（b）利用基本 RS 触发器防抖动；
（c）利用基本 RS 触发器防抖动的工作波形

（2）更可靠的方法是利用基本 RS 触发器的记忆功能防机械抖动，其电路和工作波形如图 10 - 11 （b） 和图 10 - 11 （c） 所示。当按下按钮开关时，a 端变成高电平，b 端应接地。虽然因机械弹性，b 端不能立即良好接地，要抖动若干次才能稳定在低电平，但只要 b端出现了一次低电平，就已经将基本 RS 触发器置为 0 状态了，多几次抖动也不会影响其状态。这样的开关称为无抖动开关。松开按钮开关时的情况类似。

2）四进制计数器

设计要求校时电路所具有的四个功能只允许用一个按钮开关实现控制，所以要设计一个四进制计数器来实现四种状态，分别对应四个功能。

四进制计数器可以利用双 JK 触发器或双 D 触发器来实现，推荐选择 74LS76、74LS74等。从减少连接线的角度看，也可以利用 MSI 计数器实现，推荐选择 MSI 元器件 74LS90、74LS161 等。

3）校时控制器原理

利用与或门，其原理如图 10 - 12 所示。

当 $Q = 1$，$\overline{Q} = 0$ 时，预置信号可以通过，进行校时，而分进位信号被封锁。

当 $Q = 0$，$\overline{Q} = 1$ 时，分进位信号可以通过，进行正常计时，而预置信号被封锁。

预置信号可采用秒信号或手动产生的 CP。至于如何产生控制信号 Q 及 $\overline{Q}$，以及分计数器的 CP 如何实现，请读者自行考虑。

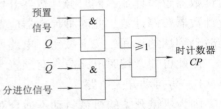

图 10 - 12　校时控制器原理

4）秒置 0 电路

在以下两种情况下秒计数器应置 0：

（1）秒计数器实现六十进制计数，即当计数器计满 60 个脉冲时（秒十位的 Q_2 和 Q_1 都为 1）；

（2）在校时操作中的等待期间（$C = 1$）。

由分析可知，这两种情况的逻辑关系为相"或"，可用"或门"或者其他门电路实现，参考电路如图 10 - 13 所示。

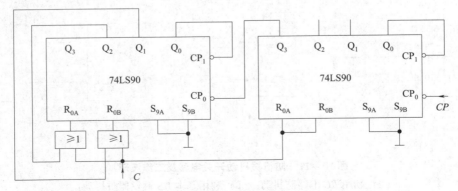

图 10 - 13　秒置 0 电路

4. 自动报时电路

1）音频振荡器

音频振荡信号 U_S 可为方波信号，频率一般为 800 ~ 1 000 Hz（柔和声音的频率范围），可选用多种方案实现，如 RC 环形振荡器、自激对称多谐振荡器、由 555 定时器实现的振荡器等。由 555 定时器实现的振荡器的参考电路如图 10 – 14 所示。

2）扬声器电路

用 TTL 型功率门或集电极开路门（OC 门）可以直接驱动小功率扬声器发声，如图 10 – 15 所示。若 U_K 是周期为 1 s 的方波，则扬声器会产生响 0.5 s、停 0.5 s，响、停共 1 s 的声音。为了在整点到达的瞬间扬声器处于"响"的状态，应合理选择 U_K 的时序。Q 是报时控制信号，$Q = 1$ 表示整点到（扬声器响），$Q = 0$ 时扬声器不响。

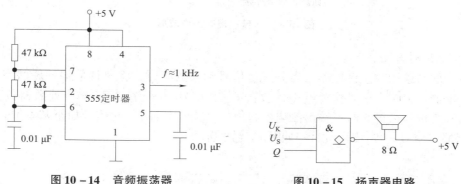

图 10 – 14 音频振荡器 　　　　　图 10 – 15 扬声器电路

3）自动报时原理

经过分析我们知道，要实现整点自动报时，应当在产生分进位信号（整点到）时响第一声，但究竟响几次，则要由时计数器的状态来确定。由于时计数器为十二进制，报时要求十二小时循环一次，所以需要一个十二进制计数器来计响声的次数，由分进位信号来控制报时的开始，每响一次让响声计数器计一个数，将时计数器与响声计数器的状态进行比较，当它们的状态相同时，比较电路则发出停止报时的信号。图 10 – 16 所示为以上所述的自动报时电路的方框图。

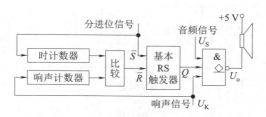

图 10 – 16 自动报时电路的方框图

对于自动报时的原理，还可以用如图 10 – 17 所示的波形来加以说明。例如，当时计数器计到两点整时，应发出两声报时。从波形图中可以看出，当分进位信号到来时，应产生一个负脉冲将触发器置为 1 状态，信号 $Q = 1$，在 U_K 的控制下，响 0.5 s、停 0.5 s。由于此时的时计数器的状态为"2"，故当响了第二声之后，响声计数器也计到"2"，经比较电路比较后，输出一个负脉冲停响控制信号，加至基本 RS 触发器的 $\bar{R}$ 控制端，使信号 $Q = 0$，停止报时。

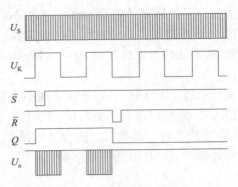

图 10 – 17　自动报时工作波形

4）自动报时方案

响声计数器采用减法计数器。当分进位信号到来的同时，将时计数器的新状态对应置入响声计数器。将响声信号作为响声计数器的 CP 信号，每响一声，响声计数器数值减 1，当其十位和个位均减至 0 时，输出停响控制信号（为负脉冲），此信号加至基本 RS 触发器的 $\bar{R}$ 控制端，使 $Q = 0$，停止报时，如图 10 – 18 所示。

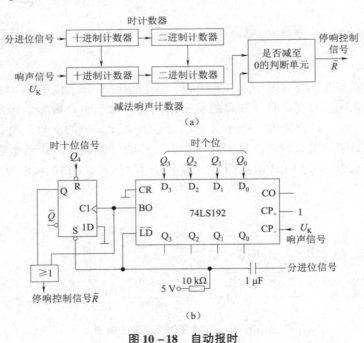

图 10 – 18　自动报时

（a）原理框图；（b）参考电路

5）基本 RS 触发器的选用

在图 10 – 16 中，利用基本 RS 触发器来控制扬声器电路。基本 RS 触发器可利用与非门构成（如选用74LS00），实际中常利用JK触发器或D触发器等集成触发器的异步置0/置1端进行控制。

四、安装调试的步骤与方法

安装完一部分单元电路后，应先调试该单元电路的功能，各单元电路正常后再与其他单元电路连接起来联调，最后统调。建议按以下步骤进行安装和调试。

（1）主电路：六十进制和十二进制的计数、译码、显示电路。

①装调所有的显示电路。

②装调所有的译码电路，将其与显示电路相连。调试方法为：将译码器的四个输入端分别接四个逻辑电平开关，输入0000~1001，若数码管对应显示0~9，则表明译码显示电路工作正常。

③装调六十进制计数器，并将其输出端与译码器相连。

安装中容易忘记处理异步置0端和异步置9端，此时计数器不工作，数码管固定显示"0"或"9"。

注意：如图10－13所示，在校时电路尚未安装时，应将秒置0电路中的C信号所在端先用一根临时的导线接地，使秒计数器处于计数状态，此时六十进制计数器才能正常计数。等校时电路安装好后，再将临时接地的导线拆除，并连接相应电路。在安装和调试过程中，凡是这种跨两个单元电路的控制线，都可进行类似处理，即产生该控制信号的电路未安装之前，先将相关控制线临时固定为合理的固定电平。

调试计数器的方法：可将单脉冲信号接到CP端，按一下按钮，计数器加1，观察计数器的计数状态是否是六十进制；也可将低频连续脉冲（方波）信号送至CP端，连续观察计数器的计数状态。

④装调十二进制计数器，并将其输出端与译码器相连。

一般常用触发器实现二进制计数，用一块MSI计数器实现十进制计数，如图10－18所示。应该将整个单元电路安装完毕后再进行功能调试，若某部分电路或某些导线（特别是控制线）未接完，则电路是无法正常工作的。

注意：74LS192的进位信号为上升沿有效，所选触发器的触发沿也应为上升沿，若不匹配，则会出现错误输出。

（2）校时电路。

①校时控制器（采用双4选1数据选择器74LS153）。安装好校时控制器，并完成其与主电路的连接。

注意：校时控制器选通输入端应接地，才能进行数据选择工作。

调试时，地址选择端可接实验仪上的逻辑电平开关，假设状态分配为00校时、01校分、10等待且秒置0、11启动，则分别检验其能否实现相应功能。此时应特别注意选通输入端的状态，可用LED逻辑电平显示器监视之。当状态为00时，时计数器应按十二进制自动循环计数；当状态为01时，分计数器应按六十进制自动循环计数；当状态为10时，各计数器应保持不变，秒置0电路暂时不接，下一步再接；当状态为11时，计时电路应正常计时，此时可将实验仪输出的CP信号适当调高频率，以便检查秒进位信号和分进位信号是否正常。

实践中我们可能会发现，当控制器状态变化时，有时时（分）计数器会出现计数值多加 1 的现象，此时可用实验仪上的逻辑电平显示器观察时（分）计数器 CP 端的电平情况，若在控制器状态变化过程中确实出现了有效的触发沿，则应修改、完善设计，如重新分配四进制计数器状态或修改数据选择器的输入数据；若在控制器状态变化过程中没有出现有效的触发沿，但计数值却加 1，通常是 CP 端受音频振荡信号干扰造成的竞争冒险问题，最简单的解决办法是在计数器的 CP 端加一只 0.01 μF 的高频滤波电容。

②四进制计数器：安装好四进制计数器后，先调试该计数器的功能。用实验仪上的单次脉冲信号作为四进制计数器的时钟信号，用 LED 逻辑电平显示器监视其输出状态，连续按下单脉冲按钮，应当出现 00→01→10→11→00 的四进制计数过程。

与校时控制器联调：将 74LS153 的地址选择端不再接实验仪上的逻辑电平开关，而是接至四进制计数器的输出端，连续按下单脉冲按钮，将对应出现四个状态，此时应分别再次检查校时的四个功能。

③防抖动开关电路：先检查开关的功能是否正常，可用万用表测量。

安装好防抖动开关电路后，将其输出端接实验仪上的逻辑电平显示器，按一下按钮，应只出现一个单脉冲。

联调：将四进制计数器的 CP 端不再接实验仪上的单脉冲信号输出端，而是接至防抖动电路的输出端 Q。再次检查校时的四个功能并调试，直至正常。

④秒置 0 电路：将秒置 0 电路的控制信号端（对应信号 C）与主电路相连。根据 Q_1、Q_0 状态分配的不同，实现控制信号的电路也不同。若状态分配为 00 校时、01 校分、10 等待（秒置 0）、11 启动，则可令 $C = \overline{Q_1 Q_0}$，也可令 $C = \overline{Q_0}$，都能实现等待期间秒置 0 的功能。

调试：将校时功能状态固定在等待（秒置 0）阶段，检查秒计数器是否置 0。若秒计数器不置 0，则表明 C 信号不正确。再检查校时的四个动能。在启动计时期间，计时电路应能正确按秒计时，若秒计数器继续置 0，则表明 C 信号不正确。

（3）自动报时电路。

①音频振荡器：若采用 555 定时器，由于其具有功率输出，故可将扬声器接至其输出端和地线之间。若扬声器发声，且为柔和的中频声音，音足够大，则表明振荡器正常工作，且振荡频率合适。若选用的 RC 电路时间常数值不合理，会因频率太低而使扬声器闷响，或因频率太高使声音非常刺耳，甚至无法听见。

实践中我们发现，当音频振荡器接入电路后，有时会产生高频干扰，使时、分计数器的计数功能出现混乱，如在校时工作时，时、分计数器多加 1，或时、分计数器的输出波形按音频翻转，此时可在电源线与地线间或时、分计数器 CP 端与地线间接入滤波电容，工程中常用试凑的办法选取电容的容值，如先选择 0.01 μF，若不起作用，则换其他容值电容再试，直至正常。

②扬声器电路：安装好该电路，将信号临时固定为"1"，此时扬声器应发出响 0.5 s、停 0.5 s 的声音。

③基本 RS 触发器：此部分电路较简单，可直接联调。将其异步置 1 端和异步置 0 端分别临时接实验仪上的两个逻辑电平开关，先拨动开关使触发器置 1，模拟整点到的情形，正常情况下扬声器会发出响声；再拨动另一开关使触发器置 0，模拟响声次数已经足够的情

形，正常情况下扬声器响声应停止。若功能不正常，则先断开防抖动开关电路的输出端 Q 与扬声器电路的连接，单独调试，再联调。调试完成后将临时接逻辑电平开关的两根导线撤掉。

④自动报时控制器：将此部分电路及其与其他电路的连接全部完成后，再进行调试。调试时充分利用实验仪上的测试手段。

全部完成后，可将时间调至 9：59、11：59、12：59 等，观察电路能否按要求自动报时。

五、讨论

（1）若要求时间精度较高，则用晶体振荡器产生稳定度极高的振荡信号，再经分频器得到 1 Hz 的秒脉冲信号。试设计相关电路的原理图，并作为选做内容进行安装调试。

（2）在电台或电视台的整点播报中，往往是在整点前 6 s 开始，以 800 Hz 频率的声音，每秒钟响一次（共响五次），整点到时以频率 1 kHz 的声音最后响一次。本任务有响声次数与小时点数一致的特殊要求，目的是增加设计的难度。若要实现与电台类似的播报，试设计相关电路图。

（3）音频振荡器可选用多种方案实现，试用 RC 环形振荡器、自激对称多谐振荡器实现，画出设计电路图。

任务三　篮球比赛计时器

◉ 任务目标

（1）会用触发器构成同步/异步、加法/减法计数器。
（2）能正确绘制计数器的电路图。
（3）会灵活使用集成计数器构成各种计数电路并能正确分析这类电路。
（4）能正确使用寄存器进行电路分析和设计电路。
（5）能用集成计数器构成任意进制计数器。

一、任务和要求

（1）篮球比赛全场时间为 48 min，共分 4 节，每节 12 min。要求计时器开机后，自动置节计数器数值为"1"（第 1 节）、节计时器数值为"1 200"（12 min 00 s）。

（2）用数字显示篮球比赛当时节数及每节时间的倒计时，计时器由分、秒计数器组成，秒计数器为六十进制计数器，分计数器应能计满 12 min。

（3）能随时用钮子开关控制比赛的启动/暂停，启动后开始比赛，暂停期间不计时，重新启动后继续计时。

（4）单节比赛结束时，能以音响自动提示并暂停计时，同时节数自动加 1。

（5）秒信号不必考虑时间精度，可利用实验仪提供的连续脉冲（方波）信号。

二、原理框图

根据设计任务与要求，可初步将系统分为四大功能模块：主电路、开关启/停控制电路、置数电路和音响电路。进一步细分，可将主电路分为一个六十进制减法、一个十二进制减法和一个四进制加法的计数、译码、显示电路；开关启/停控制电路分为防抖动开关电路和启/停控制器；置数电路分为开机置数电路、单节比赛结束电路和单节比赛结束置数电路；音响电路分为音频振荡器、门控电路和扬声器电路。这样就把总体电路划分为若干相对独立的单元。本任务参考原理框图如图10-19所示。

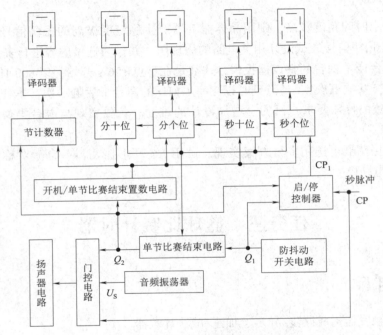

图10-19 篮球比赛计时器原理框图

三、设计原理及参考电路

下面就几个单元电路的设计思想进行讨论。

1. 计时器和节计数器

根据篮球比赛的特点，计时器要求倒计时。计时器应该设计成显示每节比赛剩余时间，因此要用减法计数器。又由于要求开机后自动置节计数器为第"1"节、计时器为"12" min "00" s，因此应选用具有置数功能的计数器。常用的具有减法计数功能和置数功能的 MSI 计数器有 74LS190、74LS192，读者可根据实验室提供的元器件清单进行选择，参考电路如图10-20所示。

（1）秒计数器：秒计数器为六十进制减法计数器，可以由两块 MSI 计数器构成，计数数值的个位为十进制计数，十位为六进制计数，组合起来就构成六十进制计数。

注意：用脉冲反馈法实现六进制减法计数器时，取出来的反馈状态与加法计数器不同。

要求开机时和单节比赛结束时都要置"00"，要根据 MSI 计数器置数功能对电平信号的要求加反馈脉冲，如图 10-20（a）中 74LS192 要求置 0 功能为高电平有效。

（2）分计数器：分计数器为十二进制减法计数器。数值的个位为十进制计数，由一块 MSI 计数器构成；十位为二进制计数，由一个触发器构成，组合起来就构成二十进制计数。再利用置初始值"12"来实现十二进制计数。可利用低电平有效信号控制 74LS192 的置数端和 D 触发器的异步置 1 端来实现置"12"，参考电路如图 10-20（b）所示。

（3）节计数器：节计数器为四进制加法计数器，可由一块 MSI 计数器构成。可选用 74LS192，使数据输入为"0001"，当低电平有效信号控制其置数端时，便实现置"1"，参考电路如图 10-20（c）所示。

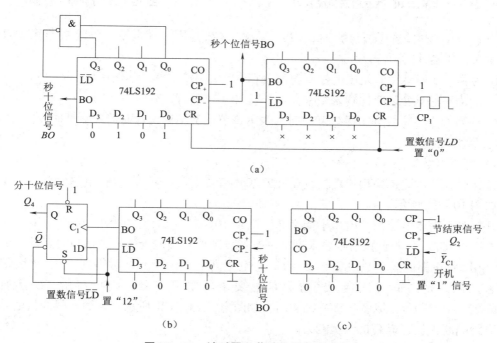

图 10-20 计时器和节计数器参考电路

（a）六十进制秒计数器；（b）十二进制分计数器；（c）四进制节计数器

2. 译码显示电路

参考任务二的相关内容。

3. 开关启/停控制电路

1）防抖动开关电路

机械开关的机械抖动不适合对反应速度极快的门电路进行控制，否则会发生误操作，所以应加防抖动电路，产生稳定的0/1输出，如图10-21所示。

2）启/停控制器（见图10-22）

Q_1作为比赛计时启/停控制信号，其控制作用为：当 $Q_1 = 1$（开关置于启动）时，秒脉冲信号 CP 可通过与非门，秒计数器计数，比赛正常计时。

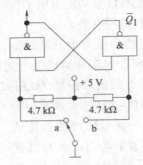

图 10-21 利用基本 RS 触发器防机械抖动

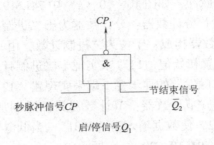

图 10-22 启/停控制器

当 $Q_1 = 0$（开关置于暂停）时，CP 被封锁，CP_1 为固定高电平，秒计数器无有效时钟脉冲输入，比赛计时暂停。

Q_2 为单节比赛结束时发出的控制信号（简称节结束信号），其作用如下：

（1）当 $Q_2 = 0$（某节比赛未结束）时，比赛正在进行，计时器计时。

（2）当 $Q_2 = 1$（某节比赛结束）时，表示该节比赛结束，计时器停止计时。

4. 置数电路

1）开机置数电路

设计要求开机能正确预置数，以便开始新的一场比赛。可利用 RC 电路的瞬态响应来实现，如图 10-23 所示。

开机时，由于电容两端电压不能突变，则图 10-23（a）中初始电压 U_{C1}（0）= 0 V，经反相后得到 U_{oH}，若置数信号要求高电平有效，则可利用这个高电平信号去置数。经一段时间（由 RC 电路时间常数决定）后，U_{C1} 充电至高电平，经反相后得到 U_{oL}，置数信号将不再起作用，允许进行比赛。若置数信号要求低电平有效，则可将 R、C 互换，如图 10-23（b）所示，或者再接一级非门，如图 10-23（c）所示。采用非门的目的是加一级门电路隔离干扰，提高抗干扰能力。

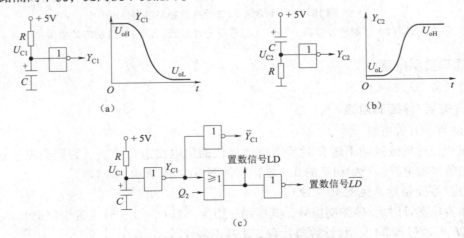

图 10-23 开机/单节比赛结束置数电路

（a）开机高电平有效置数；（b）开机低电平有效置数；（c）置数参考电路图

RC 电路时间常数的选择要考虑两个因素：延迟时间和元器件对高低电平的要求。若 *RC* 电路时间常数太小，则置数不可靠，因为时间太短，来不及动作。若 *RC* 电路时间常数太大，会使图 10 – 23（a）所示电路的 U_{C1} 无法充电至高电平范围（不小于 2.7 V）；或会使图 10 – 23（b）所示电路 U_{C2} 无法达到要求的低电平范围，两种情况都会使置数一直进行，无法正常进行比赛。一般取 $C < 10\ \mu F$，图 10 – 23（a）中 $R < 10\ k\Omega$，图 10 – 23（b）中 $R < 1\ k\Omega$，设计者可在实践中试用某参数并检验其效果。

  2）单节比赛结束电路（见图 10 – 24）

  根据减法计数器的特点，当计时器减至 "00" min "00" s 时，单节比赛结束，应输出一个控制信号。由所选元器件 74LS192 的逻辑功能可知，计数值减至 0 时其借位输出信号 BO 的后半个周期会出现低电平，将分计时器十位 D 触发器的 Q 端输出信号和分计时器个位及秒计时器三个 74LS192 的借位输出信号 BO 相"或"，就得到低电平有效的"单节比赛结束"控制信号，利用此信号使 $Q_2 = 1$，表示单节比赛结束。

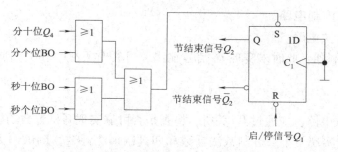

图 10 – 24　单节比赛结束电路

  利用 $Q_2 = 1$ 可控制计时器置初始值、音响电路发声、计时器暂停工作。

  之后将钮子开关拨至暂停位置可以使 Q_2 恢复为 0，计时器不再置初始值，从而允许比赛进行、停止音响提示、允许计时器工作。当休息时间到后，将钮子开关拨至启动位置，又可开始新的一节比赛。这样，单节比赛结束时，用钮子开关关断声音，下一节开始比赛时再用钮子开关启动，如此规定可简化设计。

  （3）单节比赛结束置数电路：节计数器只在开机时置"1"，而计时器不仅在开机时置 "12" min "00" s，而且在单节比赛结束后也应该置数，以保证下一节比赛的顺利进行。可知，开机置数（$Y_{C1} = 1$）与单节时间到置数（$Q_2 = 1$）的逻辑关系为相"或"，选用或门及非门实现相应的控制。其参考电路如图 10 – 23（c）所示。

5. 音响电路

  （1）音频振荡器：参考任务二相关内容。

  （2）门控电路及扬声器电路如图 10 – 25 所示。

  用 TTL 型功率门或 OC 门可以直接驱动小功率扬声器发声。*CP* 是周期为 1 s 的方波信号，用于产生间隔半秒的"嘟嘟"声。Q_2 是单节比赛结束控制信号。

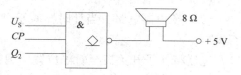

图 10 – 25　门控电路及扬声器电路

四、安装调试的步骤和方法

安装完一部分单元电路后，应先调试该单元电路功能，确定正常后再与其他单元电路连接起来联调，最后统调。建议按以下步骤进行安装和调试。安装调试的方法参见任务二中的论述。

1. 主电路

（1）显示电路：参考任务二相关内容。

（2）译码电路：参考任务二相关内容。

（3）六十进制和二十进制的减法计时器、十进制的加法节计数器：参考任务二相关内容。

注意：由于此时未实现开机置数功能，十二进制减法计数器暂时为二十进制，四进制加法计数器暂时为十进制。

2. 开关启/停控制电路

（1）防抖动开关电路。

（2）启/停控制器：此时未实现 Q_2 信号输出，可暂时不接，相关引脚可悬空或暂时接高电平。

3. 置数电路

（1）开机置数电路：应通过开/关机，检查是否可靠实现开机置数功能，将开关置于启动位置，检查是否实现了十二进制减法计数和四进制加法计数。调试中为节约时间，可将 CP 的频率适当调高些。

（2）单节比赛结束电路：应检查当计时器减至"00"min"00"s时，Q_2 是否置为1，计时器是否暂停工作。

之后将钮子开关拨至暂停位置，观察 Q_2 是否恢复为0；再将钮子开关拨至启动位置，观察计时器是否开始计时。

（3）单节比赛结束置数电路：应检查当计时器减至"00"min"00"s，即 $Q_2 = 1$ 时，计时器是否置初始值。

之后将钮子开关拨至暂停位置后再启动，观察计时器是否开始倒计时。

4. 音响电路

（1）音频振荡器。

（2）门控电路。

（3）扬声器电路：当计时器减至"00"min"00"s，即 $Q_2 = 1$ 时，应检查音响电路是否发声。

之后将钮子开关拨至暂停位置，观察是否停止音响提示。

五、讨论

（1）以上设计方案中，按照比赛的顺序，当全场比赛结束时节计数器会加到"5"，若要求此时节计数器置"0"，该如何改进？

（2）若采用74LS190实现减法计数，电路如何设计？

任务四　智力竞赛抢答器

任务目标

（1）能根据需要选用适当的触发器进行设计。

（2）能正确绘制智力竞赛抢答器的原理框图。

（3）能正确使用优先编码器进行电路分析和设计电路。

（4）能正确使用逻辑分析仪或示波器进行数字信号分析。

一、任务和要求

（1）抢答器能供 8 名选手同时使用，相应的编号为 1 ~ 8，现需为每名选手设置一个按键，为简化设计，可利用实验仪上的逻辑电平开关模拟按键。

（2）设置一个供工作人员置 0 的开关，用于启动新一轮的抢答，为简化设计，可利用实验仪上的逻辑电平开关模拟按钮开关。

（3）用 LED 数码管显示获得抢答权选手的编号，一直保持到工作人员置 0 或 1 min 倒计时（答题时间）结束为止。

（4）用 LED 数码管显示有效抢答后的 1 min 倒计时。

（5）用扬声器发声指示有效抢答及答题时间结束。

（6）对于秒信号不必考虑时间精度，可利用实验仪提供的连续脉冲（方波）信号。

二、原理框图

根据设计任务与要求，可初步将系统分为四大功能模块：主电路、数据采集电路、控制电路和音响电路。主电路包括六十进制计数器及译码、显示电路（实现 1min 倒计时）。其他部分进一步细分，数据采集电路（获得抢答成功选手的编号）可分为抢答开关、数据锁存器、优先编码器和加 1 电路等；控制电路可分为锁存控制、倒计时控制、音响控制等单元；音响电路可分为单稳态触发器、音振及扬声器电路。这样就把总体电路划分为若干相对独立的单元。其参考原理框图如图 10 – 26 所示。

三、设计原理及参考电路

下面就几个单元电路的设计思想进行讨论。

1. 主电路

1）六十进制计数器（实现 1min 倒计时）

要求采用倒计时，可先置数为"60"，当置数信号变为无效、时钟信号有效加入后，即可进行倒计时计数，其参考电路如图 10 – 27 所示。

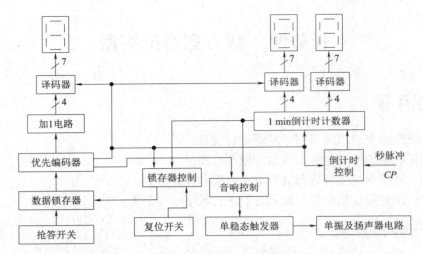

图 10 – 26　智力竞赛抢答器的原理框图

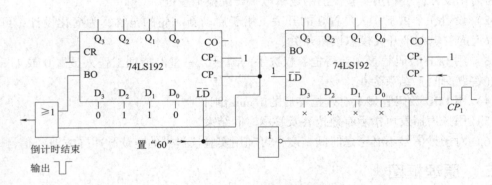

图 10 – 27　1 min 倒计时计数器

2）译码、显示电路

参考任务二相关论述。有所区别之处在于，本电路中所有的译码、显示功能只在有效抢答之后及答题时间结束之前才有效，其他时间均不起作用，因此应利用一低电平有效控制信号去控制译码器的"灭灯"功能端。

2. 数据采集电路

数据采集电路如图 10 – 28 所示。

1）抢答开关

为 8 位选手提供抢答的按键，应为 8 个按钮开关更为合理，这样可以在松开按钮后及时复位，为下次抢答做好准备。但为节约综合实训的经费和简化设计，可以利用实验仪上的 8 个逻辑电平开关模拟代替按钮开关。根据编码器对输入有效信号的要求，设 8 个逻辑电平开关的初始值为全"1"，当某选手抢答时，即将逻辑电平开关拨至"0"，该逻辑电平开关输出逻辑"0"。为了使下次抢答有效进行，调试时应注意，应在将逻辑电平开关拨至"0"后及时将其拨回初始值"1"。

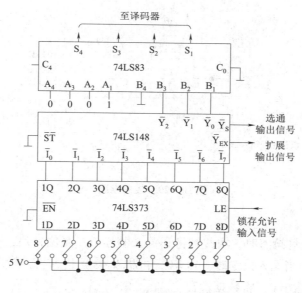

图 10 – 28　数据采集电路

2）数据锁存电路

采用 8D 数据锁存器 74LS373，抢答前应使锁存允许输入信号 LE 为高电平，此时允许数据输入，即允许选手进行抢答；当某选手有效抢答时，应利用控制电路使 LE 转为低电平，使数据被锁存，此时其他选手再抢答也无效了。

3）优先编码器

采用 8 – 3 线优先编码器 74LS148。虽然 74LS148 的 8 个输入是有优先级别的，但由于采用了高速控制电路，故一旦有人抢答，立即封锁输入，实际上对 8 位选手来说就不存在谁更优先的问题了。虽然理论上有同时出现两人按键的情况，此时要按优先级别高低进行编码，但实际中基本不可能出现这种理论情况，各选手的抢答或多或少都会有一个时间差，而这个时间差已足够使电路执行选择。

因 74LS148 为反码输出，所以将数据锁存器的数据输入端与选手抢答开关按与编号相反的顺序连接，这样反码输出后数据输入端就与选手编号顺序一致了。

控制电路将充分利用 74LS148 的两个输出信号进行控制：选通输出信号 $\overline{Y_S}$（低电平有效时，表示允许优先编码但无有效数据输入）和扩展输出信号 $\overline{Y}_{EX}$（又称为优先编码输出信号，低电平有效时，表示处于系统优先编码状态）。

4）加 1 电路（获得抢答成功选手的编号）

因优先编码器的反码输出对应三位二进制数 000 ~ 111，故若将其直接输出至 8421 BCD 码显示译码器，则将显示数字 0 ~ 7，这不符合选手的编号习惯，须加 1。以上操作可采用四位二进制加法器 74LS83 实现。

3. 控制电路

控制电路如图 10 – 29 所示。

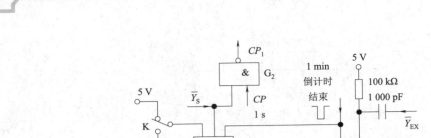

图 10 - 29 控制电路

1) 锁存控制

由 G_1 实现，当允许抢答时，由裁判将开关 K 拨至 0（复位）后，G_1 输出 1 至锁存器的锁存允许输入端 LE，当无人按键时，$\overline{Y_S}=0$；再将 K 拨至 1，G_1 将继续输出 1，直至有人抢答后，$\overline{Y_S}=1$，使 G_1 输出 0，将数据锁存。

2) 倒计时控制

有人抢答后，$\overline{Y_S}=1$，通过 G_2 使秒脉冲信号解除封锁，开始倒计时。当 1 min 倒计时结束时，电路将产生一个负脉冲，使 G_1 输出 1，重新允许接收新的数据，若此时无人按键，则 $\overline{Y_S}=0$，使 G_1 输出 1，继续允许接收新数据。

3) 音响控制

要求有人抢答（$\overline{Y_{EX}}=0$）或者 1 min 倒计时结束时（产生一个负脉冲），电路以音响提示。由于二者都是低电平有效的，故采用"与"逻辑实现，G_3 可使其低电平有效信号加至一单稳电路，以控制发声。

下级单稳电路要求低电平触发信号的脉冲宽度不能超过输出脉宽，因此令 $\overline{Y_{EX}}=0$ 信号通过微分电路，使其低电平变成一个负脉冲。应合理选择 RC 电路的时间常数，其原则参考任务二相关论述。

4. 音响电路

音响电路如图 10 - 30 所示。

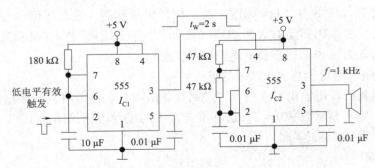

图 10 - 30 音响电路

1）单稳态触发器

设音响提示时间为 2 s，可采用一输出信号脉宽为 2 s 的单稳态触发器实现。

实现单稳态触发器的方法有很多，可以用"与非门"或者"或非门"电路实现微分型单稳态触发器，利用施密特触发器实现单稳态触发器、集成单稳态触发器等。本任务建议采用 555 定时器实现，注意其脉宽的计算公式为 $t_w = 1.1RC$。当一个负脉冲触发信号到来时，将有效触发单稳态触发器，产生一个脉宽为 2 s 的正脉冲信号。

2）音振及扬声器电路

利用 555 定时器实现频率约 1 kHz 的音频振荡器，因 555 定时器有较强的功率输出能力，故可以直接驱动扬声器进行输出。

当单稳态触发器进入暂稳态产生一个正脉冲信号时，控制 555 定时器开始工作，发出响声；当单稳态触发器自动返回稳态后，555 定时器置 0，不能发声。

四、安装调试的步骤与方法

安装完一部分单元电路后，应先调试该单元电路的功能，确定正常后再与其他单元电路连接起来联调，最后统调。建议按以下步骤进行安装和调试。

1. 主电路

（1）译码、显示电路。

（2）六十进制计数器（实现 1min 倒计时）：利用实验仪上的逻辑电平开关产生暂时的置数信号，观察是否能够实现置数"60"的功能。再将置数信号置于无效状态，将实验仪上的低频连续脉冲（方波）信号直接加到计数器的时钟输入端，观察计数器是否能实现六十进制减计数。当计数值减至"00"时，利用实验仪上的 LED 逻辑电平指示器，观察是否产生了一个负脉冲控制信号。

2. 数据采集电路

1）数据锁存电路

将实验仪上的 8 个逻辑电平开关（将其正确编号）接至数据锁存器的 8 个输入端（注意顺序），将其数据锁存器的输入端 LE 暂时接高电平，用实验仪上的 LED 逻辑电平指示器观察数据是否被正确接收；再将 LE 端暂时接低电平，然后改变输入逻辑电平开关的状态，观察输出状态，若输出保持不变，则表明数据被锁存。

2）优先编码器

利用实验仪上的 LED 逻辑电平指示器，观察三个输出信号 $\overline{Y_2 Y_1 Y_0}$、选通输出信号 $\overline{Y_S}$ 和扩展输出信号 $\overline{Y_{EX}}$ 在不同情况下的状态是否正确，可按功能表进行测试。无人抢答时，应有 $\overline{Y_S} = 0$、$\overline{Y_{EX}} = 1$、$\overline{Y_2 Y_1 Y_0} = 111$；3 号选手抢答成功时，应有 $\overline{Y_S} = 1$、$\overline{Y_{EX}} = 0$、$\overline{Y_2 Y_1 Y_0} = 010$。

3）加 1 电路

通过加 1 的修正，当 3 号选手抢答成功时，应有 $S_4 S_3 S_2 S_1 = 0011$。

将加 1 电路的输出端接至显示译码器，将 $\overline{Y_S}$ 信号输入显示译码器的灭灯控制端，观察抢答前是否无显示（灭灯），当 3 号选手抢答成功时，是否显示"3"。

3. 控制电路

由于控制电路的接线并不复杂，故可将该单元电路全部接好后统一调试。

（1）倒计时控制：当某选手抢答成功后，观察是否开始倒计时。

（2）锁存控制：确认当某选手抢答成功后，在倒计时期间，其他选手不能够有效抢答，即数据已被锁存。裁判将开关 K 拨至 0 后再拨回 1，观察是否总能在任意时刻重新允许抢答。当计时器中数值减至"00"时，观察电路是否产生一个负脉冲输出信号（用实验仪上的 LED 逻辑电平指示器查看），同时是否允许开始新一轮的抢答。

（3）音响控制：观察当某一选手抢答成功，或者当计时器中数值减至"00"时，是否产生一个负脉冲输出信号（用实验仪上的 LED 逻辑电平指示器查看）。

4. 音响电路

1）单稳态触发器

先单独装调单稳态触发器，将其输出端暂时接实验仪的 LED 逻辑电平指示器，利用实验仪上的单脉冲信号在输入端产生一个负脉冲信号，观察是否产生一个脉宽约 2 s 的正脉冲信号。

2）音振及扬声器电路

先单独装调音频振荡器，接好后用扬声器检查其能否正确发声。

将所有电路全部连好后进行统调，并进行以下测试：

（1）当计时值减至"00"时，电路是否能以音响提示。

（2）抢答开始前，所有选手的开关均置"1"，准备抢答。由裁判将开关 K 置"0"，再将 K 置"1"，使所有信号复位，允许抢答。当 3 号选手抢答成功时，数码管是否显示"3"，音响是否发出时长为 2 s 的声响并且开始倒计时，在此期间其他选手按键是否无效。

（3）当计时值减至"00"时，是否有音响提示，此后系统是否能自动返回初始状态，允许新一轮抢答。

重复以上的内容，改变任意一个选手对应的开关状态，试着同时按几个键（其实不可能严格意义上同时按键），观察抢答器的工作情况是否正常。

五、讨论

（1）若要求不用数码管指示选手的编号，而是每个选手对应一个 LED 指示灯，试设计相关电路，要求简单可行。

（2）若在倒计时期间不是用数码管指示倒计时的时间，而是用若干个 LED 依次点亮来表示时间的流逝，则当 LED 全部被点亮时，表示倒计时时间到，试设计相关电路。

（3）实现单稳态触发器的方法有很多，试用与非门实现微分型单稳态触发器，用或非门实现微分型单稳态触发器，利用施密特触发器实现单稳态触发器、集成单稳态触发器，画出设计电路图，并列出其脉冲宽度计算公式。

参 考 文 献

［1］董建民. 电子技术［M］. 北京：北京理工大学出版社，2022.

［2］曾令琴，陈维克. 电子技术基础［M］. 北京：人民邮电出版社，2019.

［3］张金华. 电子技术与技能［M］. 北京：高等教育出版社，2019.

［4］范次猛. 电子技术与技能［M］北京：北京理工大学出版社，2022.

［5］李鹏. 数字电子技术及应用项目教程［M］. 北京：电子工业出版社，2016.

［6］梁健，胥淮. 数字电子技术实验实训［M］. 北京：电子工业出版社，2020.

［7］雷建龙. 数字电子技术［M］. 北京：高等教育出版社，2016.

［8］邱奇帆. 数字电子技术［M］. 北京：高等教育出版社，2015.

［9］苏莉萍. 电子技术基础［M］. 西安：西安电子科技大学出版社，2017.